Borchardt – Gartengestaltung

Wolfgang Borchardt

Gartengestaltung mit Bäumen und Sträuchern

Von der Planung bis zum formgerechten Schnitt

Quelle & Meyer Verlag Wiebelsheim

Die Angaben in diesem Buch sind vom Autor und dem Verlag sorgfältig erwogen und geprüft, dennoch kann keine Garantie übernommen werden. Eine Haftung des Autors bzw. des Verlags und seiner Beauftragten für Personen-, Sach- und Vermögensschäden ist ausgeschlossen.

Bibliografische Information der Deutschen Nationalbibliothek
Die Deutsche Nationalbibliothek verzeichnet diese Publikation in der Deutschen Nationalbibliografie; detaillierte bibliografische Daten sind im Internet über http://dnb.d-nb.de abrufbar.

Das Umschlagbild zeigt einen Schaugarten der Fa. Hach Gartengestaltung Neckarsteinach.
Alle Abbildungen: Wolfgang Borchardt
Signets Phänologische Jahreszeiten S. 113–133: Richard Focking
Druck und Verarbeitung: Belvédère Print & Packaging b. v., Niederlande
Printed in Europe/Imprimé en Europe
ISBN 978-3-494-01941-3

Inhalt

Zum Buch

„Biodiversität muss gestaltet werden!“

Bäume und Sträucher sind nicht zu übersehen. Verholzende, tragfähige Stämme lassen Wuchshöhen zu, die bei einigen Baumarten über 100 m reichen. Im Unterschied zu Nordamerika und Ostasien mit vergleichbaren klimatischen Bedingungen ist unsere Gehölzflora artenarm. Forschungsreisende haben insbesondere im 18. und 19. Jahrhundert aus diesen Weltteilen zahlreiche fremdländische Gehölze mitgebracht, von denen viele Eingang in die europäische Gartenkultur gefunden haben. Sie bereichern die Gehölzpflanzungen in Gärten, historischen Parks und öffentlichen Grünanlagen mit neuen Farben, Blatt- und Wuchsformen. Neben einigen heimischen sind es vor allem fremdländische Gehölze, die der Klimaerwärmung gut gewachsen sind. Nebenher leisten sie einen Beitrag zur Biodiversität in Städten, die dort inzwischen häufig größer ist als die im Umland. Die heimische Fauna profitiert von einem erweiterten Nahrungsangebot. Biodiversität muss gestaltet werden. Gestaltung beginnt mit dem Beobachten dessen, was da ist, und dem Respekt vor dem, was uns die Natur zu Füßen legt und vor Augen führt. Artenvielfalt setzt Strukturvielfalt voraus – und die muss geschaffen werden. Gestalten heißt bewusst ordnen. Weil nur Vielfältiges geordnet werden kann, schließt sich der Kreis. Struktur, Melodie und Rhythmus machen aus Musik „Ohrwürmer“ und auch Pflanzungen unverwechselbar. Dazu können Gehölze wesentlich beitragen. Klug verwendet stehen Bäume und Sträucher nicht für bloße Dekoration, sondern für Lebensqualität. Es ist kein Zufall, dass jahrhundertalte, halboffen strukturierte und nachhaltig gepflegte Parkanlagen und Friedhöfe Zentren der Biodiversität darstellen.

In gärtnerischen Kulturen entstanden und entstehen „Sorten“, die in Farbe, Wuchsformen oder anderen Merkmalen von den Ausgangsarten abweichen, oft auch Verbesserungen hinsichtlich ihrer Gesundheit und Anpassungsfähigkeit darstellen. So wächst das Gehölzangebot stetig. Das Wissen um die standortgerechte Verwendung des Sortiments bleibt dahinter zurück. Wenn Pflanzvorhaben und Kaufentscheidungen nur nach Geschmack und Gefallen getroffen werden, wird das Ergebnis möglicherweise nicht zufriedenstellen.

Suchmaschinen filtern nach Auswahlkriterien und sind eine nützliche Hilfe. Selbst erworbene Pflanzenkenntnisse können sie nicht ersetzen. Zudem gelingt eine treffsichere Auswahl und Platzierung von Gehölzen besser mit dem Gestaltungswissen, das in diesem Buch praxisnah vermittelt wird. Es ist als Ergänzung zu Gehölzlexika, Baumschulkatalogen und insbesondere zu dem im gleichen Verlag veröffentlichten Buch „Laub- und Nadelgehölze Mitteleuropas“ (Schmidt/Hecker) konzipiert worden. Ziel ist der Brückenschlag zwischen wissenschaftlicher Gehölzkunde (Dendrologie) und ihrer Anwendung in der Gestaltung privater und öffentlicher Freiräume, zu denen auch kleine Gärten zählen.

Rhododendren, Rosen, Flieder und Hortensien erfreuen sich allgemeiner Beliebtheit. Aber die

Welt der gartentauglichen Gehölze ist sehr viel größer, auch wenn Gartenbücher überwiegend Blumen und Beete behandeln. Dieses Buch bietet praxisnahe Anregungen für zukünftige Fachleute und alle, die engagiert und neugierig gärtnern und ihre bewusste Entscheidung für ein bestimmtes Gehölz auch nach Jahrzehnten nicht bereuen, sondern vielmehr Freude haben wollen an sich prächtig entwickelnden Bäumen und Sträuchern. Das Buch widmet sich dabei bevorzugt den weit verbreiteten kleinen Gärten und ihren Potenzialen.

Die Beschäftigung mit der Gestaltung von Gärten und anderen grünen Oasen ist ein Wissensquell und Instrument für mehr Biodiversität. Es genügt nicht, „grün" zu wollen, man muss auch „grün" wissen. Grünes Wissen birgt die Chance, im eigenen Umfeld mehr zu sehen, mehr zu erleben, fundierter und verantwortungsvoller zu handeln.

Verlagsleiter Gerhard Stahl danke ich für die Anregung zum Schreiben dieses Buches. Damit erhielt ich die Möglichkeit, meine in Jahrzehnten zum Thema gesammelten Erfahrungen zu teilen. Ich danke Sabine Diedicke für die kritische Durchsicht des Manuskriptes. Fabian Kaschinski hat die Drucklegung des Buches im Verlag professionell vorbereitet. Ihnen allen danke ich für die angenehme Zusammenarbeit.

Erfurt, im Frühjahr 2024
Prof. Dr. Wolfgang Borchardt

Zum Autor

Wolfgang Borchardt wurde in Ost-Berlin geboren und ist in Dresden aufgewachsen. Bereits früh der grünen „Landschaftsstadt" verbunden, hat er hier den Beruf des Landschaftsgärtners erlernt. Durch einen Zufall sind ihm einige bis 1920 zurückreichende Jahrbücher der Deutschen Dendrologischen Gesellschaft (DDG) in die Hände geraten und haben seine Begeisterung für die Gehölzkunde geweckt. Ab 1975 Student in der Fachrichtung Garten- und Landschaftsgestaltung der damaligen Ingenieurschule für Gartenbau Erfurt, war er ab 1978 an gleicher Stelle selbst als Fachschullehrer tätig und hat das Lehrgebiet „Pflanzenkunde/Pflanzenverwendung" entwickelt. Nach seiner Promotion an der Humboldt-Universität Berlin zum Dr. rer. hort. leitete er an der 1991 neu gegründeten Lehr- und Versuchsanstalt Gartenbau (LVG) Erfurt den Fachbereich „Garten- und Landschaftsbau" und die Fachschule für Gartenbau. 2002 an die FH Erfurt berufen, durfte Wolfgang Borchardt das Lehrgebiet „Pflanzenkunde/Pflanzenverwendung" in der Fachrichtung Landschaftsarchitektur vertreten. Seit 2019 freiberuflich tätig, wirbt der Autor mit zahlreichen Veröffentlichungen für den landschaftsgärtnerischen Berufsstand und vermittelt in inspirierenden Praxisseminaren professionelle Gestaltungsmethoden mit Gehölzen und Stauden, die er in eigenen Pflanzplanungen erfolgreich umsetzt.

1 Baum und Strauch in Stadt und Landschaft

Die Schönheit der Pflanzen, auch die Ästhetik von Bäumen und Sträuchern mit ihrer grenzenlosen Vielfalt an Farben, Formen und Düften dürfen wir in dem Umfang genießen, in dem wir zu genießen gelernt haben. An heißen Tagen bietet sich uns der kühlende Baumschatten ebenfalls gratis. Erst wer sät, pflanzt, schneidet, fällt und rodet greift aktiv in das Gehölzleben ein. Das ist „Gestaltung“, wie auch das Auswählen, Anordnen und Gruppieren von Gehölzen. Ziel sind strukturreiche Gärten und Grünanlagen mit ästhetischem, ökologischem und klimatischem Mehrwert. Es sind die Gehölzpflanzungen, die grüne Freiräume mit Aufenthaltsqualität formen, die Blumenrabatten und Gemüsebeeten Schutz und Wirkungsrahmen geben. Weil sie langlebig sind, bleiben Gehölzstrukturen über viele Jahre hinweg auch in verwildernden Gärten sichtbar.

Baumschatten ist wichtiger denn je. Zudem werden wir in die grüne Hierarchie der raumbildenden Gehölze so einbezogen, dass wir Geborgenheit spüren.

1.1 Bäume in der Stadt

Die meist schlechten Wuchsbedingungen in unseren Städten sind gekennzeichnet durch Luftverschmutzung, Hitze, Trockenheit, versiegelte Oberflächen, Staub, eingeengte Wurzel- und Kronenräume. Sie sind Folge der wachsenden Urbanisierung und Zeugnisse für ein Stadtklima, das Menschen und Bäume beeinträchtigt. Die Klimaerwärmung setzt hier noch eins drauf. Einige Baumarten, die die wenig komfortablen Wuchsbedingungen in der Stadt gerade noch toleriert haben, fallen Dürreperioden endgültig zum Opfer. Auch Krankheiten und Schädlingen, die von der Erwärmung profitieren, haben ohnehin geschwächte Bäume nichts entgegenzusetzen. Und das, obwohl Bäume – zusammen mit Heckensträuchern, flächigen Pflanzungen, Fassaden- und Dachbegrünungen – wegen ihres günstigen Einflusses auf das Stadtklima dringend gebraucht werden. Kaum ein Platz wird ganz ohne kühlenden Baumschatten auskommen. Selbst der Einzelbaum am Haus oder im Hof ist wichtig, weil er für das Leben zwischen Mauern steht und den reizvollen Gegensatz zwischen Gebautem und Gewachsenem verkörpert. Bäume produzieren Sauerstoff, erhöhen die Luftfeuchte, binden Staub, schaffen Lebensraum und Erlebnisqualität. Geeignete Systeme leiten Bäumen Oberflächenwasser

Grünzüge tragen die Jahreszeiten in die Stadt, sorgen für Schattierung und Frischluft. Häufig sind es beliebte Flaniermeilen (Lyon, F).

zu – ein Beitrag zur „Schwammstadt", die auch Starkregen ausbremst. Die Verwendung verschiedener Baumarten mindert das Risiko von Ausfällen, kann Orientierung bieten und Straßen eine eigene Identität geben.

Die voraussichtlich am besten geeigneten Bäume müssen gut ausgewählt werden und ausreichend Wurzelraum zur Verfügung haben. Enge Plätze und Straßen verlangen klein- und schmalkronige Bäume. Alle sollen mit Hitze und Trockenperioden gut zurechtkommen. Das Artenspektrum ist groß, aber aufgrund der zu berücksichtigenden Klimaänderungen anders als das traditionelle Sortiment, so dass vielfach noch Langzeiterfahrungen fehlen.

Den Bäumen in Stadtgärten geht es um vieles besser als denen am Straßenrand. Das gilt mindestens für die Bodenverhältnisse. Nicht von Versorgungsleitungen durchzogen, bieten sie den Wurzeln Raum und hinreichend Nährstoffe und Wasser. Wenn da nicht oftmals die Anwohner wären, die Bäume zwar grundsätzlich befürworten, aber nicht vor ihrem Fenster haben wollen. Wenn es häufiger gelingt, den geeigneten Baum an den richtigen Platz zu pflanzen, sind solche Konflikte weitgehend vermeidbar.

Bäume sind nicht nur als Schattenspender nützlich. Licht-Schatten-Kontraste zaubern ein lebendiges Raumerlebnis.

1.2 Hauptsache „heimisch“?

Was ist „heimisch“? Schließlich ist alles, was draußen mehr oder weniger erfolgreich wächst, einfach da. Wie naiv diese Vorstellung ist, wird uns nach der Erläuterung der Unterschiede klar, die es zwischen heimischen, „schon immer“ dagewesenen Pflanzen und eingeführten oder zugewanderten „Neubürgern“ (Neophyten) gibt. Sich heimisch zu fühlen bedeutet, willkommen und geborgen zu sein. Folgerichtig wird die als „heimisch“ deklarierte Pflanze mit einem guten Gefühl verbunden. Die „heimische" Natur wird als haltbietende Konstante idealisiert, die sie nicht ist und nie war. Im Gegensatz hierzu steht das nichtheimische und befremdliche Unbekannte, zwangsläufig auch nutzlos für heimische Bienen, Hummeln, Falter und Vögel, Klimaänderungen nicht gewachsen und dennoch der heimischen Flora gefährlich werdend. Das ist schneller geglaubt, als bewiesen und leider dennoch zur vermeintlichen Wahrheit und gängigen Handlungsanleitung geworden.

Eine im derzeit gültigen Bundesnaturschutzgesetz (BNatSchG) nicht mehr enthaltene, zunehmend untaugliche Erklärung bezeichnete eine Pflanzenart als „heimisch“, die ihr Ver-

Der in den Mittelgebirgen und hier besonders in kühlen Schluchtwäldern beheimatete Berg-Ahorn *Acer pseudoplatanus* ist wenig standorttolerant und leidet im heißen Stadtklima. Trockenschäden und verschiedene Krankheiten stellen sich ein.

Die selbständige Verbreitung von Götterbaum *Ailanthus altissima* und Blasenbaum *Koelreuteria paniculata* ist ein lebendiger Beleg für die Klimaerwärmung. Häufig treibt der Wind die Samen in Straßen- und Hauswinkel.

Der Nussbaum *Juglans regia* gehört zu den Gewinnern der Klimaerwärmung. Bislang auf wärmebegünstigte Weinbaugebiete beschränkt, breitet er sich aus und kann jetzt auch in Wäldern angetroffen werden.

breitungsgebiet ganz oder teilweise im „Inland" hat oder in geschichtlicher Zeit hatte oder auf natürliche Weise in das Inland ausdehnt. Spürbare Klimaveränderungen spiegeln sich auch in der heimischen Gehölzflora wider und machen deutlich, dass Natur nicht in Ländergrenzen, sondern global agiert. Dass die Klimaerwärmung nicht nur für uns Menschen, sondern auch für alle hier heimischen und später eingeführten Gehölze ebenso neu und folgenreich ist, erfährt bisher wenig Beachtung. Selbst die heimische Flora außerhalb der Städte wird sich verändern. Steigende Temperaturen und sommerliche Niederschlagsdefizite hinterlassen Gewinner und Verlierer unter „heimischen" und fremdländischen Gehölzarten. Die Ausbreitung des Götterbaums *Ailanthus altissima* – hitzetolerant, gesunder Stadt- und Bienenbaum – ist Ausdruck der Klimaerwärmung und trotz Pflanzverbot nicht rückgängig zu machen. Musste die Pflanzung von Nussbäumen in der „Landgüterverordnung" KARLS des Großen („Capitulare de villis", um 800) noch angewiesen werden, machen diese sich jetzt mit steigenden Temperaturen zunehmend selbständig und dringen auch in Wälder vor. Der Feld-Ahorn *Acer campestre* profitiert von höheren Temperaturen, war er doch zusammen mit Buchsbaum *Buxus sempervirens*, heute mediterranen Zürgelbäumen *Celtis australis* und Feuerdornen *Pyracantha coccinea* in zwischeneiszeitlichen Wärmeperioden auch in Teilen Mitteleuropas stärker verbreitet.

Niemand zieht in Zweifel, dass Beziehungen zwischen „heimischen" Gehölzen und heimischen Insekten etabliert und wichtig sind. Aber stadtkranke „heimische" Bäume fallen als Pollen- und Nektarspender aus. Oft später blühend als heimische Arten, bereichern standortgeeignete fremdländische Blütenbäume den

Trachtkalender wesentlich. Beispiele sind der Japanische Schnurbaum *Styphnolobium japonicum* und die aus Korea stammende Duftesche *Tetradium daniellii.*

Weder das Stadtklima noch die Stadtböden – meist durch Substrate ersetzt – sind „heimisch“, sondern vielmehr menschengemacht. Deshalb schreibt das Bundesnaturschutzgesetz die Verwendung ursprünglich vorkommender (gebietsheimischer) Gehölzarten nur außerhalb der Siedlungsbereiche sowie außerhalb von land- und forstwirtschaftlichen Nutzflächen vor. Eine nachhaltige Gehölzverwendung ist allein mit den wenigen heimischen, oft geschädigten Arten in Innenstädten nicht möglich. Dagegen reduziert Vielfalt das Risiko von größeren Ausfällen und stärkt die Biodiversität. Unter den Bedingungen der Klimaerwärmung kann die heimische Gehölzflora kein Verwendungsmaßstab für Stadtbäume sein. Folgerichtig ist die Anzucht klimagerechter, auch fremdländischer Baumarten und -sorten von wachsender Bedeutung.

Die Akzeptanz einer sich verändernden Umwelt verbunden mit sich neu einbürgernden Arten mag angesichts unserer Wertvorstellungen und Liebe zum Vertrauten schwierig sein, bleibt aber alternativlos. Alle Konservierungs-

Wolkengleich und mit tropischer Anmutung schweben die blassgelben Blütenstände des hitzefesten Schnurbaums *Styphnolobium japonicum* über den Kronen. Bienen suchen die Blüten selbst dann noch auf, wenn sie schon am Boden liegen.

bemühungen einschließlich der verbissenen Bekämpfungsmaßnahmen und Ausrottungsversuche von invasiven Neophyten sind von begrenzter Reichweite und teuer. Dass fremdländische Pflanzen „heimische“ Arten verdrängt oder gar ausgelöscht haben, ist noch nicht festgestellt worden. Alle bei uns in jüngster Vergangenheit ausgestorbenen oder zurückgedrängten Pflanzenarten haben ihr Schicksal nicht Neophyten, sondern massiven menschlichen Umwelteingriffen zu verdanken.

1.3 Sortenfragen

Sorten haben eigenständige, einheitliche und konstante Merkmale, die von der Ausgangsart abweichen, spontan auftreten oder in Gartenkulturen entstehen und in den Nachkommen bei geeigneten Vermehrungsmethoden erhalten bleiben. Blut-Buchen mit roten Blättern treten immer wieder spontan in Wäldern auf, Säulen-Pappel und Säulen-Eiche gehen ebenfalls auf Zufallsfunde zurück. Sorten sind aus funktionaler und ästhetischer Sicht oft wichtiger als die Ausgangsarten. Das bleibt in Diskussionen außerhalb der Fachwelt meist völlig unbeachtet, obwohl auch Gartenfreunde gern auf ihre Lieblingssorten bei Tomaten (wie 'Harzfeuer') oder Äpfeln (wie 'Gravensteiner') schwören und Wildäpfel nicht für schmackhafter halten.

Sortenvorzüge können sein:

- bessere Kronen-/Stammbildung
- abweichende Wuchsformen (Säulen, Kugeln, Überhänger, Zwergformen)
- abweichende Farben (Blüten, Früchte, Blätter)
- unterschiedliche Blütenformen (Rosen, Magnolien, ...)
- verlängerte Blühzeiten
- bessere Widerstandsfähigkeit gegen Trockenstress, Hitze, Strahlung, Schaderreger u. a.
- resistent von spezifischen Krankheiten (Apfel-Schorf, *Clematis*-Welke, ...)

Der Feld-Ahorn *Acer campestre* (links) kommt mit Hitze und Trockenheit gut zurecht. Schön, dass die Baumschulen uns mittlerweile eine große Zahl von zweckdienlichen Sorten anbieten. Darunter sind schlanke Säulen ('Elegant'), Kugelformen ('Nanum') (Mitte) oder 'Barbarossa' (rechts) mit rotem Sommerlaub.

Weil mittlerweile im Stadtklima bewährt, sind vom heimischen Feld-Ahorn *Acer campestre* zahlreicher als je zuvor Sorten in den Handel gekommen, die sich durch einen regelmäßigen Kronenaufbau ('Elsrijk'), rote Belaubung ('Barbarossa'), schmale ('Elegant') oder kugelförmige Kronen ('Nanum') auszeichnen. Damit kann die Pflanzplanung sehr viel präziser auf unterschiedliche Pflanzsituationen reagieren.

Die meisten dieser außergewöhnlichen Formen lassen sich nicht einheitlich durch Saat vermehren, weil die Sämlinge variieren. Bei einigen gelingt es durch Stecklinge oder Gewebe zunächst auf Nährböden im Reagenzglas (in vitro). Bei anderen Gehölzen, hauptsächlich Rosen und Obstgehölzen, ist die Veredlung die wirtschaftlichste Vermehrungsmethode. Hier werden Knospen (Augen) oder Triebe mit einer geeigneten Unterlage – etwa einem bewurzelten Wildgehölz – verbunden. Dabei weiß die Unterlage, ihren Einfluss geltend zu machen. Ob stark oder schwach wachsender Apfel, darüber entscheidet der Unterlagentyp. Soll eine Rosen-Sorte Salz tolerieren, steht sie besser auf einem Wildrosen-Sämling als auf eigener Wurzel.

Als gewaltiger und typischer Baum der Auenwälder ist die Schwarzpappel *Populus nigra* links deutlich seltener anzutreffen als ihre säulenförmig wachsende Sorte 'Italica' rechts, die in Parks und an Landstraßen häufig zu sehen ist. Sie geht auf einen in Norditalien um 1750 gefundenen Baum zurück.

1.4 Landschaftsgehölze

Gehölze jenseits des Waldes sind unverzichtbare Strukturelemente einer vielfältigen Kulturlandschaft, in der Ackerflächen und Grünland dominieren. Oft kleinteilig, streifenförmig oder „zerrissen", im besten Fall miteinander vernetzt, entstehen „Trittsteinbiotope". Ihre Ränder sind um ein Vielfaches länger als die eines geschlossenen Waldes. Das bedeutet einen ökologischen Mehrwert, denn Ränder – Waldränder, Ufer, Wegraine – sind ungewöhnlich artenreich. Gleichzeitig erleben wir eine abwechslungsreich gegliederte Landschaft mit hoher ästhetischer Qualität. So sind auf steilen, für Acker oder Weide unrentablen Kuppen häufig Waldinseln übriggeblieben, anderes wurde gepflanzt. So gibt es Windschutzstreifen, artenreiche Landschaftshecken, Streuobstwiesen, Pappelpflanzungen zur Holzerzeugung außerhalb des Waldes oder Baumreihen, die Wege und Straßen sichtbar machen und schattieren. Andere Gehölzpflanzungen befestigen Ufer von Bächen und Flüssen, deren Wasser im Schatten der Baumkronen kühl und sauerstoffreich bleibt. In das Wasser eintauchende Wurzelvorhänge von Erlen und Weiden bieten Fischen Schutz. Dichtwurzelnde, möglicherweise Ausläufer treibende Gehölze sind geeignet, steile Böschungen zu sichern. Für solche Techniken

Diese Heckenstreifen markieren frühere Ackerterrassen und eröffnen ein ansprechendes, vielfältig strukturiertes Landschaftsbild. Das ist auch ökologisch wertvoll, denn die langen Heckenränder stellen artenreiche Lebensräume dar.

des „Lebendverbaus“ sind einige Weidenarten unentbehrlich, weil sie in der Lage sind, aus unbewurzelten Trieben, Zweigen oder Ästen auszutreiben. Zur sofortigen Böschungssicherung gesteckt (Steckhölzer) oder flächig eingebaut (Spreitlagen) übernehmen sie mit dem Austrieb die grüne Dauersicherung. Schwierige, humus- und nährstoffarme „Rohböden“ – etwa in Tagebaufolgelandschaften – sind das Domizil typischer Pioniergehölze, zu denen Sal-Weiden, Birken und Zitter-Pappeln gehören. Einstmals als Grenzmarkierung und Schattenspender gepflanzt, bereichern große Einzelbäume die Landschaft unübersehbar. Wenn weithin sichtbar, sind sie nicht selten zu bekannten Landmarken avanciert, so die 1808 gepflanzte „Babisnauer Pappel“ am Stadtrand von Dresden. Regionale Besonderheiten sind die geknickten und verflochtenen Wallhecken in Schleswig-Holstein (Knicks) oder die spontan begrünten Lesesteinwälle an Rändern ehemaliger Äcker, etwa in Hochlagen des Erzgebirges. Mit einer eigenständigen Fauna und ihrer charakteristischen Gehölz- und Krautflora stellen die Lesesteinwälle (Steinrücken) heute einen erhaltenswerten Lebensraum dar.

Salzfest und dem Wind trotzend schiebt sich die Kartoffel-Rose *Rosa rugosa* über die Düne, deren Sand sie vor Erosion schützt. Bienen sind Nutznießer der Blüten und Vögel mögen die großen Hagebutten.

Vormals markierte der in die Landschaft gepflanzte Einzelbaum Flurgrenzen. In seinem Schatten wurde gerastet. Heute sind Einzelbäume als Landmarken und Schattenspender in ausgeräumten Feldfluren nicht weniger wichtig.

Ufergehölze schattieren Gewässer, halten sie kühl und sauerstoffreich – wichtig nicht nur für die Fischfauna. Die Wurzeln der Schwarz-Erlen *Alnus glutinosa* reichen tief ins Wasser, bilden Fischunterstände und halten das Ufer fest.

2 Die Bäume wachsen sehen

Die Wuchsform und die Größe von Bäumen und Sträuchern sind die für die Gestaltung wichtigsten Merkmale. Auch wenn Farben der Hingucker sind: Am Ende ist es doch nicht egal, ob der Blütenstrauch zu klein bleibt oder uns über den Kopf wächst. Gerade die Wuchshöhen von Gehölzen entscheiden über ihre Tauglichkeit zur Bildung von Garten- und öffentlichen Freiräumen. Sie sind die wesentliche Voraussetzung, um Aufenthaltsqualität für Menschen und den schützenden, Wirkung und Ertrag von Blumen und Beeten steigernden Rahmen gestalten zu können.

2.1 Heister und Hochstämme

Bäume sind deutlich in Stamm und Krone gegliederte Holzgewächse. Gewöhnlich überragen sie die kaum mehr als fünf Meter Höhe erreichenden Großsträucher deutlich. Die gerade für beengte Verhältnisse wichtigen Kleinbäume wachsen etwa 10 m hoch, unter anderem Zierapfelbäume, Zierkirschbäume oder Weißdorne. Mittelbäume, wie Birke oder Feld-Ahorn, bleiben unter 20 m. Großbäume wachsen in Mittel-Europa 30 m bis 40 m hoch. Dazu gehören Fichte, Buche, Silber-Linde, Platane und Rot-Eiche.

In allen Gruppen kommen sowohl schwere und dichte, stark schattierende und begrenzende als auch aufgelockerte, lichtdurchlässige und halb durchsichtige Kronen vor.

Die „Lieferqualität“ beschreibt Größe, Kulturverlauf und Anzuchtform von Gehölzen aus der Baumschule. Dafür gelten Gütebestimmungen und gestaffelte Preise. Wer einen Baum kauft, sollte sich deshalb mit den Lieferqualitäten befassen.

Großbäume wachsen deutlich über 20 m Höhe hinaus und werden im Freistand entsprechend breit. Die Kronen können schwer und dicht (z. B. Buche *Fagus sylvatica* links) oder leicht und luftig wirken (viele Eichen wie *Quercus robur* rechts).

Die Birke *Betula pendula* gehört mit Wuchshöhen bis zu 20 m zu den mittelgroßen Bäumen. Sie verkörpert den Typus eines grazilen und anmutigen Baumes, der sich mit den Jahreszeiten deutlich verändert.

Ganz anders als die Birke, wirken Eiben *Taxus baccata* ganzjährig dunkel und schwer. Meist bleiben sie unter 10 m und damit Kleinbäume.

Der Heister ist ein preisgünstiger, schwachstämmiger Jungbaum mit seitlicher Bezweigung („Garnierung"). Die Krone muss schrittweise aufgeastet werden, wenn der Platz darunter gebraucht wird.

Der Stammbusch ist ein mindestens dreimal verpflanzter Heister mit einem Mindeststammumfang von 12 cm, Mindesthöhe 250 cm. Auf-

Stammbüsche sind bis zum Boden beastete Bäume; eindrucksvoll, aber viel Platz beanspruchend. Sollten Äste in Wege wachsen, hilft es wenig, deren Spitzen abzuschneiden. Die Beeinträchtigung kann dauerhaft nur durch die schrittweise Entfernung der unteren Äste beseitigt werden.

Hochstämme bieten Vorteile: Der Raum unter der Krone bleibt für verschiedene Nutzungen offen, Durchblicke sind möglich.

grund der bis zum Boden reichenden Äste, benötigt ein Stammbusch freien Stand und zunehmend Fläche, die unter der Krone nicht genutzt werden kann. Ein Durchblick ist nicht möglich. Die Wirkung ist fundamental. Sollte sich der Stammbusch eines Tages doch zu breit machen, kann er in der Regel gut aufgeastet werden. Das geschieht am besten über mehrere Jahre verteilt. Der Durchblick unter der Krone ist dann wieder möglich. Zudem wirkt er „angehoben“ leichter.

Ein Hochstamm ist ein deutlich in Stamm und Krone gegliederter Jungbaum. Zweimal verpflanzte Hochstämme haben eine Stammhöhe von 180 cm (meist Obstbäume), dreimal verpflanzte Hochstämme haben eine Stammhöhe von 220 cm. In besonderen Situationen können größere Stammhöhen erforderlich sein und vereinbart werden (Verkehrssicherheit, Durchblick). Eine weitere, schrittweise Differenzierung erfolgt nach dem Stammumfang, gemessen in 1 m Höhe (10–12 cm, 12–14 cm usw.). Hochstämme wirken leichter als Stammbüsche.

Der Straßenverkehr erfordert eine lichte Höhe von 4,5 m, die durch schrittweises Aufasten der heranwachsenden Bäume erreicht wird. Alternativ bieten Baumschulen Jungbäume bereits in der nötigen, „über Standard“ liegenden Stammhöhe an.

Die angehobene Krone ermöglicht Durchblick. Die Fläche unter der Krone kann genutzt oder bepflanzt werden.

Gerade Kleinbäume wirken als „mehrstämmiger Solitär“ besonders malerisch und anmutig (hier eine Blumen-Esche *Fraxinus ornus*). Schöne Stämme hat man mehrfach.

Mehrstämmige Bäume wirken besonders malerisch. Gerade kleinere Bäume gewinnen an Ausstrahlung, zumal sie selbst im Alter nicht mit imposant dicken Einzelstämmen punkten können. Dazu gehören unter anderem Ebereschen, Apfelbäume, Zierkirschbäume, Mispeln, Quitten, Blumen-Eschen sowie Birken. Einige Baumarten wachsen gewöhnlich mehrstämmig, was bedeutet, dass ihnen diese Wuchsform nicht ohne Weiteres abgewöhnt werden kann. An Stadtstraßen ist die einstämmige Sorte 'Tiefurt' besser als die mehrstämmige Traubenkirsche *Prunus padus* unterzubringen. Auch für Eisenholzbaum *Parrotia persica*, Trompetenbaum *Catalpa bignonioides*, Flügelnuss *Pterocarya fraxinifolia*, Judasbaum *Cercis siliquastrum*, Eibe *Taxus baccata* oder Katsura-Baum *Cercidiphyllum japonicum* ist Mehrstämmigkeit ein Markenzeichen. Darüber hinaus werden zahlreiche weitere Baumarten als „mehrstämmige Solitäre“ angeboten. Bestellt wird nach Höhe und Breite.

Praxistipp

Achtung Kronenveredlung

Hochstämmige Bäume sollen eine durchgehende Stammverlängerung bis zur Kronenspitze haben. Nur so können die unteren Äste schrittweise entfernt und das erforderliche Lichtraumprofil freigehalten werden. Ausnahmen begegnen wir insbesondere bei Sorten mit außergewöhnlichen Wuchsformen wie Kugeln (Kugel-Ahorn) und Überhängern (Trauer-Esche), die auf einem Stamm aufsitzen. Diese wachsen nicht von Anfang an auf Stämmen. Aufgrund genetischer Abweichungen ist aus dem großen Baum gelegentlich ein kleiner, rundlicher Strauch oder gar ein kriechendes Gebilde geworden. Knospen (Augen) oder Triebe (Edelreiser) der Sorte werden mit einem geeigneten (Unterlagen-)Stamm in gewünschter Kronenhöhe verbunden (Kronenveredlung). Das Ergebnis ist der Kugel- oder Hängebaum. Die Veredlungsstelle ist meist deutlich als wulstiger Ring sichtbar. Dort geht es für die Schere nicht weiter, ohne die gesamte Krone abzuschneiden. Bäume mit dieser Kronenveredlung müssen deshalb schon in endgültiger Stammhöhe gekauft werden. Stammbildende Sorten, die lediglich andere Blütenfarben oder Blattformen aufweisen oder säulenförmig wachsen, werden dagegen am Stammfuß veredelt. Der sorteneigene Stamm kann problemlos aufgeastet werden. Triebe, die sich aus der Unterlage entwickeln, wachsen meist kräftiger als die aufgepfropfte Sorte. Werden sie nicht bald entfernt, wird die Sorte zunehmend geschwächt.

Die auch ohne Schnitt kompakte Hainbuchen-Sorte *Carpinus betulus* 'Fastigiata Monument' ist hier in zwei Stammhöhen (Veredlungshöhen) verwendet worden.

Hängende oder Kugelformen werden auf Stämme passender Höhe veredelt (Kopfveredlung, rechts), Sorten „normal“ wachsender Bäume am Stammfuß der Unterlage (Stammfußveredlung).

Hier ist die Stelle der Kopfveredlung deutlich zu erkennen (Hänge-Maulbeere *Morus alba* 'Pendula'). Aufasten ist nicht möglich. Solche Bäume deshalb gleich in der erforderlichen Stammhöhe bestellen!

2.2 Spitzenförderung

Naturgemäß erreichen Bäume, bei denen eine Spitzenknospe an einem ranghöheren Leittrieb die Führung übernimmt, die größten Höhen, was im Wettbewerb um das Sonnenlicht einen Vorteil bedeutet. Diese Spitzenförderung (Akrotonie) beobachten wir insbesondere bei Nadelbäumen wie Tannen, Fichten, Mammutbäumen, Lärchen und Douglasien, aber auch bei Eschen, Ahornen und Vogelkirschen. Bei anderen Laubbäumen erfolgt aus der Spitzenknospe kein wesentlicher Zuwachs mehr; in einigen Fällen endet sie in einem Blütenstand.

Bei Linden übernimmt eine tieferliegende Seitenknospe die Führung und Fortsetzung des Stammes. Es können auch zwei gleichrangige (gegenständige) Knospen sein. In diesem Fall entsteht eine gabelig verzweigte Krone (Rosskastanie).

Wachstum aus mehr als zwei gleichwertigen Seitenknospen führt zu „kolonisierten" Kronen, zusammengesetzt aus vielen, gleichberechtigten Teilkronen. Bei der Bruch-Weide *Salix fragilis* sieht das wie eine (grüne) Haufen-

Kommen mehrere gleichrangige Triebe aus Seitenknospen, wird sich die Krone unregelmäßig und der Stamm nicht geradschäftig entwickeln (Hickory *Carya ovata*).

wolke aus und ist ein weithin sichtbares Merkmal. Die auseinanderlaufende Kronenform macht es ab einer bestimmten, durch die Baumschule gezogenen Stammhöhe schwierig, weitere Seitenäste zu entfernen und das Lichtraumprofil an Verkehrsstraßen zu garantieren. Umso wichtiger ist die richtige Stammhöhe schon zum Pflanzzeitpunkt. Beispiele sind viele Kleinbäume, aber auch großkronige Gleditschien *Gleditsia*, Schnurbäume *Styphnolobium japonicum* und Trompetenbäume *Catalpa*. Die Lastverteilung auf viele Teilkronen trägt wesentlich zur Stabilität dieser Arten bei.

Unsere Waldkiefer *Pinus sylvestris* zeigt stellvertretend für viele Bäume besonders deutlich den Wechsel von einem forciert durchgehenden Stamm in der Jugend zur schirmförmigen, kolonisierten Krone im Alter. Das Höhenwachstum klingt mit zunehmender Annäherung an die arttypische Zielgröße ab, die Krone wird breiter.

Auch die Seitenförderung (Mesotonie) ist bei Bäumen und Großsträuchern verbreitet. Seitlich der Hauptachse entspringen in unterschiedlicher Höhe neue, senkrecht wachsende Triebe, die gewöhnlich die ursprüngliche Hauptachse an Länge übertreffen, so dass aus einem Großstrauch auch ein Kleinbaum werden kann (Weißdorn).

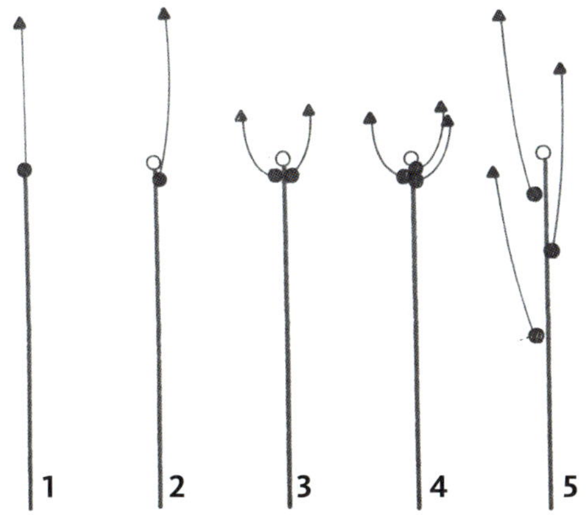

Spitzenförderung aus einer Endknospe führt zu den geraden Stämmen hoher Bäume (Fichte, 1), aber auch die Förderung einer Seitenknospe sorgt für einen durchgehenden Stamm (Linde, 2). Gabeliger Wuchs aus zwei Seitenknospen ist bei Rotblühenden Kastanien (*Aesculus* × *carnea*) besonders deutlich zu erkennen (3). Wuchsförderung aus mehr als zwei Seitenknospen (4) führt zu „verwirbelten“ Kronen ohne bis zur Spitze durchgehenden Stamm (Schnurbaum *Styphnolobium*). Häufig sind es Großsträucher, bei denen neue Seitentriebe die Höhe der Endknospe übertreffen (Seitenförderung, 5).

Spitzenförderung bei der Vogel-Kirsche *Prunus avium*.

Für jugendliche Kiefern *Pinus sylvestris* geht es mit Spitzenförderung rasch nach oben. Später lässt das Höhenwachstum nach und zunehmende Seitenförderung lässt die typischen Schirmkronen entstehen.

Praxistipp

Zwiesel und Zapfen

Kleine und mittelgroße Bäume, auch solche mit überhängenden Ästen und Kugelkronen, haben gewöhnlich keine durchgehende Stammverlängerung. Für viele Großbäume ist sie typisch und wichtig, um die Krone gesund und auch in Stürmen tragfähig zu halten. In jungen Jahren entstehende Konkurrenztriebe führen gelegentlich dazu, dass sich der Stamm gabelt. Solche Stammgabeln werden auch als „Zwiesel" bezeichnet. Am Jungbaum ist es einfach, diese Konkurrenztriebe zu erkennen und mir einer Schere oder Baumsäge zu entfernen, um den Leittrieb freizustellen. Werden sie übersehen, gefährden sie im Alter die Standfestigkeit des Baumes.

V-Zwiesel haben dem Auseinanderbrechen der im spitzen Winkel zusammenlaufenden Stämmlinge wenig entgegenzusetzen. Im Winkel der innen meist eingedellten Stämme sammelt sich Niederschlagswasser und es kommt in diesen „Wassertaschen" zu Ausfaulungen bis in größere Tiefen. Die Schäden werden häufig erst dann sichtbar, wenn nach Sturm oder Schneelasten ein Stämmling mitsamt der halben Krone herunterbricht. Meist muss der Baum entfernt werden, weil er halbiert nicht mehr sicher standfest ist. Erscheint ein Ausheilen der Wunde möglich, kann die verbleibende Krone stark eingekürzt, damit entlastet, neu und gleichmäßig aufgebaut werden. Zwiesel kommen an Eschen *Fraxinus excelsior* auffallend häufig vor. Verursacht werden sie von den Larven der Eschen-Miniermotte, die die Spitzenknospe ausfressen und zerstören.

Schon der nächste Sturm oder eine außergewöhnliche Schneelast können zum Auseinanderbrechen dieser Altkiefer führen.

Stammgabelungen (Zwiesel) stellen für die Standfestigkeit großer Bäume eine Gefahr dar, jedenfalls, wenn es sich um spitzwinklige „V-Zwiesel" handelt, die häufig zu Faulstellen (Wassertaschen) führen.

Dieser V-Zwiesel wurde lange übersehen. Nasser Oktober-Schnee auf der noch voll belaubten Krone ließ ihn brechen.

Nach dem Bruch eines V-Zwiesels ist die halbe Krone verblieben. Vielleicht ist der Baum zu retten, wenn die Halbkrone kräftig zurückgeschnitten und neu erzogen wird. Damit wird auch die halbseitige Last reduziert.

Rund ausgeformte „U-Zwiesel" leiten die Last der beiden Halbkronen gut ab. Gewöhnlich gibt es keine Wassertaschen, also keine Fäulnisherde.

Es ist keine gute Idee, störende Äste an den Spitzen abzuschneiden. Die Entfernung an der Basis hinterlässt nur kleine Schnittwunden und löst das Problem besser und dauerhaft. Im alten Holz belassene „Zapfen" ohne verbleibenden, belaubten „Versorgungsast" werden nicht versorgt und trocknen zurück. Ausnahmen sind Eibe *Taxus baccata* und Silber-Weide *Salix alba*.

Ausgerundete U-Zwiesel sind gewöhnlich nicht bruchgefährdet. Die Stämmlinge haben den vollen Querschnitt und stabilisierendes Holz gebildet. Sie sind – im Gegensatz zu den V-Zwieseln – auf der Innenseite nicht eingesunken und bieten keinen Platz für eine ausfaulende Wassertasche.

„Zapfen" entstehen, wenn einzelne Seitenäste in der Hoffnung auf einen Neuaustrieb gekappt werden. Da ein verlängerter, belaubter und Wasser „ziehender" Zugast (Versorgungsast) fehlt und der verbleibende Astabschnitt nicht ausreichend ernährt wird, erfolgt aus dem Aststummel – wenn überhaupt – nur ein schwacher Austrieb. Der Zapfen wird zur Eintrittspforte für Schaderreger. Deshalb ist es wichtig, Seitenäste an der Basis (Astkragen) zu entfernen oder auf einen Versorgungsast zurückzuschneiden (abzuleiten), wenn es diesen gibt.

Eiben treiben auch aus Zapfen ohne Zugast, also an beliebiger Stelle, aus. Deshalb kann das nach dem Rückschnitt verbleibende Astgerüst schon die Kegel- oder Kugelform bilden, wenn aus den Neutrieben ein Kegel entwickelt werden soll.

Zapfen trocknen zurück und stellen Eintrittspforten für Schaderreger dar. Das harzige Kiefernholz ist weniger gefährdet, so dass hier gezielt auf Zapfen geschnitten werden konnte, um starkwüchsige Kletterrosen auf dem Weg nach oben zu unterstützen.

2.3 Große Bäume kleiner

Kleine Gärten bieten für große Bäume keinen Platz. Ohnehin wachsen Gehölze nach Jahrzehnten vielfach größer als gedacht, weil die Arten- oder Sortenauswahl eben doch nicht sorgfältig genug erfolgte. Die gewöhnliche Lösung ist der maschinelle Rundschnitt, der vom typischen Habitus des Gehölzes nichts übriglässt. Dagegen stellt der „Auslagenschnitt" eine Pflegemaßnahme dar, die selbst der großen Linde einen Weg in den Garten öffnet. Bei Bäumen ist gewöhnlich ein durchgehender Leittrieb vorhanden. Der ist bis auf einen geeigneten Seitenzweig einzukürzen bzw. abzuleiten. Damit wird das Höhenwachstum begrenzt. Mehrere Grundtriebe sollten vereinzelt werden, so dass drei bis fünf kräftige verbleiben. Darauf folgt

Werden die unteren, die Pflanzungen ringsum störenden Äste beseitigt und die oberen Äste auf „Auslage“ geschnitten, können niedriger bleibende Schirmformen erzogen werden.

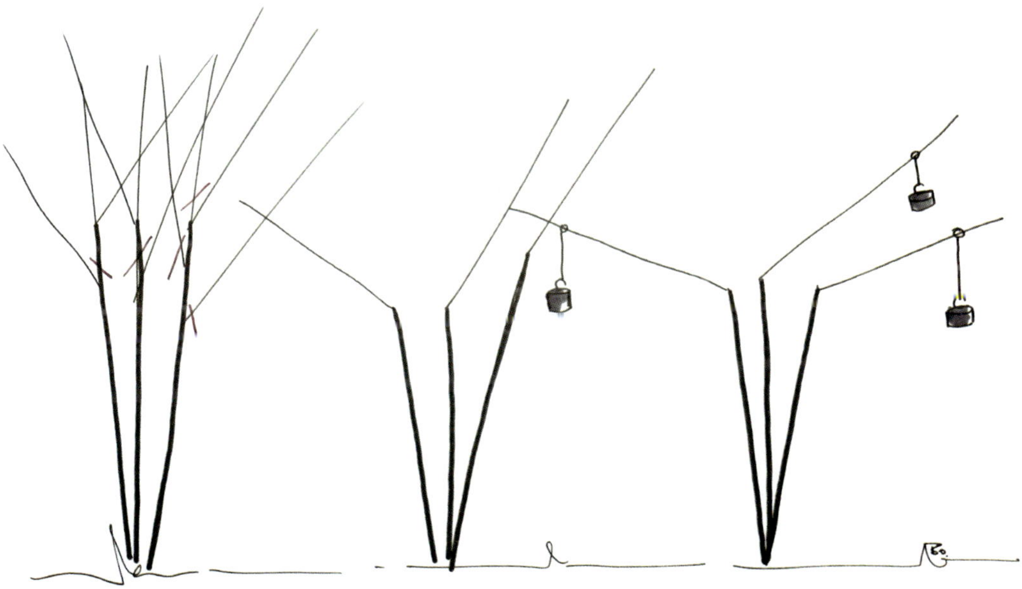

Stehen Äste zu steil, können sie durch geeignete Gewichte in die gewünschte Richtung gezwungen werden.

Dieser Apfelbaum wird durch Auslagenschnitt niedrig gehalten. Zudem werden an waagerecht abgeleiteten Ästen reichlich Früchte gebildet (Fruchtholz).

der Rückschnitt dieser Grundtriebe auf Auslage, das heißt mehr oder weniger waagerechte Seitentriebe. Die Krone wird deutlich niedriger bleiben und sich eher schirmförmig entwickeln. Das ist meist gewünscht, auch als Höhenakzent und Schattenspender in Staudenpflanzungen oder an der Terrasse. Dieser Schnitt ist zeitaufwändiger als der maschinelle, weil er mit Nachdenken, Handschere und -säge erledigt werden muss. Der Lohn ist ein passgerecht verkleinerter Baum, der zugleich seine Wuchsform behalten darf, ohne verstümmelt zu werden. Der anfänglich kräftige Austrieb sollte mit der Anpassung des Baumes an den regelmäßigen Schnitt deutlich nachlassen.

Weiterhin kann die maschinengeschnittene Kugel durch ein archaisches Schnittverfahren ersetzt werden, das ebenfalls die ursprüngliche Wuchsform von Bäumen ignoriert, aber immerhin zu skulpturalen, mit zunehmendem Alter mehr und mehr beeindruckenden Gestalten führt. Gemeint ist der „Kopfschnitt", ausgeführt an Ästen, die das künftige Kronengerüst bilden sollen. Immer wieder an gleicher Stelle während der Vegetationsruhe am Astende beschnitten, entwickeln sich dort die auffälligen kopf- oder kropfartigen Verdickungen. Der Kopfschnitt wird im Englischen als „Pollarding" bezeichnet („to pollard": köpfen, kappen). Bei der angestrebten Stammhöhe von 2 m bis 3 m können

Große Bäume kleiner: Kopfschnitt oder „Pollarding“. Unten links treibt ein „auf Stock“ bodennah abgesetztes Gehölz wieder aus (Coppicing).

Kopfschnitt: Linde vor und nach dem Schnitt.

auch größere Bäume für kleine Gärten passend gemacht werden. Darüber hinaus sind diese „Pollards" ebenfalls dazu geeignet, um Staudenpflanzungen der sonnigen Freifläche zu strukturieren. Ein zielgerichteter Schnitt kann auch sie zu den gewünschten „Sonnenschirmen" aufbauen.

Kopfschnitt ist mit vielen Gehölzen – Bäumen und Großsträuchern – praktizierbar. Gute Erfahrungen gibt es mit dem Tulpenbaum *Liriodendron*, dem Trompetenbaum *Catalpa*, mit Maulbeeren *Morus alba* und Mispeln *Mespilus germanica*. Linden, vor allem Platanen, stellen die ältesten und auffälligsten Kopfbäume. Tulpenbäume etwa können nur zur Blüte kommen, wenn sie nicht in jedem Jahr geschnitten werden. Weil sich Blüten am Ende der diesjährigen Neutriebe befinden, blühen Mönchspfeffer *Vitex agnus-castus*, Sieben-Söhne-des-Himmels-Strauch *Heptacodium miconioides* und der Perückenstrauch *Cotinus coggygria* 'Young Lady' bei jährlichem Schnitt.

Praxistipp

Schnelle Kopfweiden

Kopfweiden dienen heute kaum noch der Gewinnung von flechtfähigen Trieben, bleiben aber malerische und gliedernde, zudem kleinkronige Bäume. Alte, dann meist hohle Stämme bieten Lebensraum für Vögel und Insekten. Als Pflanzmaterial werden etwa 3 m lange, gerade Äste von Weiden benötigt. Die sind von Silber-Weide *Salix alba* und Fahl-Weide *Salix × rubens*, zu bekommen und fallen bei Landschaftspflegearbeiten, insbesondere dem Rückschnitt von Kopfweiden, an. Der ist nötig, um hohl werdende Stämme von den erstarkenden Trieben zu entlasten. Andere Weiden wachsen strauchig und liefern das geeignete Ausgangsmaterial nicht. Außerhalb der Vegetationszeit etwa 80 cm tief gepflanzt, werden diese „Setzstangen" kräftig austreiben. Am Kopfende immer wieder eingekürzt, ist schon im 2. oder 3. Standjahr mit einer fertigen Kopfweide zu rechnen. Besonders zu empfehlen sind Sorten der Silber-Weide mit Winterfarben, die gerade an den einjährigen Trieben am kräftigsten ausgebildet sind: 'Britzensis' (orange-rot), 'Vitellina' (gelb), 'Yelverton' (gelb-rot).

Etwa 3 m lang, bewurzeln sich Äste von Silber-Weiden *Salix alba* rasch und wachsen innerhalb einer Vegetationsperiode zu kleinen Kopfweiden heran. Langlebig sind sie nur an Ufern oder auf grundwassernahen Standorten.

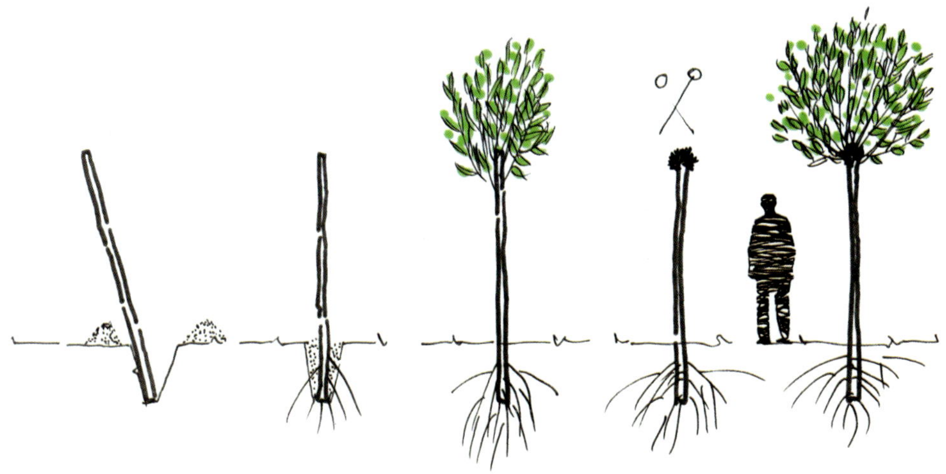

Leider ist die Lebenserwartung dieser Weiden nur auf hinreichend frischen Böden oder in Gewässernähe hoch.

Praxistipp

Die anderen Kletterbäume

Ein standfestes Metallgerüst, das – vier oder fünf Meter hoch – Stamm und Krone eines Kleinbaumes formt und mit Klettergehölzen begrünt wird, macht die Illusion eines „richtigen“ Baumes vollkommen. Die Vorteile: Die Maße können der räumlichen Situation genau angepasst werden und der „Baum“ ist nach nur zwei oder drei Vegetationsperioden komplett grün. Vor allem wird dieser „Kletterbaum“ nicht größer, denn die Klettergehölze können sich nicht vom Gerüst entfernen. Im Bedarfsfall wird ausgelichtet und allzu üppiges Wachstum mit der Schere korrigiert. Mit dem Trompetenstrauch *Campsis radicans* oder öfter blühenden Kletterrosen bestückt, gibt es die sommerlange Blüte, die sonst nur Tropenbäume bieten. Darüber hinaus können

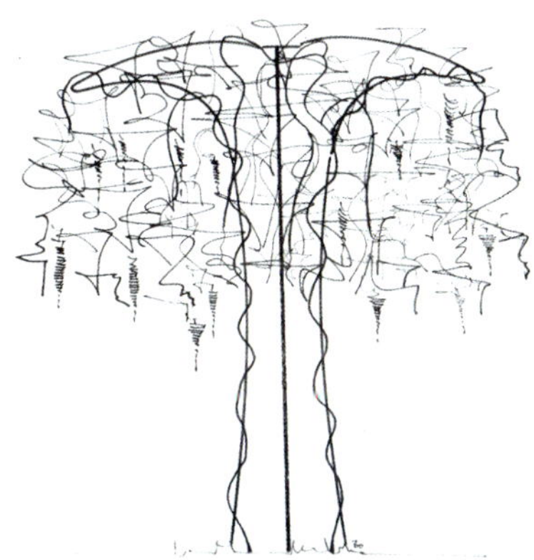

Der andere Baum: Ein formgebendes Gerüst, bestückt mit geeigneten Klettergehölzen (Schlinger, Ranker), lässt einen Baum entstehen, der stets die gleiche Größe hält, kommen doch die Kletterer nicht über das Gerüst hinaus.

mehrere Klettergehölze gemeinsam verwendet werden – etwa Rosen und Clematis, immergrüne und sommergrüne Arten.

Beispiel für „Kletterbäume“ im Schlosspark Trauttmansdorff (Meran, IT).

Gelegentlich kann ein Auslichtungsschnitt sinnvoll sein. Wichtiger ist die Auswahl der Klettergehölze in angemessener Wuchshöhe, etwa *Lonicera acuminata* (immergrün), *L.* × *tellmanniana* (gelb blühend), *Clematis* × *jackmanii* (blau), *C. viticella* in vielen Sorten, Akebie *Akebia quinata*. Auch Blauregen *Wisteria floribunda* ist möglich, muss aber durch regelmäßigen, den Blütenreichtum fördernden Rückschnitt nach der Blüte in Form gehalten werden. Der Austausch der Kletterpflanzen ist wesentlich einfacher als der eines „falschen“ Baumes. Auch Einjährige Kletterer können einbezogen werden: Glockenrebe *Cobaea*, Prachtwinde *Ipomoea*, Sternwinde *Quamoclit*.

Praxistipp

Neues Leben für tote Stämme

Zwar der Krone beraubt, können standfeste Stämme abgestorbener Bäume noch für viele Jahre gute Dienste leisten, die über ihre oft eindrucksvolle skulpturale Wirkung hinausgehen. Je mehr Faullöcher, Risse und Spalten, umso besser für Vögel, Fledermäuse, Baummarder, Haselmäuse, Siebenschläfer, Insekten und Spinnentiere. Zu hoch und nicht standsicher, muss die Krone der Altbäume meist gekappt werden. Ein umlaufendes Gerüst stellt eine Sicherung für den Fall der Fälle dar, die in öffentlichen Anlagen sinnvoll sein kann. Von Clematis oder Kletterrosen überzogen, avanciert der tote Baumtorso zum Hingucker und Lebensraum. Für Vögel sind immergrüne Kletterer (Efeu, Henry's Geißblatt *Lonicera acuminata*) gerade im Winter ein wichtiger, weil blickdichter Rückzugsort. Mit Bohrungen (2 mm bis 8 mm Durchmesser) versehen, werden hartholzige, trockene Stämme (Buche, Obstbäume) gern von verschiedenen Wildbienen angenommen. Weichhölzer (Linde, Pappel, Rosskastanie, ...) fasern beim Bohren aus, so dass die geringen Durchmesser für die erhofften Bewohner nicht barrierefrei hergestellt werden können.

Zudem kann an den Stammfuß eines abgestorbenen Baumes ein neuer gepflanzt werden (Stockachselpflanzung). An der Nordseite platziert, profitiert der Jungbaum sowohl vom schützenden Stammschatten als auch von dem am Stamm herablaufenden Regenwasser. Schön und nachhaltig, wenn diese Möglichkeiten vor dem schnell beschlossenen Fällen oder Roden eines Altbaums bedacht werden.

Nicht jeder bruchgefährdete Altbaum muss gefällt werden. Durch das Absetzen der Krone entlastet, kann er noch Jahrzehnte als beeindruckende Skulptur und Heimstatt für Insekten und Vögel nützlich sein.

In Einzelfällen kann ein den Stamm umschließendes Gerüst als Fallschutz dienen.

Im Schatten erhalten gebliebener Stämme können Neupflanzungen vorgenommen werden. Die Jungbäume profitieren von den am Stamm herabrinnenden Niederschlägen (Stockachselpflanzung).

Der tote Stamm ist durch die Efeu-Übergrünung ins Leben zurückgekehrt: Unterschlupf für Vögel und Insekten, späte Bienentracht und Vogelnahrung (Früchte).

3 Den Sträuchern eine Bühne

Was ist ein Strauch? Sträucher gelten als Holzgewächse, die gewöhnlich nicht höher als fünf Meter wachsen und weder die Höhe noch das Alter vieler Bäume erreichen. Gerade die begrenzte Höhe macht sie für kleine Gärten unverzichtbar. Das bodennahe Grünvolumen stellt für Insekten und bestimmte Vogelgruppen einen bedeutsamen Lebensraum dar (Zaunkönig, Rotkehlchen, Grasmücken, Zilpzalp, ...). Sträucher füllen das ökologisch wichtige Stockwerk zwischen Baum- und Krautschicht. Als Hecken – frei wachsend oder geschnitten – sind sie eigenständige Mittel der Bildung und Gliederung von Freiräumen. Die Vielfalt der von Strauchgehölzen entwickelten Lebensformen und Habitustypen übersteigt die der Bäume. Indes ist es ihnen nur in Ausnahmefällen vergönnt, das Alter von Bäumen zu erreichen. Der Eroberung von Offenflächen durch Sträucher folgen die Bäume. Die Bäume schließen zusammen und schieben die lichthungrigen Sträucher als Gehölz-/Waldmantel vor sich her. Die schattentoleranten Arten können sich als Unterholz halten, solange die Baumkronen noch lichtdurchlässig genug sind. Buchen sind das nicht, Eschen und Eichen schon. Deshalb sind viele Sträucher in der Aufeinanderfolge von Pflanzengesellschaften (Sukzession) oft nur eine vorübergehende, nicht nach Jahrhunderten zählende Erscheinung. Darum kann es sinnvoller sein, einen überalterten Strauch zu ersetzen, als ihn weiter mit Verjüngungsschnitten zu quälen.

3.1 Vielfalt der Formate

Wenngleich ästhetische Auswahlkriterien meist am Anfang stehen, sind die art- oder sortentypischen Wuchshöhen von Sträuchern kaum weniger bedeutsam.

Zwergsträucher bleiben im bodennahen Bereich und meist deutlich unter 50 cm. Sie spielen sowohl in Felsgärten und Pflanzgefäßen als auch – hinreichend dicht gepflanzt – für die flächige Bodenbedeckung eine Rolle. Kompakte Heidekräuter *Calluna vulgaris* in Sorten, die Berberitze *Berberis thunbergii* 'Kobold' und der Fingerstrauch *Potentilla fruticosa* 'Dart's Goldigger' gehören dazu, aber mit langen, bodenaufliegenden Trieben kriechende Zwergmispeln *Cotoneaster* oder Immergrün *Vinca minor* in Sorten schließen die Flächen besser (Kriechsträucher).

Kleinsträucher bis etwa 1 m Höhe sind sehr vielseitig verwendbar. Dicht gepflanzt können sie kleinere Gruppen bilden oder mit Blütenstauden, Staudengräsern oder Rosen vergemeinschaftet werden. Häufiger sieht man Kleinsträucher als wegbegleitende Hecken.

Beispiele sind: Maiblumenstrauch *Deutzia gracilis*, Japanischer Spierstrauch *Spiraea japonica* (mit 'Shirobana'), Zwergflieder *Syringa meyeri* 'Palibin', Bauern-Hortensie *Hydrangea macrophylla* (mit Sorten), Bartblume *Caryopteris × clandonensis* in Sorten, Fingerstrauch *Potentilla*

Meist unter Kniehöhe gehört das Heidekraut *Calluna vulgaris* zu den Zwergsträuchern, die sich für Flächenbegrünungen eignen. In Heidegärten werden zahlreiche Farbsorten verwendet (rot, rosa, weiß).

Die besten Bodendecker sind Kriechsträucher mit unterirdischen oder oberirdischen Trieben, wie diese Teppich-Zwergmispel *Cotonestaer dammeri* 'Radicans'.

Kleinsträucher bis Hüfthöhe eignen sich gut für niedrige Hecken. Hier die Hortensie *Hydrangea macrophylla*.

Der Belgische Spierstrauch *Spiraea × vanhouttei* wächst nur wenig mehr als 2 m hoch. Solche Mittelsträucher sind für Gartenhecken unentbehrlich.

fruticosa 'Goldstar', der Pfeifenstrauch *Philadelphus* 'Lemoinei'. Immergrün sind der Schneeball *Viburnum davidii*, die Mahonie *Mahonia aquifolium* (mit 'Apollo') und die Berberitze *Berberis candidula*.

Wenngleich selten zu sehen, sollte die Altersform unseres Efeus häufiger verwendet werden. Sie ist als Sorte 'Arborescens' im Handel erhältlich und wächst aus blühfähigen, stecklingsvermehrten Trieben mit ovalen, ungelappten Blättern. Sie bildet rundliche, nicht kletternde Büsche mit spätherbstlichen Bienenblüten.

Gewöhnlich ein Großstrauch bis 5 m Höhe, kann Flieder *Syringa vulgaris* auch zu einem Kleinbaum heranwachsen.

Zu den Mittelsträuchern mit 2 m bis 3 m Wuchshöhe gehört der Großteil der für Blütenhecken wichtigen Arten, etwa Kolkwitzien *Kolkwitzia amabilis*, Deutzien *Deutzia × scabra*, Weigelien *Weigela*, *Forsythia*, Pfeifenstrauch *Philadelphus*.

Großsträucher bis 5 m Höhe stellen Grenzgänger dar, die auch mal zu den Bäumen wechseln. Schwarzer Holunder, Weißdorn oder Flieder zeigen, dass sie sowohl als vieltriebiger Strauch als auch als stammbildender Baum wachsen können (Baumsträucher).

Gelegentlich werden in Baumschulen Großsträucher mit einem kräftigen Stamm zum Baum erzogen; neben anderen Mönchspfeffer *Vitex agnus-castus*, Perückenstrauch *Cotinus coggygria* und Sieben-Söhne-des-Himmels-Strauch *Heptacodium miconioides*. Dem Haselstrauch *Corylus avellana* ist die Entstehung immer neuer Grundtriebe dagegen kaum abzugewöhnen.

Die besprochene Größeneinteilung schließt Abweichungen ein, die sich aus den unterschiedlichen Wuchsbedingungen ergeben können. Voraussetzung für jede erfolgreiche Pflanzung ist die standortgerechte, den klimatischen sowie Boden- und Lichtverhältnissen Rechnung tragende Artenauswahl. Das gilt insbesondere für Pflanzengruppen mit speziellen Abneigungen, etwa die der Heidegewächse (Rhododendron, Heidekraut u. a.) oder der Esskastanie *Castanea sativa* gegen Kalkböden.

Vieles wächst größer als bedacht und später muss die Schere einspringen. Aber oben abgeschnittene Sträucher sind nicht mehr sie selbst; allzu oft geht auch die Blühfähigkeit verloren. Häufig praktiziert, stellt der einheitliche Rundschnitt die Angebotsvielfalt der Baumschulen in Frage. Die Reduzierung von so Verschiedenem auf eine Form schmälert

Wuchspotenziale verschiedener Gehölzarten, Erlebnisqualität und Biodiversität der Gärten. Deshalb ist es sinnvoll, vorher die möglichen Wuchshöhen anzufragen und Beratung zu suchen. Von einigen Sträuchern gibt es Sorten in unterschiedlichen Größen und die Möglichkeit, auf kleinere umzusteigen, so zum Beispiel bei Feuerdornen *Pyracantha*, Sommerflieder *Buddleja davidii*, Schneeball *Viburnum opulus* 'Compactum', Lorbeerkirschen *Prunus laurocerasus* oder Nadelgehölzen.

Praxistipp

Wehrhafte Gehölze

Rosen haben Stacheln, Feuer- und Weißdorne haben Dornen. Stacheln lassen sich als Gebilde der äußeren Gewebeschichten leicht ablösen; Dornen dagegen nicht, weil sie sich aus dem Holzkörper an Triebenden (Sprossdornen) oder unterhalb von Blattknoten entwickeln. Stechpalmen *Ilex* und Mahonien haben stachlige Blattränder. Die Wirkung ist die gleiche und wer sich einmal verletzt hat, mag von den botanischen Details nichts hören. Diese Gehölze werden als „bewehrt" bezeichnet, weil sie sich zu wehren wissen. Trotz Verletzungsgefahr sind diese gewöhnlich trockenfesten Sträucher zu wichtig, um darauf verzichten zu können. Allein die Wildrosen stellen ein großes und unentbehrliches Potenzial. Die Verwendung bewehrter Gehölze in formgeschnittenen und freien Hecken ist fest etabliert. Niedrige Dornenhecken können eine Barriere zum Straßenraum bilden oder dafür sorgen, dass nicht vom Weg abgewichen wird. Geeignet dafür sind unter anderem Kartoffelrose *Rosa rugosa*, in Sorten, Zierquitte *Chaenomeles* in Sorten und Feuerdorn *Pyracantha* 'Red Cushion'. Zoologische Gärten pflanzen gern Julianes Berberitze *Berberis julianae* mit bis zu 4 cm langen, dreiteiligen Dornen, um das Publikum von Gehegen oder Tiere von Bäumen fernzuhalten. In Parks leisten anspruchslose Stachelbeer-Gebüsche gute Dienste. Die Stachelbeere *Ribes uva-crispa* erträgt Baumschatten und Wurzeldruck, erfreut durch sehr frühen Austrieb und verhindert zugleich das Entstehen neuer, unerwünschter Wege. Bewehrte Sträucher gehören nicht an Wegränder, wenn sie nicht durch Schnitt begrenzt werden sollen. Anderenfalls sind Schäden an Kleidungsstücken kaum zu vermeiden. Jedoch muss die „Stacheldraht-Rose" aus der Nähe betrachtet werden können. Vor allem im Gegenlicht leuchten ihre breiten Stacheln blutrot. Regelmäßiger Rückschnitt sorgt für kräftige Jungtriebe, an diesen sitzen die kräftigsten Stacheln (*Rosa sericea* subsp. *omeiensis* fo. *pteracantha*).

Dornige oder bestachelte Gehölze können für undurchdringliche Hecken wichtig sein, gehören aber nicht an Wegränder. Julianes Berberitze *Berberis julianae* verfügt über 4 cm lange Dornen; nicht ungefährlich für Haut und Kleidung.

Praxistipp

Gefährliche Früchte

Während hohe Bäume gern dem Wind die Verbreitung ihrer Früchte und Samen überlassen, setzen Sträucher häufig auf „Verdauungsverbreitung" durch Tiere. In der Strauchschicht sind viele Vogelarten unterwegs, für die die von Sträuchern produzierten Früchte eine wichtige Nahrungsquelle darstellen. Die anderswo unverdaut ausgeschiedenen und keimenden Samen tragen wesentlich zur Verbreitung vieler Sträucher bei.

Auch ästhetisch haben die Früchte einiges zu bieten. Nicht alle sind für den Verzehr geeignet, gerade für Eltern neugieriger Kinder ist es wichtig, das zu wissen.

- Seidelbast *Daphne mezereum* (mehr als 5 Beeren gelten für Kinder als tödlich, aber schon die erste schmeckt nicht gut)
- Pfaffenhütchen *Euonymus europaeus* (schwere Magen-Darm-/Herz-Kreislauf-Störungen)

Samen und Nadeln der Eibe *Taxus baccata* sind für Menschen stark giftig, nicht aber der rote, süß schmeckende fleischige Samenmantel. Wo Vorsicht geboten ist, kann die nichtfruchtende Sorte 'Hillii' gepflanzt werden.

- Efeu *Hedera helix* (Früchte/Blätter: Magen-Darm-Beschwerden)
- Stechpalme *Ilex aquifolium* (Früchte: Herz-Kreislauf-Beschwerden)
- Sadebaum *Juniperus sabina* (Früchte/Blätter: schwere Magen-Darm- und Atembeschwerden)
- Goldregen *Laburnum* (tödlich giftig – aber es ist lange her, dass die platten Samen als Spielgeld benutzt wurden)
- Eibe *Taxus* (Samen: Magen-Darm- und Herz-Kreislauf-Beschwerden – nur der fleischige, süß schmeckende Samenmantel ist nicht giftig. Nadeln tödlich giftig für Pferde, aber nicht für Rehe und andere Wiederkäuer)

In größeren Mengen verzehrt, lösen die Früchte von Schneebeeren, Schneeball, Liguster, Faulbaum, Lorbeerkirsche, Hartriegel, Feuerdorn, Kreuzdorn und Eberesche vorübergehend Magen-Darm-Beschwerden aus. Mahonien- und Holunderbeeren sollten nicht roh gegessen werden. Während sich die kritische Beurteilung auf Beerensträucher fokussiert, spielen zahlreiche giftige Zimmerpflanzen (wie *Dieffenbachia*), Kübelpflanzen (Engelstrompete, Wandelröschen) und Gartenstauden (Eisenhut, Maiglöckchen, Fingerhut u. a.) in der Diskussion kaum eine Rolle. Indes kommt es hier wie da selten zu ernsten Vergiftungen. Mindestens das Rot (Seidelbast, Stechpalme) und Schwarz (Liguster, Efeu) schrecken eher ab und unbekannte Blätter oder gar stachlige Nadeln werden gewöhnlich nicht leichtfertig verzehrt. Kleinkinder stecken sich alles Greifbare in den Mund; hier heißt es aufpassen, später aufklären. Eltern und Kinder sollten das wissen, denn giftige Pflanzen gibt es überall, auch wenn sie im Kindergarten nicht verwendet wurden. Und sie werden in einem Ökosystem gebraucht, in dem der Mensch nur ein Teil ist. Schließlich bleibt auch noch eine Menge Essbares übrig.

Viele Gehölze haben Beeren, die ungenießbar sind oder nach Verzehr Beschwerden verursachen. Elsbeere *Sorbus torminalis* (links) und die Fruchtsorten der Kornelkirsche *Cornus mas* (rechts) schmecken gut und können vom Baum weg gegessen werden – wenn man sie kennt.

3.2 Wie Sträucher wachsen

Typische Sträucher bilden neue Triebe vorwiegend bodennah. Diese Basisförderunglässt sie deutlich niedriger wachsen als spitzengeförderte Bäume. Beispiele sind der Haselstrauch *Corylus avellana*, daneben der Pfeifenstrauch *Philadelphus coronarius* und die Deutzien *Deutzia*. In Abständen ist es sinnvoll, die ältesten und stärksten Triebe unmittelbar über dem Boden zu entfernen, um den neuen Platz zu verschaffen. Einige dieser Sträucher – u. a. Blauraute *Perovskia*, Kammminze *Elsholtzia*, Spierstrauch *Spiraea* × *billardii* – blühen am Ende der diesjährigen Triebe, so dass ein kräftiger, bodennaher Rückschnitt vor dem Austrieb die Zahl und Vitalität neuer Blütentriebe vermehren kann.

Basisförderung bei der Klappernuss *Staphylea pinnata*. Gelegentlich sollten die ältesten Triebe über dem Boden herausgenommen werden.

Seitenförderung bedeutet, dass Triebe seitlich der senkrechten Hauptachse gefördert werden, die nach oben und höher wachsen als diese selbst. Das ist ein von vielen Laubbäumen

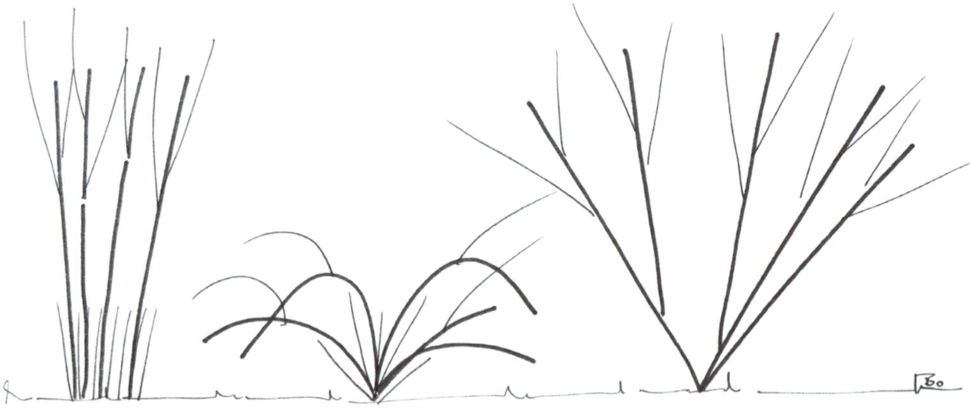

Unterschiedliche Orte der Entstehung neuer Triebe bestimmen die spätere Gestalt und Verwendungsmöglichkeiten von Sträuchern: Basis- und Seitenförderung (links), Scheitelpunktförderung (Mitte), Seitenförderung (rechts).

Seitenförderung: Die Mispel *Mespilus germanica* lässt den Zuwachs aus Seitentrieben unterschiedlicher Höhe gut erkennen.

genutztes Prinzip. So entstehen auch Großsträucher wie Hasel oder Weißdorn und aus diesen gelegentlich Kleinbäume (Weißdorn, Flieder).

Lange, insbesondere durch Blüten- oder Fruchtstände schwere Zweige neigen schließlich über, um irgendwann den Boden zu berühren. Häufig entwickeln sich bevorzugt auf dem Scheitel der Zweigbögen neue Triebe (Scheitelpunktförderung). Wildrosen *Rosa canina* u. a., Schaumspiere *Holodiscus discolor*, Königs-Flieder *Syringa × chinensis* und Schwarzer Holunder *Sambucus nigra* gehören neben vielen weiteren dazu. Diese immer breiter wachsenden Sträucher benötigen ausreichend Platz und stehen unmittelbar neben Wegen oder Beeten falsch.

Meist kommen mehrere Förderungsarten an einem Strauch vor, etwa Basisförderung und Seitenförderung der Triebe bis zur Zielhöhe beim Haselstrauch. Sie zu erkennen, lässt die richtigen Schlussfolgerungen für die Verwendung der Arten ziehen. *Magnolia × soulangeana* und Zaubernüsse *Hamamelis* wachsen mit wenigen Grundstämmen schräg mit seitlicher Verzweigung aufwärts. An der Basis entstehen gewöhnlich kaum weitere Triebe. An diesen gern als mehrstämmige Solitäre gehandelten Großsträuchern gibt es nur in Ausnahmefällen etwas zu schneiden – ein Tipp für „intelligente Faule“ (Karl Foerster).

Sträucher mit starker Ausbreitungstendenz sind nicht überall verwendbar, aber hervorragend

Scheitelpunktförderung führt zu raumgreifenden Strauchgestalten. Auf dem Scheitel überneigender Triebe – hier der Hunds-Rose *Rosa canina* – entstehen die neuen Austriebe.

geeignet, um große Flächen zu begrünen oder Hänge zu befestigen. Die Ausbreitung kann durch lang über den Boden kriechende Triebe (Acker-Rose *Rosa arvensis*, Zwergmispel *Cotoneaster* 'Skogholm') oder Ausläufer erfolgen. Das sind waagerecht im oder über dem Boden verlaufende, stark verlängerte Sprossachsen mit reduzierten Blättern (Dünen-Rose *Rosa spinosissima*, Glanz-Rose *Rosa nitida*, Gamander-Spierstrauch, *Spiraea chamaedryfolia*, Preiselbeere *Vaccinium vitis-idaea* u. a.). Allein durch Ausläufer kann eine einzelne Strauchkastanie *Aesculus parviflora* zu einem Gebüsch von mehr als 20 m Durchmesser heranwachsen.

Flieder, auf besseren Böden gut stammbildend, breitet sich in nährstoffarmen Sandböden mit Ausläufern flächig aus. Wurzelsprosse (Wurzelbrut) sind aufrechte Triebe, die sich aus Knospen an flach und weit streichenden Wurzeln entwickeln. So entstehen Schlehengebüsche. Im Garten werden Essigbaum *Rhus typhina* und Flieder *Syringa vulgaris* gelegentlich durch Wurzelsprosse lästig.

Wichtig ist es zu wissen, dass jede Wurzelverletzung – etwa durch Hacken oder Graben – Wurzelsprosse induziert (das gilt auch für Pappeln und Robinien).

Unbeirrbar vorrückend, bildet die Schlehe *Prunus spinosa* durch Wuzelsprosse dornige und undurchdringliche Gebüsche (links). Die liebenswerte Zwergmandel *Prunus tenella* ist nach der auffälligen Frühjahrsblüte kaum noch wahrzunehmen (rechts). Die Ausgangsart wandert mit schwachen unterirdischen Ausläufern ('Firehill': veredelt, farbintensiver, ohne Ausläufer).

Diese Strauchkastanie *Aesculus parviflora* im Bad Muskauer Pückler-Park hat durch unterirdische Ausläufer ein Gebüsch gebildet, aus dem ein begehbares Wäldchen geworden ist.

Die Zwergmandel *Prunus tenella* ist ein für einen festen Pflanzplatz kaum tauglicher, wandernder Ausläuferstrauch, der im April/Mai mit rosaroten Blüten auf sich aufmerksam macht. Anschließend wird die Zwergmandel wegen ihres niedrigen, lockeren Wuchses gewöhnlich übersehen. Sie ist am besten in offene Steppenpflanzungen mit Stauden zu integrieren.

Einige Bäume und Sträucher neigen dazu, aus Wurzeln aufrechte Sprosse zu treiben, insbesondere dann, wenn oberflächennahe Wurzeln durch Bodenbearbeitung oder Rasenmahd verletzt wurden (hier: Geweihbaum *Gymnocladus dioicus*).

Praxistipp

Coppicing und Verjüngungsschnitt

Einige Gehölze können bis zum Boden heruntergeschnitten werden, um anschließend umso kräftiger wieder auszutreiben. Dieses Verfahren wird als „Auf den Stock setzen“ oder – im Englischen – als „Coppicing“ bezeichnet. Im bäuerlichen Niederwald wurden die Stammaufwüchse von Hainbuchen, Eichen oder Eschen als Brennholz, für Pflöcke oder Zaunmaterial genutzt. In der Gartenkultur ist es eine bewährte, traditionelle Verjüngungsmaßnahme für überalterte Gehölze, sofern sie sich dafür eignen.

Darüber hinaus können rückschnittfähige, regenerationsfreudige Sträucher auch in Staudenpflanzungen nützlich sein, um in geplanten Vergemeinschaftungen einen ästhetischen Mehrwert zu erzielen. Dabei geht es um Farben und Formen von Blattwerk und Blütenständen, die mit denen von Stauden interagieren. Blüten sind dann zu erwarten, wenn die Gehölze an den einjährigen Neutrieben blühen. Mit der Blauraute *Perovskia* wird das seit langem praktiziert.

Folgende Effekte bietet „Coppicing“:
- üppig große, dekorative Blätter: Haselstrauch *Corylus avellana*, ...
- Blüten an diesjährigen Trieben: Perückenstrauch *Cotinus coggygria* 'Young Lady', Blauraute *Perovskia*, Bartblume *Caryopteris*, Mönchspfeffer *Vitex*, Kammminze *Elsholtzia*, Rispen-Hortensie *Hydrangea paniculata* in Sorten, ...

- Wirkung farbiger Blätter im Sommer: Perückenstrauch *Cotinus* 'Golden Spirit' – gelbgrün, 'Royal Purple' – rot, Blauraute *Perovskia* – silbergrau, Blasenspiere *Physocarpus* 'Diabolo' – rot
- Wirkung herbstfärbender Blätter in Gemeinschaft mit Stauden: Tulpenbaum *Liriodendron* – gelb, Essigbaum *Rhus typhina* – orangerot u. a.
- Wirkung farbiger Wintertriebe: Hartriegel *Cornus alba* 'Sibirica' – rot, Hartriegel *Cornus sericea* 'Flaviramea' – gelbgrün...; auch zusammen mit Nachwinterblühern: Palmwedel-Nieswurz *Helleborus foetidus*, Schneeglöckchen *Galanthus*, Krokus, Schneestolz *Chionodoxa* u. a.
- Größenbegrenzung sonst zu hochwachsender Bäume: Tulpenbaum *Liriodendron* u. a.

Einige Gehölze lassen sich verjüngen und niedriger halten, wenn sie in Abständen „auf den Stock gesetzt“, also bis über den Boden heruntergeschnitten werden (engl. Coppicing). Hier ein Haselstrauch *Corylus avellana* nach dem Absetzen (links) und nach dem Neuaustrieb (rechts).

Zu hoch gewachsene oder zurückgefrorene Lorbeerkirschen *Prunus laurocerasus* treiben gewöhnlich auch nach tiefem Rückschnitt wieder kräftig aus dem alten Holz aus.

Der bodennahe Rückschnitt führt häufig zu besonders kräftigen Neutrieben mit ungewöhnlich großen und dekorativen Blättern (Trompetenbaum *Catalpa*, Blauglockenbaum *Paulownia*).

Der bodennahe Rückschnitt erfolgt erstmals, wenn sich die gepflanzten Sträucher ausreichend gekräftigt haben, was im zweiten oder dritten Standjahr der Fall sein dürfte. Den Rückschnitt erst im Frühjahr durchzuführen, hat den Vorteil, dass die winterlichen Gehölzstrukturen – insbesondere farbige Wintertriebe – wirken können. Die Schnittabstände richten sich nach der Wüchsigkeit der verwendeten Strauchgehölze, die auch durch die Bodenqualität mitbestimmt wird. Wechselnde Schnittabstände sorgen für überraschend andere Pflanzbilder.

Bei Lorbeerkirschen *Prunus laurocerasus*, Eiben *Taxus* und einigen robusten *Rhododendron × catawbiense* (wie 'Cunninghams White') kann das Coppicing als Verjüngungsmaßnahme für überalterte, aufkahlende Pflanzen genutzt werden. Sie treiben gewöhnlich sehr gut auch aus dem alten Holz wieder aus. Anschließend ist über mehrere Jahre ein Korrekturschnitt erforderlich, der diese Gehölze neu aufbaut.

3.3 Die Kahlfüßigen und die Bodenschlüssigen

Der tschechische Gehölzkundler Karel Hieke hat straff aufragende, den Bodenbereich offenlassende Sträucher treffend als „kahlfüßig" bezeichnet („Praktische Dendrologie", Deutscher Landwirtschaftsverlag, Berlin 1989).

Kahlfüßige Sträucher und hochstämmige Bäume (vorn) lassen den Bodenbereich für Pflanzungen und Wege offen. Bodenschlüssige, etwa Rhododendren (hinten), bieten dafür keinen Platz.

Beispiele für kahlfüßige Sträucher:

- Hainbuchenblättriger Ahorn *Acer carpinifolium*
- Feuer-Ahorn *Acer ginnala*
- Zimt-Ahorn *Acer griseum*
- Streifen-Ahorn *Acer pensylvanicum*
- Kupfer-Felsenbirne *Amelanchier lamarckii*
- Ährige Felsenbirne *Amelanchier spicata*
- Aralie *Aralia elata*
- Erbsenstrauch *Caragana arborescens*
- Etagen-Hartriegel *Cornus controversa* (ggf. aufasten)
- Haselstrauch *Corylus avellana*
- Blauschotenstrauch *Decaisnea fargesii*
- Hohe Deutzie *Deutzia scabra*
- Zaubernuss *Hamamelis × intermedia* – in Sorten
- Goldregen *Laburnum × watereri* 'Vossii'
- Magnolie *Magnolia × soulangiana* –in Sorten
- Mahonie *Mahonia × media* 'Winter Sun' immergrün, winterblühend
- Zierkirsche *Prunus subhirtella* – in Sorten
- Kleeulme *Ptelea trifoliata*
- Berg-Holunder *Sambucus racemosa*
- Klappernuss *Staphylea pinnata*
- Bogen-Flieder *Syringa reflexa*
- Flieder *Syringa vulgaris*
- Schneeball *Viburnum farreri*

Kahlfüßige Sträucher bedürfen einer Unterpflanzung, sonst wächst dort irgendetwas. Selbst höhere Stauden oder Kleinsträucher können sich darunter ungehindert entfalten. Aus der Verbindung kahlfüßiger Sträucher mit einer geeigneten Unterpflanzung kann eine platzsparende Hecke entstehen. Kahlfüßige Sträucher, nahe an Wege, Plätze oder Bänke gepflanzt, werden auch nach vielen Jahren nicht stören.

Bodenschlüssige Sträucher können nicht unterpflanzt werden. Selbst für eine Vorpflanzung bleibt längerfristig kein Platz. Mit dem Zuwachs dieser bis zum Boden reichenden Sträucher würde sie überrollt werden. Möglich ist Rasen, zu dem diese Sträucher einen sauberen Abschluss bilden. Das Breitenwachstum stört hier so lange nicht, wie die Proportionen von Raum und Rasenfläche erhalten bleiben. Gelegentlich sind Pflanzungen nötig, um etwa zwischen Rhododendren oder Lorbeerkirschen vorübergehend Wuchsraum vorzuhalten. Weil diese Zwischenpflanzungen mit dem Zuwachs der Sträucher zurückgedrängt werden, sind wertvolle Stauden oder bodendeckende Gehölze hier fehl am Platz („Verlorenes Grün" →. S. 334).

Zu den bodenschlüssigen Sträuchern gehören die buschig wachsenden Rhododendren, Aukuben *Aucuba japonica*, Buchsbäume *Buxus* und Lorbeerkirschen *Prunus laurocerasus*, etwa

Kahlfüßiger Haselstrauch *Corylus avellana* und bodenschlüssige *Rhododendron × catawbiense*; gut geeignet für einen sauberen Abschluss zum Rasen.

in den bewährten, besonders frostharten Sorten 'Pruzap', 'Reynvanii', 'Winterstar', 'Mano', 'Mecki', 'Piranha', 'Etna', 'Gajo' oder 'Otto Luyken'. Die Bogensträucher sind in größerer Zahl vertreten. Sie schließen mit weit überneigenden Zweigen bis zum Boden auf und bilden häufig besonders ansprechende Wuchsformen aus, die sie für eine Einzelstellung empfehlen.

Beispiele für bodenschlüssige Sträucher:

- Kahle Felsenbirne *Amelanchier laevis*
- Wechselblättriger Sommerflieder *Buddleja alternifolia*
- Sibirischer Hartriegel *Cornus alba*
- Roter Hartriegel *Cornus sanguinea*
- Sparrige Zwergmispel *Cotoneaster divaricatus*
- Vielblütige Zwergmispel *Cotoneaster multiflorus*
- Hänge-Goldglöckchen *Forsythia suspensa*
- Schaumspiere *Holodiscus discolor*
- Heckenkirsche *Lonicera xylosteum*
- Bocksdorn *Lycium barbarum*
- Blasenspiere *Physocarpus opulifolius*
- Lorbeerkirschen *Prunus laurocerasus* 'Otto Luyken', 'Cherry Brandy' u. a.
- Rhododendron *Rhododendron × catawbiense* in zahlreichen Sorten
- Hunds-Rose *Rosa canina*
- Rotblättrige Rose *Rosa glauca*
- Vielblütige Rose *Rosa multiflora*
- Schwarzer Holunder *Sambucus nigra*

- Baum-Fiederspiere *Sorbaria kirilowii* (*S. arborea*)
- Belgischer Spierstrauch *Spiraea × vanhouttei*
- Spierstrauch *Spiraea cinerea* '*Grefsheim*'
- Königs-Flieder *Syringa × chinensis*
- Frühlings-Tamariske *Tamarix parviflora*
- Sommer-Tamariske *Tamarix ramosissima*
- Runzelblättriger Schneeball *Viburnum rhythidophyllum*

Zweimal Flieder: kahlfüßig (*Syringa vulgaris* links) oder bodenschlüssig (*Syringa × chinensis* rechts).

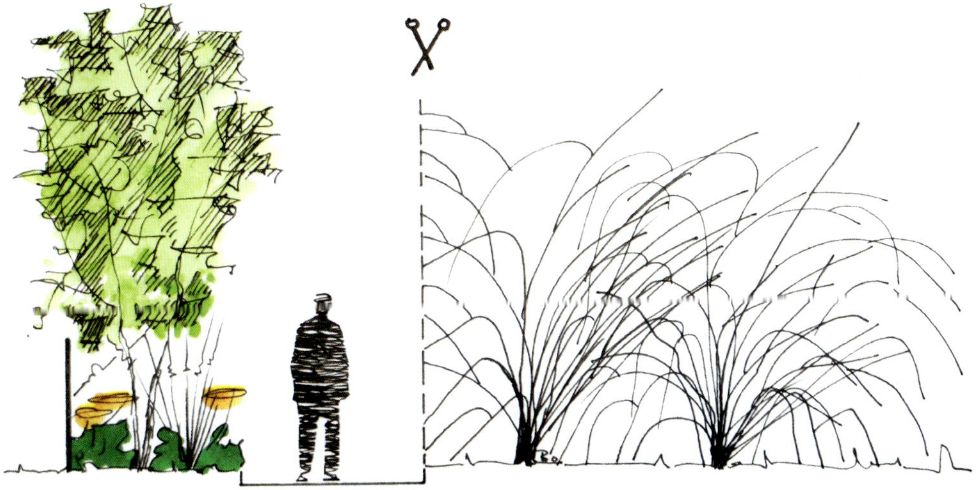

Ob überneigend oder breitbuschig wachsend, stehen bodenschlüssige Gehölze an Wegrändern immer falsch. Die Folge ist gewöhnlich die aufwändige Korrektur durch einen „Wandschnitt". Besser: Aufasten und eine Unterpflanzung vornehmen oder gleich kahlfüßige Gehölze mit Kleinsträuchern und Stauden unterpflanzen.

Der Wandschnitt hat verhindert, dass der Weg verwächst. Ein behagliches Wegegefühl stellt sich dennoch nicht ein.

Meist werden die Unterschiede zwischen kahlfüßigen und bodenschlüssigen Sträuchern nicht bedacht, zumal Informationen darüber oft fehlen. Dabei ist es wichtig, bodenschlüssige Sträucher nicht unmittelbar an den Hauseingang, Weg- oder Beetrand zu pflanzen. Hier fehlt ihnen der Platz für einen artgerechten Wuchs, so dass sie in Wege oder Beete hineinwachsen. Irgendwann wird begonnen, sie seitlich mit Schere und Säge zurückzudrängen (Wandschnitt). Gemessen an dem Aufwand befriedigt das Ergebnis nicht. Blütenstauden geraten neben breit überneigenden Strauchrosen rasch in Bedrängnis, wenn die Rosen nicht regelmäßig zurückgeschnitten werden.

3.4 Kletterkünstler

Im Gegensatz zu den Bäumen unserer Breiten können manche Sträucher klettern und damit die ihnen zugeschriebene 5-m-Höhengrenze überschreiten. Klettergehölze überziehen Pergolen und Laubengänge, begrünen Fassaden und Mauern. Als „Schleiervegetation“ sind sie malerisches Attribut frei wachsender Hecken. In vielen Gärten begegnen wir Kletterrosen und

Die Dreispitzige Jungfernrebe *Parthenocissus tricuspidata* klettert mit Haftscheiben und benötigt keine Kletterhilfe (Selbstklimmer). Nötig sind geeignete Untergründe. Der unbegrenzte Ausbreitungsdrang muss akzeptiert werden können.

Das gilt auch für den Efeu, der mit Haftwurzeln klettert.

Schlinger suchen nach vertikalen Stützen. Das ist bei der Verwendung zu beachten (Wald-Geißblatt *Lonicera periclymenum*).

Je größer der „Wenderadius" der schlingenden Jungtriebe, desto dicker dürfen die Stützen – etwa für eine Pergola – ausfallen (Pfeifenwinde *Aristolochia macrophylla*).

Blauregen *Wisteria* ist ein sehr kräftiger Schlinger, der ungeschnitten 10 m hoch wächst. Durch das Respekt abnötigende Dickenwachstum können Fallrohre stranguliert und undurchlässig werden.

Clematis in einer kaum überschaubaren Fülle an Kulturformen (Sorten). Daneben gibt es weitaus mehr, das Verwendung verdient. Leicht wird übersehen, dass Klettersträucher sich unterschiedlicher Kletterstrategien bedienen. Die jeweils zutreffende steht gewöhnlich nicht auf dem Etikett, ist aber für Insider sofort erkennbar. Warum ist das wichtig? Aus der jeweiligen Kletterstrategie ergeben sich die Möglichkeiten und Grenzen der Verwendung des Gehölzes, das wir gerade vor uns haben.

Selbstklimmer sind in der Lage, auch an glatten Wänden wie Felsen, Baumstämmen oder Gebäuden Fuß zu fassen. Dazu nutzen sie Haftscheiben (Jungfernrebe *Parthenocissus*) oder Haftwurzeln (Efeu *Hedera*). Sie benötigen keine Kletterhilfe, wachsen aber unbegrenzt, was nicht immer erwünscht ist.

Andere benötigen Kletterhilfen und hier gilt es, sich für die richtige zu entscheiden oder – umgekehrt – für das bereits vorhandene Spalier das richtige Klettergehölz zu finden.

Viele Klettersträucher sind Schlinger und umfassen mit der gesamten Sprossachse eine nach oben führende vertikale Stütze (Blauregen, Geißblätter, *Akebia* u. a.). Reben (wie die Rostrote Rebe *Vitis coignetiae*) haben Blätter in ver-

Bei Rankgehölzen haben sich Blätter in Wickelorgane umgewandelt, die feingliedrige Kletterhilfen benötigen: Gewöhnliche Jungfernrebe *Parthenocissus vitacea*, Ussuri-Zaunrebe *Ampelopsis glandulosa* var. *brevipedunculata*.

zweigte Ranken verwandelt, die dünne Leisten oder Drähte umgreifen.

Clematis sind anders. Sowohl die Stiele der Fiederblätter und -blättchen als auch die mittigen Blattspindeln können sich um dünne Zweige, Drähte, Seile oder Spalierstäbe wickeln. Blätter müssen für diese Blattstielranken nicht geopfert werden. Bezahlt wird mit eingeschränkten Klettermöglichkeiten, schließlich

Bei Waldreben *Clematis* (rechts und unten) wickeln sich die Blattstiele um feingliedrige Triebe, gern im Kronenmantel der Bäume. Dort erhalten sie ausreichend Licht. Die Blattstiele bleiben im Winter erhalten (Mitte).

Die Naturstandorte der heimischen Weißen Waldrebe *Clematis vitalba* zeigen, dass herkömmliche Gärten ihr nicht genügend Raum bieten können.

Spreizklimmer haben extra lange Triebe, die ihnen dann nach oben helfen, wenn geeignete höhere Gehölze in der Nähe stehen. Kletterrosen gehören dazu und werden gewöhnlich am Spalier fixiert.

ist der zum Wickeln bereite Blattstiel kürzer als die weiter ausgreifenden Ranken. Deshalb können Waldreben dickere Äste nicht bewältigen und häkeln sich stattdessen in den äußeren Mantel von Sträuchern und Bäumen ein. Nüchtern betrachtet scheint es verhängnisvoll zu sein, das Klettervermögen aus Blättern zu beziehen, die im Herbst verlorengehen. Aber die Wickelstiele der Blätter bleiben über den Winter erhalten. Einfach genial!

Kletterrosen sind nichts von alledem. Sie gehören zur Kategorie der „Spreizklimmer".

Typisch sind überlange Triebe, die sich zunächst über Nachbarpflanzen legen. Dank der bevorzugt auf dem Scheitel der bogig gekrümmten Vorjahrestriebe entstehenden Neutriebe geht es Jahr um Jahr nach oben (Scheitelpunktförderung). Wir pflanzen sie an Spaliere und lassen die starkwüchsigsten Arten in Baumkronen klettern. Ein berühmtes Beispiel ist die Kiftsgate-Rose (10 m).

Zu den Spreizklimmern gehört auch die in südlichen Ländern weit verbreitete Drillingsblume *Bouganvillea.* Mit Unterstützung durch kräftige, Halt bietende Dornen kommt sie auf mehr als 20 m Wuchshöhe.

Die aus tropischen und subtropischen Ländern bekannte *Bougainvillea spectabilis* gehört zu den Spreizklimmern. Kräftige Dornen an den langen Trieben machen es ihr leichter, höhere Astetagen der Trägerbäume zu erobern.

3.5 Pflanzung und Schnitt

Sträucher mit Topfballen können bei offenem (frostfreiem) Boden nahezu ganzjährig gepflanzt werden. Herbstpflanzung bietet Vorteile: Der Boden ist noch sommerwarm, das begünstigt die Wurzelbildung, ohne dass mehr verlangt würde. Frühjahrspflanzung erfolgt in winterkalten Boden. Jetzt ist von Nachteil, dass die Pflanze fast gleichzeitig anwurzeln, austreiben und blühen soll. Bei längerer Standzeit im Topf – das ist bei größeren Gehölzen der Fall – wachsen die Wurzeln auf der Suche nach dem Ausgang ringförmig an der Innenwand des Topfes entlang. Diese „Ringwurzeln“ sind von Nachteil und sollten aufgetrennt werden, damit sich an den Schnittstellen die nötigen Seitenwurzeln bilden können. „Airpots“ sind Anzuchtgefäße mit perforierten Wänden. Die Wurzelspitzen wachsen durch die Löcher nach draußen und sterben bei Lichtkontakt ab. So wird der Topfballen intensiv durchwurzelt, ohne dass Ringwurzeln entstehen.

Werden Gehölze in rundum perforierten Airpots herangezogen, haben sie die besseren Wuchschancen. Dem Licht ausgesetzt, sterben die durch die Löcher nach außen dringenden Wurzelspitzen ab und bilden im Inneren zahlreiche, gut sauerstoffversorgte Feinwurzeln (Baumschule Huben, Ladenburg, D).

Das Höhenwachstum steht still, wenn Gehölzen mit Spitzen- und Seitenförderung die Triebspitzen abgeschnitten werden (Skizze unten links).

Weil Topfgehölze mit dem vollen Wurzelvolumen gepflanzt werden, ist gewöhnlich kein Rückschnitt nötig. Aber: Die in der Baumschule gut versorgten Pflanzen müssen an den neuen Standort angepasst werden. Entsprechend ist zunächst häufiger zu gießen. Wenn sie nicht rechtzeitig entdeckt werden, wachsen Triebe, die durch Wassermangel schlappen, in eine falsche, also untypische Richtung weiter!

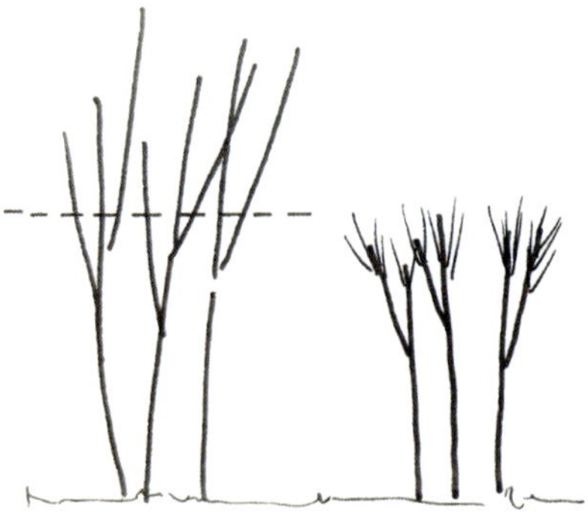

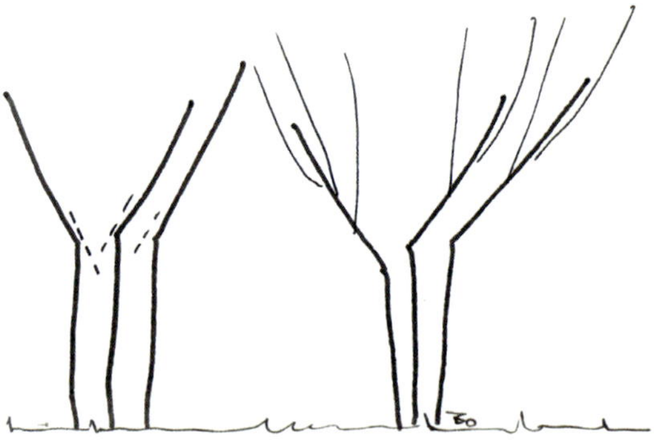

Ein Pflanzschnitt erleichtert das Anwachsen vor allem dann, wenn Gehölze ohne Ballen (wurzelnackt) gepflanzt werden. Gewöhnlich haben sie beim Roden in der Baumschule Wurzeln eingebüßt. Die verbliebenen können das noch vollständige Grünvolumen nicht vollständig versorgen. Deshalb hat die Magnolie *Magnolia liliiflora* 'Nigra' einen Auslichtungsschnitt erhalten (Abb. oben und Skizze rechts).

Eine dicht verwurzelte Rasennarbe kann den Wuchs neu gepflanzter Gehölze massiv behindern, weil zu wenig Niederschlagswasser durchsickert. Eine spontan aufgewachsene Krautschicht oder Sommerblumensaat ist verträglicher und beschattet den Boden.

Wurzelnackte" Sträucher – im gärtnerischen Sprachgebrauch „Wurzelware" – sind preisgünstig, aber ohne Wurzel-/Erdballen können nur sommergrüne Gehölze während der Vegetationsruhe gehandelt und gepflanzt werden. Sie haben keinen Erdballen und verlieren bei der Rodung in der Baumschule zahlreiche Wurzeln. Ein Rückschnitt der Triebe soll die Balance wieder herstellen und wird als „Pflanzschnitt" bezeichnet. Ein kräftiger Rückschnitt fördert einen kräftigen Austrieb. Voraussetzung dafür ist, dass die Triebe genügend Reserven haben. Das ist bei größeren, in der Höhe 60 cm bis 80 cm gehandelten Sträuchern meist der Fall. Basisgeförderte Sträucher mit ohnehin kräftigen Bodentrieben reagieren erwartungsgemäß. Dagegen sollten die Spitzen wuchsgeförderter Seitentriebe nicht abgeschnitten werden, weil sie anschließend im Wuchs stagnieren. Deshalb gilt die Empfehlung, Magnolien, Kleeulmen *Ptelea*, Klappernüsse *Staphylea*, Zaubernüsse *Hamamelis* und viele andere besser nur auszulichten und auf tiefer liegende Seitenäste zurückschneiden.

Regnet es nur wenig, bleibt das Wasser in kurzgehaltenem Bodenbewuchs oder im Rasenfilz hängen und erreicht die Wurzeln der neu gepflanzten Sträucher nicht. Deshalb ist es hilfreich , eine „Baumscheibe" von Bewuchs freizuhalten oder eine Zwischensaat mit einer Blumenmischung vornehmen.

Die ist ab August meist trocken und schattiert den Boden, ohne noch Wasser zu verbrauchen.

Ständiges Gießen gibt den neu gepflanzten Gehölzen keinen Anlass, ihre Wurzeln auf der Suche nach Wasser in die Tiefe zu schicken. Wird die Wasserversorgung eingestellt, sind die Pflanzen darauf nicht vorbereitet und haben es schwer, Trockenperioden zu überstehen. Deshalb die Empfehlung, besser rhythmisch und nach Bedarf zu wässern. Am Ende steht die allmähliche Entwöhnung.

Die Pflanztiefe entspricht der in der Baumschule, die am „Wurzelhals" erkennbar ist. Dieser markiert den Übergang vom oberirdischen

Stamm zur unterirdischen Wurzelkrone und gleichzeitig die richtige Pflanztiefe. Der Wurzelhals ist bei Ballengehölzen klar erkennbar, bei wurzelnackt gelieferten nicht immer deutlich. Genaueres Hinsehen ermöglicht es aber, Farb- und Oberflächenunterschiede zwischen oberirdischen und unterirdischen Triebabschnitten gut zu erkennen.

Praxistipp

Schneiden, was die Blüte hält

Bei einigen Gehölzen wird die Blüte kaum bemerkt. Gepflanzt werden sie wegen ihrer dekorativen, meist auch großen Blätter. Typischer Vertreter ist der Papiermaulbeerbaum *Broussonetia papyrifera* mit elegant bogig eingeschnittenen Blättern, von denen eines kaum dem anderen gleicht. Andere beeindrucken durch Blätter und Blüten, etwa *Rhododendron yakushimanum* mit graufilzigem Austrieb oder die Schirm-Magnolie *Magnolia tripetala* mit schirmartig angeordneten, großen Blättern. Dagegen werden *Forsythia*, Weigelie, Deutzie, Kolkwitzie, Pfeifenstrauch *Philadelphus* oder Flieder vorrangig als Blütenschmuckgehölze gepflanzt, die nach dem Flor noch raumwirksam sind, aber weder farblich noch durch Wuchs- oder Blattform Akzente setzen.

Um die Blühfähigkeit der Blütensträucher zu erhalten und zu fördern, benötigen sie den jeweils geeigneten Schnitt, der anderen Regeln folgen muss als der Pflanzschnitt. Gehölze, die am Ende der diesjährigen Triebe entsprechend erst im Sommer und Spätsommer blühen, dürfen im Frühjahr tief zurückgeschnitten werden. Es folgen kräftige Neutriebe, die noch im gleichen Jahr blühen werden. Dazu gehören die Sommer-Tamariske *Tamarix ramosissima*, Rispen-Hor-

Der Sommerflieder *Buddleja davidii* kann jährlich kräftig zurückgeschnitten werden, denn die Blütenstände erscheinen an den Enden der zahlreichen Neutriebe (links). Beim Schmalblättrigen Sommerflieder *Buddleja alternifolia* würde ein ähnlicher Schnitt zum Ausbleiben der diesjährigen Blüten führen, weil die erst am zweijährigen Holz gebildet werden (rechts).

tensie *Hydrangea paniculata*, Wald-Hortensie *Hydrangea arborescens*, die Blauraute *Perovskia*, Spierstrauch *Spiraea japonica*, die Bartblume *Caryopteris*, der Sommerflieder *Buddleja davidii* sowie der Perückenstrauch *Cotinus coggygria* 'Young Lady' (nur diese Sorte!).

Andere Sträucher blühen an den vorjährigen Zweigen am „alten Holz". Zwar treiben diese Arten auch nach kräftigem Rückschnitt wieder aus, mit Blüten dürfen wir aber erst im Folgejahr rechnen. Bei diesen Arten sollten nur die ältesten Triebe über dem Boden vollständig entfernt werden. Dieser Auslichtungsschnitt genügt in der Regel und beeinträchtigt den arttypischen Habitus kaum. Beispiele sind Frühjahrs-Tamariske *Tamarix tetrandra*, Bauern-Hortensie *Hydrangea macrophylla*, Raue Hortensie *Hydrangea aspera*, Belgischer Spierstrauch *Spiraea × vanhouttei* und andere, der Gruppe der weiß im Frühling blühenden Spiersträucher angehörenden Arten – ganz im Gegensatz zu den später an den neuen Trieben blühenden Spiersträuchern des Sommers. Entsprechend können selbst bei Arten, die der gleichen Gattung zugerechnet werden, unterschiedliche Schnittmaßnahmen sinnvoll sein (Hortensie, Tamariske, Spierstrauch u. a.).

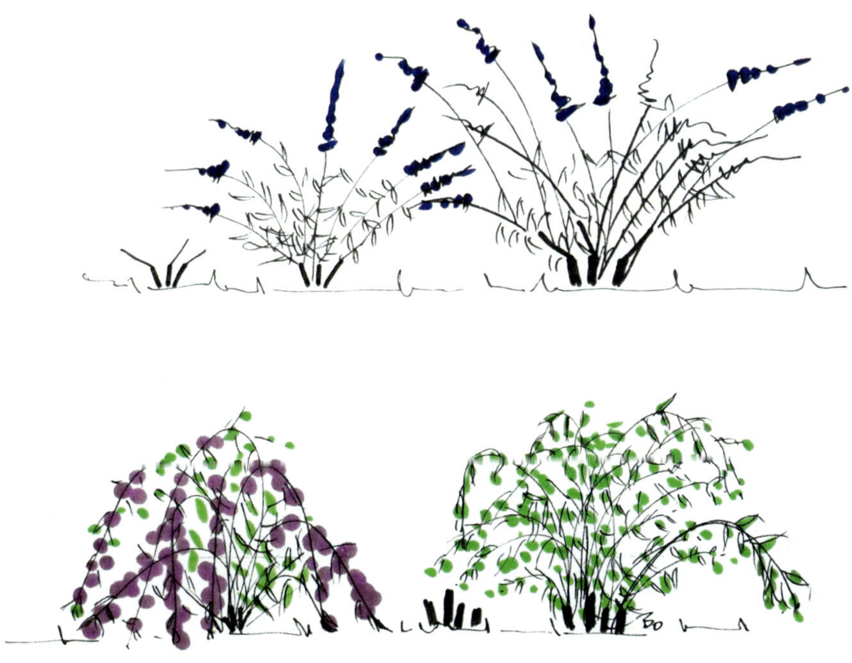

Sommerflieder *Buddleja davidii* blüht nach tiefem Frühjahrsschnitt im gleichen Jahr reich an den Triebenden (oben). Schmalblättriger Sommerflieder *Buddleja alternifolia* blüht am vorjährigen Holz, deshalb nicht im Schnittjahr (unten).

4 Die besondere Form

Kraniche trompeten, Zaunkönige schmettern und Goldhähnchen wispern. Sich den damit einstellenden Stimmungen zu öffnen, macht einen wesentlichen Reiz der Naturbeobachtung aus. Nicht anders bei Pflanzen, vor allen anderen alte, prägnante Bäume: Die „anmutige" Birke, die „düstere" Erle, die „mächtige" Eiche, die „grazile" Lärche, die „weiche" Linde. Das weiche, leicht zu bearbeitende Schnitzholz wird um weiche, sogar salattaugliche Frühjahrsblätter ergänzt. Unter Linden („sub tilia", daraus wurde „subtil") hielt man vor langer Zeit Gericht und hoffte auf ein lindes, also mildes Urteil. Zudem kann ein einzelner Baum mit individuell ausgeprägtem Wuchs besondere Bezeichnungen erhalten und zur gern aufgesuchten Attraktion werden. Eine „Schlangenkiefer", „Schleppenfichte", „Zwillingseiche", „tanzende" Esche oder ein unübertroffen dicker „Champion-Tree" sind Beispiele. Die Bonsai-, wie überhaupt die Formgehölz-Kultur, hat es auf die gezielte Ausbildung ausdrucksstarker Gehölzgestalten abgesehen.

Abweichend von der neutralen Wuchsform, die etwa der eines Flieder- oder Holunderbusches entspricht, gibt es Gehölze mit ausgeprägter horizontaler oder vertikaler Wuchsrichtung. Andere haben richtungsbewegte, bogig gekrümmte oder überhängende Triebe. Die besondere Form verlangt nach besonderem Einsatz, etwa im wirkungssteigernden Gegensatz zueinander oder im Kontext zur Architektur.

Ob „düstere" Erle *Alnus glutinosa* (links) oder „mächtige" Eiche *Quercus robur* (rechts) – einige Gehölzgestalten wecken Eindrücke und Stimmungen in uns, die in der Gestaltung wichtig sein können.

4.1 Gekugelt und gewürfelt

„Ein großer Stein, der auf einem verlassenen Strand liegt, das alles sind unbewegliche Objekte, aber in meinen Gedanken lösen sie ungeheure Bewegung aus. Das kann ich von einem Menschen, der wie ein Depp ständig hin und her rennt, nicht behaupten."

JOAN MIRÒ, 1959 (spanischer Maler, Grafiker, Bildhauer)

Die richtungslose Kugelform ruht nicht nur in sich, sie ist auch ein augenfälliger, ranghoher Hingucker – prägnant formgeschnitten (links) noch mehr als natürlich gewachsen (rechts).

Die Kugelform wird häufig, ein Würfel immer durch Schnitt erzielt. Traditionelle Formschnittgehölze sind Eibe und Buchsbaum. Kugelformen wirken eher konzentriert als ausstrahlend. Weder Kugel noch Würfel haben eine Richtung. Sie sind richtungslos und ruhen in sich. Ihre klar begrenzten Konturen lassen den Raum ringsum leer erscheinen. Entsprechend gilt: Eine Kugel ist nicht gern allein!

Der kugelgleich richtungslose Würfel ist zur Strukturgebung in „wilden" Pflanzungen und in Nachbarschaft zu Architektur gut verwendbar.

Deshalb kommt es meist gut an, kugelförmige Gehölze zu gruppieren, an Gebäude anzulehnen oder in Gebäudewinkel einzufügen. Gestaffelte Kugeldurchmesser machen Kugelgruppen um vieles lebendiger. Je kleiner die Kugeln, desto mehr sind nötig, um die Gesamtkomposition auszuwägen. Die Prägnanz ihres Umrisses macht die Kugelform immer zu einem auffälligen Blickziel. Deshalb ist es besser, sie mit Überlegung zu platzieren und nicht verwirrend zu streuen. Ob im abstandsgleichen Raster gepflanzt oder frei angeordnet, können Kugeln und Würfel „wilde" Beete disziplinieren. Ein Kugelpaar signalisiert

Ob Gebäuden angeschmiegt oder gruppiert: Eine Kugel ist nicht gern allein (Park Altenstein, Stiftung Thüringer Schlösser und Gärten)! Nur eine ausreichend große Kugel- oder Würfelform kann allein dominieren.

als „Baumtor“ einen Situationswechsel, wenn es an solchen Grenzpunkten einen Weg einschließt. Kugelig wachsende Gehölze – etwa die Purpur-Weide *Salix purpurea* 'Nana' – sind gut geeignet, um Richtungsänderungen von Wegen, Bächen oder Pflanzenbändern zu akzentuieren und als Hindernis zu begründen.

Für den kleinen Garten sind kugelförmig wachsende Sorten von Bäumen aufgrund ihres geringen Platzbedarfs von besonderer Bedeutung. Auf eine ausreichende Stammhöhe muss geachtet werden. Wer bückt sich schon gern, um unter einem Baum hindurchzugehen?

Der Blick in Baumschulkataloge zeigt eine große Anzahl von Sorten in Kugelform, meist ohne die Frage nach der Formstabilität der natürlich gewachsenen, ungeschnittenen Kugel zu beantworten.

Kugel-Spitz-Ahorn *Acer platanoides* 'Globosum' und Kugel-Robinie *Robinia pseudoacacia* 'Umbraculifera' wachsen bald in die Breite, was erheblich stören kann. Dagegen behält die Kugel-Kirsche *Prunus × eminens* 'Umbraculifera' die Kugelform lange bei.

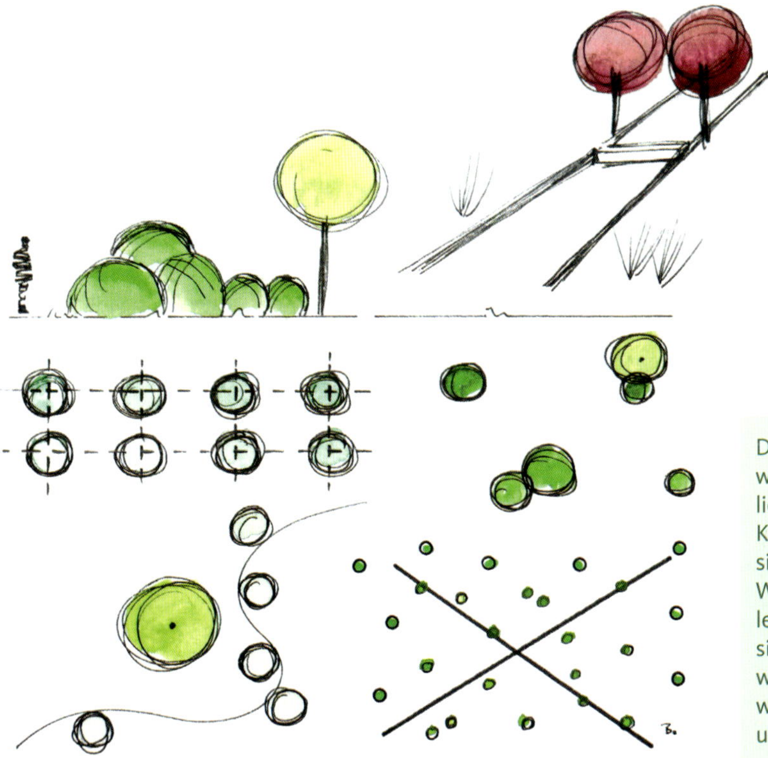

Die Verwendungsmöglichkeiten der Kugelformen sind vielfältig. Weil stark blicklenkend, sollten sie nicht verwirrend gestreut werden (rechts unten).

Für die Verwendung ist die Formstabilität der Kugelkronen über einen längeren Zeitraum von Bedeutung. **Oben:** Kugel-Kirsche *Prunus × eminens* 'Umbraculifera'. **Mitte:** Kugel-Robinie *Robinia pseudoacacia* 'Umbraculifera'. **Unten:** Kugel-Spitz-Ahorn *Acer platanoides* 'Globosum'. Nur die Kugel-Kirsche bleibt Kugel.

Der Kugel-Amberbaum *Liquidambar styraciflua* 'Gumball' ist für Baumreihen und Alleen in kleinen Gärten gut geeignet. Im Herbst erstrahlen die Blätter in leuchtendem Orange.

'Nana' heißt die Kugelform des Trompetenbaums *Catalpa bignonioides*. Die grobe Textur ist sehr auffällig und lässt die Umrisse der einzelnen Blätter erkennen.

Eine aufgrund ihrer orangen Herbstfärbung besonders empfehlenswerte Kugelform ist die des Amberbaums *Liquidambar styraciflua* 'Gumball'. Die Kugel-Blumenesche *Fraxinus ornus* 'Meczek' blüht weiß im Frühsommer, ist trocken- und hitzefest. Wer zusätzlich schneiden möchte, braucht Kugelkronen mit feiner Textur, also möglichst kleinen Blättern – etwa die Gleditschie *Gleditsia triacanthos* 'Elegantissima'. In diese Kategorie gehören auch die Kugel-Robinie *Robinia pseudoacacia* 'Umbraculifera' und der Kugel-Feld-Ahorn *Acer campestre* 'Nanum'. Der Schnitt großer Blätter – etwa des Kugel-Trompetenbaums *Catalpa bignonioides* 'Nana' – hinterlässt auffällige, trockene Schnittränder, aber keine klaren Konturen.

Dem Boden aufsitzende oder mit kurzem Halbstamm oder Hochstamm herangezogene, bereits in Kugel- oder Flachkugel-Form geschnittene Gehölze sind in größeren Markenbaumschulen erhältlich.

Praxistipp

Bonsais und Topiaries

Baumschulen bezeichnen in Form geschnittene und in ansehnlicher Größe erhältliche Bäume und Sträucher als „Formgehölze“.

Flachkugeln, Kugeln, „Bienenkörbe“, Säulen, Kegel und Pyramiden wirken skulptural. Für den präzisen Konturenschnitt werden Buchsbaum *Buxus sempervirens*, Eiben *Taxus baccata* und *T. cuspidata*, Japanische Stechpalmen *Ilex crenata* (kein Kalk, nicht trocken) und Scheinbuchen *Nothofagus antarctica* bevorzugt. Weil sie in gleicher Größenklasse deckungsgleich sind, eignen sie sich gut, um formale Flächengliederungen auch räumlich exakt nachzuzeichnen, Baumtore, Reihen und Alleen zu pflanzen. Gewöhnlich sind sie auch als Hochstämme zu haben, so dass regelmäßige Baumgruppen (Baumpakete, -raster) gepflanzt werden können. Bereits ein lichtkroniges Gehölz in der Nähe genügt, um den spannungsvollen Gegensatz zwischen formaler Schnitt-Disziplin und lockerwüchsiger Spontanität aufzubauen. Hochstämmige, als Allee gepflanzte Dachformen schließen sich zu einer grünen Baumpergola zusammen, die auch in kleine Gärten passt. Mehrstämmige Schirmgehölze stellen den malerischen Gegenentwurf dar. „Big Bonsais" sind individuell so verschieden, dass sie in Einzelstellung ihre größte Wirkung entfalten. Vorrangig werden sie in Wolkenform (Niwaki) geschnitten. Wer Eibenstämme regelmäßig bürstet, wird durch ihre attraktive Rotfärbung belohnt.

Drahtschablonen verhelfen zu figürlichen Formen wie Pfauen und Löwen. Sie werden als Topiaries (engl. „Topiary", Formschnittgärtnerei) bezeichnet. Das Verfahren ist einfach: Jede sich durch die Schablone schiebende Triebspitze wird abgeschnitten. Gewöhnlich werden solche Sonderanfertigungen im Zusammenhang mit Architektur und Gartendenkmalen verwendet.

Eine Wald-Kiefer *Pinus sylvestris* wird als „Big Bonsai" zur Wolkenform (Niwaki) erzogen.

Figürliche Schnittformen werden als „Topiaries" bezeichnet. Hier wächst der „Braunschweiger Löwe" in die vorgefertigte Schablone hinein (Bad Homburg, D).

4.2 Achtung, Überbreite!

Wer liegt, der ruht. Das trifft auch für Gehölze mit waagerecht ausgebreiteten Ästen oder schirmförmigen Kronen zu. Für alle gilt, dass sie rundum Platz benötigen und weder in eine Hecke gehören noch zu nahe an Wegen und Plätzen stehen dürfen. Gerade hier muss später zu Schere und Säge gegriffen werden, was sowohl den besonderen Gestaltcharakter des Gehölzes zerstört als auch einen zusätzlichen, nicht einmal sinnvollen Arbeitsaufwand bedeutet. Entsprechend ist für Gehölze in diesen Horizontalformen mit waagerechter Verzweigung und Ausstrahlung eine Einzelstellung die erste Wahl.

Horizontal wachsende Äste (hier Etagen-Hartriegel *Cornus controversa* 'Variegata', links) oder Schirmkronen (hier Schwarz-Kiefer *Pinus nigra*, rechts) stehen für Ruhe und Beherrschtheit

Zu diesen „Horizontalformen" gehören solche Gehölze, deren Zweige oder Äste waagerecht auskragen, wie zum Beispiel:

- Libanon-Zeder *Cedrus libani* wächst zu einem immergrünen Großbaum bis zu 30 m Höhe heran
- Etagen-Hartriegel *Cornus controversa*; meist gepflanzt als 'Variegata' mit weiß-grünen, weithin auffälligen Blättern
- Geflügelter Spindelstrauch *Euonymus alatus*; die namengebenden Korkflügel sitzen an breit auskragenden Zweigen, karminrote Herbstfärbung schon im September
- Orangenkirsche *Idesia polycarpa* mit leuchtend roten, hängenden Fruchtrispen bis in den Winter (nur an weiblichen Bäumen)
- Pfitzer's Wacholder *Juniperus × pfitzeriana* 'Wilhelm Pfitzer'; immergrün
- Eisenholz *Parrotia persica* mit prächtig orangeroter Herbstfärbung
- Adlerschwingen-Eibe *Taxus baccata* 'Dovastoniana' ; immergrün
- Japanischer Schneeball *Viburnum plicatum* 'Mariesii' mit auf den waagerechten Zweigen aufgereihten weißen Blütenständen und weinroter bis violetter Herbstfärbung

Eine höhere Unterpflanzung ist erst möglich, wenn mindestens eine der unteren Astetagen entfernt wurde. Sinnvoller ist eine niedrige, bodendeckende Pflanzung, weil sie nicht in die horizontale Astarchitektur eingreift.

Auch die „Schirmbäume" dürfen den Horizontalformen zugerechnet werden.

Mit breit ausladenden, dachförmigen Kronen (Dachbäume) sind es besonders geeignete Schattenspender, die großen Freiräumen gleichzeitig einen Inhalt geben können, besonders dann, wenn sie so auffällig blühen wie der Trompetenbaum *Catalpa bignonioides*. Der Nussbaum *Juglans regia* gehört ebenfalls in diese Kategorie. Der Blasenbaum *Koelreute-*

Horizontalformen brauchen ringsum Platz, um sich entfalten zu können. An Wegrändern und Gebäudewänden gibt es immer Konflikte. Schon an der Treppenmitte angekommen, erwarten diesen Schneeball *Viburnum plicatum* 'Mariesii' Rückschnitt und Verstümmelung.

ria paniculata zeigt im Sommer unübersehbare gelbe Blütenstände und ist wie die Seiden-Akazie *Albizia julibrissin* 'Ernest Wilson' (frosthärtere Auslese) mit rosafarbenen, pinselähnlichen Blüten und feingliedrigen Blättern ein schöner Schattenbaum am Sitzplatz im kleinen Garten.

Die Wirkung horizontaler Wuchsformen kann durch straff aufragende Säulengehölze in angemessener Größe und passendem Abstand verstärkt werden. Das gilt auch für die prägnanten Konturen langer, formgeschnittener Hecken, die Schirmbäume begleiten. Lichtkronige Kleinbäume ergeben einen doppelten und dadurch noch spannungsvolleren Gegensatz sowohl zur waagerechten als auch harten Kontur der Schnitthecke.

4.3 Grüne Ausrufezeichen

Gleichmäßig schlank aufragende Säulen und die am Fuß breiteren Kegel stellen unübersehbare Vertikalformen dar. Viele Nadelbäume wachsen kegelförmig. Entsprechend nimmt die Kronenbasis an Durchmesser zu. Sie stehen deshalb besser frei, während Säulenformen auch in Pflanzungen integriert werden können. Gewöhnlich kahlfüßig, bedrängen sie die Pflanzen am Boden nicht. Ob abstandsgleich aufgereiht oder in spannungsvoll wechselndem Abstand gruppiert – immer entsteht ein Rhythmus und Ordnung stiftendes Gerüst, das auch wilde Staudenpflanzungen zusammenhält. Wenngleich richtungsgleich wie die Horizontale auch, steckt in der Vertikalen doch die Energie, die nötig ist, um ein Objekt aufzurichten. Im Vergleich zur Horizontalform ist die Säule deutlich dynamischer. Im Gegensatz zum entfernten Horizont rücken insbesondere dunkle Säulengehölze scheinbar auf uns zu und ver-

Die Säulenpappel *Populus nigra* 'Italica' setzt weithin sichtbar grüne Ausrufezeichen, die Straßenverläufe markieren oder auf Gebäude hinweisen können. Für den Garten wird sie gewöhnlich zu groß.

Säulen-Eibe *Taxus baccata* 'Fastigiata Robusta' (links) und Säulen-Amberbaum *Liquidambar styraciflua* 'Slender Silhouette' (rechts) können gut gruppiert werden und passen auch in kleinere Gärten. Der Amberbaum besticht durch orangerote Herbstfärbung.

kürzen den einsehbaren Gartenraum optisch. In kleinen Gärten möchte kaum jemand diesen Effekt haben.

Wie der Blick in die Baumschulkataloge zeigt, ist das Angebot an Säulengehölzen in Wuchshöhen zwischen 3 m und 30 m, sommergrün oder immergrün, groß genug, um den jeweils passenden Strauch oder Baum zu finden. Der heimische Wacholder *Juniperus communis* steuert mit der Sorte 'Compressa' eine „Mini-Säule" bei, die kaum mehr als 1 m Höhe erreicht. Gewöhnlich handelt es sich um Sorten, die in gärtnerischer Kultur ausgelesen oder in der Landschaft gefunden wurden. Das ist etwa bei den Ausgangsformen der Säulen-Eiche, der Säulen-Pappel und bei Säulenwacholdern der Fall.

Zu den bekanntesten Säulenformen gehören die mediterrane, schon von den Römern bevorzugt gepflanzte Säulen-Zypresse *Cupressus sempervirens* 'Stricta' und die in Mitteleuropa verbreitete Säulen-Pappel *Populus nigra* 'Italica', deren Stammvater (diese Form hat ausschließlich männliche Blüten) in Nord-Italien gefunden und bereits vor 1750 in Kultur genommen wurde. In frostgefährdeten Lagen kann die Zypresse durch die Wacholder *Juniperus virginiana* 'Canaertii' (mit leichtem Formschnitt) oder *Juniperus scopulorum* 'Blue Arrow' ersetzt werden.

Für Kegelformen – hier der Mammutbaum *Sequoiadendron giganteum* – muss mehr Platz eingeplant werden, denn sie sind an der Basis breiter als Säulen.

Die Höhenangaben der im Folgenden beispielhaft genannten Säulengehölze stellen aufgrund unterschiedlicher Standortbedingungen nur Orientierungswerte dar.

Säulengehölze:

- Flusszeder *Calocedrus decurrens*; immergrün, trocken- und kalktolerant, mehr als 15 m
- Säulen-Weißdorn *Crataegus monogyna* 'Stricta', gegen 8 m, Bienenbaum, Blüten- und Fruchtschmuck
- Säulen-Buchen gibt es normal grün als *Fagus sylvatica* 'Daywick' oder rot als 'Daywick Purple', 15 m und mehr
- Säulen-Ginkgo *Ginkgo biloba* 'Fastigiata' und 'David', goldgelbe Herbstfärbung, hitze- und trockenfest, 10 m
- Säulen-Wacholder *Juniperus communis* 'Hibernica', immergrün, 5 m
- Säulen-Amberbaum *Liquidambar styraciflua* 'Slender Silhouette', 10 m, orangerote Herbstfärbung

- Säulen-Schwarzkiefer *Pinus nigra* 'Fastigiata', dunkelgrün, immergrün, 20 m
- Säulen-Platane *Platanus × hispanica* 'Tremonia', hoher Baum gegen 20 m
- Säulen-Zitterpappel *Populus tremula* 'Erecta', extrem schlank, schnellwüchsig, mehr als 10 m
- Säulen-Eiche *Quercus robur* 'Fastigiata Koster' oder 'Kasseler Rakete', mehr als 10 m
- Säulen-Eibe *Taxus baccata* 'Fastigiata Robusta', dunkelgrün, immergrün, 5 m

Ganz im Gegensatz zu horizontal wachsenden Gehölzen und Schirmbäumen benötigen Säulengehölze ringsum nur wenig Platz, was sie für kleine Gärten und schmale Straßen empfiehlt. In der Landschaft bieten als Allee oder Baumreihe aufgepflanzte Säulenbäume eine starke Orientierung. Zudem leiten Säulenbäume den Blick zum Boden. In klassischen Landschaftsparks treffen wir sie entsprechend als „Zeigerbäume" an, die – einzeln oder paarweise – auf Skulpturen oder Kleinarchitekturen am Stammfuß hinweisen. Säulenformen können als „Baumtor" einen Weg dort einschließen, wo sich die Situation verändert, etwa eine Treppe beginnt. Ein dendrologisches Doppelleben führt die Sorte 'Pendulum' des Mammutbaums *Sequoiadendron giganteum*: Solange es geht eine sehr schlanke Säule bildend, fällt diese irgendwann zur Seite und wird zu der Hängeform, die der Sortenname verspricht. Dabei entwickelt sich jeder Baum überraschend anders!

Die Mammutbaum-Sorte 'Pendulum' überrascht durch ihren Formenwandel. Die Spitze des zunächst nadelförmig schlank aufragenden Baumes neigt sich später seitwärts und wächst so weiter. Jeder Baum wirkt auf seine Weise anders skurril.

4.4 Bewegung braucht Raum

Von bogenförmig und überneigend wachsenden Gehölzen geht eine starke Dynamik aus. Sie ist Ausdruck der Kraft, die nötig ist, um einen Bogen zu spannen. Häufig sind schwere Blüten- und Fruchtstände an den Triebenden Ursache der Krümmung. Zudem können stark wachsende Triebe nicht schräg über die gesamte Länge geradlinig wachsen, ohne ihrem Gewicht nachzugeben. Nicht selten entspringen am Scheitelpunkt der Krümmung neue Triebe (Scheitelpunktförderung). Die Ausstrahlung dieser Gehölze reicht über ihren Umriss hinaus. Entsprechend wird sie Einzelstellung am besten zur Wirkung bringen, denn Bewegung braucht Raum.

Spannungsvoll ausschwingend, reicht die Ausstrahlung der „Bogensträucher" über ihren Umriss hinaus. Sie stehen deshalb am besten frei (hier die Vielblütige Zwergmispel *Cotoneaster multiflorus*).

Hin-und-Her gekrümmt aufsteigende Wuchsformen haben eine dynamische Ausstrahlung: Wacholder *Juniperus communis* 'Horstmann' (links), Serbische Fichte *Picea omorika* 'Bruns Pendula' (Mitte) und Chinesischer Wacholder *Juniperus chinensis* 'Kaizuka' (rechts) sind Beispiele.

Beispiele für Bogensträucher:
- Sommerflieder *Buddleja davidii*, regelmäßiger Nachwinterschnitt, sonst struppig
- Diel's Zwergmispel *Cotoneaster dielsianus*, Weidenblättrige Z. *C. salicifolius*, Vielblütige Z. *C. multiflorus*, Franchet's Z. *C. franchetii* u. a.
- Schaumspiere *Holodiscus discolor*
- Bogen-Flieder *Syringa reflexa*
- Chinesische Tamariske *Tamarix chinensis* (*T. pentandra*)

Im Umfeld verwendet, können straff aufragende Säulengehölze einen spannungsvollen, wirkungssteigernden Gegensatz herstellen.

Ebenfalls richtungsbewegt, weil hin und her gekrümmt, sind die wenigen hier zuzurechnenden Sorten von besonderem Interesse.

Man gewinnt den Eindruck, dass sie sich gegen einen unsichtbaren Widerstand nach oben winden. Standortbedingt gleicht keines dieser Gehölze dem anderen, auch wenn es sich um dieselbe Sorte handelt. Die Omorika-Fichte *Picea omorika* 'Bruns Pendula' schlängelt sich bis zu 20 m in die Höhe. Die sich bis zu 5 m vom

Keiner dieser Wacholder gleicht dem anderen: *Juniperus communis* 'Horstmann'.

Boden erhebenden Äste des Wacholders *Juniperus communis* 'Horstmann's Pendula' erhalten durch fahnenartig herabhängende Zweige einen nicht nur malerischen, sogar gespenstigen Ausdruck. Flammengleich züngeln die Äste des Chinesischen Wacholders *Juniperus chinensis* 'Kaizuki' himmelwärts. Ebenfalls immergrün ist die Banks-Kiefer *Pinus banksiana* (langsam wachsend bis zu 7 m hoch). Die kleinen Zapfen sitzen dicht gedrängt an gewundenen Zweigen. Es ist ein bizarrer Kleinbaum, der in der Nachbarschaft von Architektur, Steinen und Felsen die beste Wirkung entfaltet. Der viel verwendete Essigbaum *Rhus typhina* hat eine Sorte 'Dissecta' mit geschlitzten Blättern hervorgebracht, die meist auf diese botanische Besonderheit reduziert wird. Das eigentlich Wichtige ist jedoch der niederliegende Wuchs mit aufsteigenden Ästen – ganz anders als die Schirmform der Ausgangsart. Mit etwa 3 m Wuchshöhe bleibt die Sorte auch deutlich niedriger. Die Robinien-Auslese *Robinia pseudoacacia* 'Tortuosa' mit korkenzieherähnlich verdrehten Ästen erreicht erst im Alter ihre volle Wirkung. Selbst im Sommer sind die skurril gewundenen Äste aufgrund der schütteren Belaubung gut sichtbar.

4.5 Erdverbunden: „Überhänger“

Neben den bekannten Trauer-Weiden gehören Hänge-Buche *Fagus sylvatica* 'Pendula' (links) und der Silber-Ahorn *Acer saccharinum* 'Laciniatum Wieri' zu den größten und prächtigsten Überhängern.

Bei einigen Strauchgehölzen und wenigen Bäumen erreichen die herabhängenden Zweige oder Äste den Boden. Diese „Überhänger“ werden aufgrund ihrer Verwendung auf Friedhöfen gern und etwas einseitig als „Trauerbäume“ bezeichnet. Tatsächlich mögen diese Gehölze Emotionen dämpfen, sind sie doch bodenwärts gerichtet, also geerdet. Die beiden größten Überhänger – Hänge-Weide *Salix alba* 'Tristis' und Hänge-Buche *Fagus sylvatica* 'Pendula' – sind gut bekannt, weil diese monumentalen Gestalten in Parks häufig gepflanzt werden. Beide wachsen zu großen Bäumen heran. Das ist möglich, weil die Krone oben ab und an von Neutrieben „übergipfelt“ wird. 'Purple Fountain' ist eine rotblättrige Hängeform der Buche. Mindestens ebenso attraktiv ist die Hänge-Silber-Linde *Tilia tomentosa* 'Petiolaris'. Sie besticht durch silbergraue Blattunterseiten, gilt als Bienenbaum, hitze- und trockenfest, ist aber nur in Parks und auch dort zu selten zu sehen. Die tiefreichenden Äste würden an Straßen den Verkehr behindern. Sehr schön, aber weithin unbekannt ist die Hängeform des Katsura-Baums *Cerdiphyllum japonicum* 'Pendulum'. Die oft nach außen gedrehten, hellen Blattunterseiten fallen gleich ins Auge. Bei Wuchshöhen gegen 10 m ist dieser Baum auch für größere Gärten geeignet. Die Schlitzblättrige Birke *Betula pendula* 'Dalecarlica' fällt schon aus der Ferne durch die herabhängenden Zweigfahnen auf. Das gilt ähnlich auch für den Schlitzblättrigen Silber-Ahorn *Acer saccharinum* 'Laciniatum Wieri'.

Neigen bogig ausstrahlende Zweige am Ende bis zum Boden, ist es ein „Überhänger“, der sich von Böschungen und Mauerkronen wirkungsvoll ergießen kann. „Trauerbäume“ sind häufig Kriechformen, die auf einen Stamm gepfropft werden und kaum noch in die Höhe wachsen. Die Hänge-Buche dagegen wächst durch Scheitelpunktförderung zu einem großen Baum heran (v. l. n. r.)

Wie andere Überhänger auch, wirkt diese in kleinere Gärten passende Weymouths-Kiefer *Pinus strobus* 'Pendula' gut in Verbindung mit Stein und Architektur.

Beispiele für niedrigere, gartentaugliche Gehölze:

- Wechselblättriger Sommerflieder *Buddleja alternifolia*, duftende, lila, häufig von Faltern beflogene Blütenstände; starkwüchsig – der Platzbedarf wird gewöhnlich unterschätzt
- Hänge-Zeder *Cedrus atlantica* 'Glauca Pendula', am Boden bleibend oder als Kopfveredlung auch mehr als 5 m hoch und in Laubenform zu ziehen
- Hänge-Goldglöckchen *Forsythia suspensa*, die dünnen Triebe wurzeln am Boden, 3 m
- Buschklee *Lespedeza thunbergii*, bogig lagernder Strauch, Blüten purpurn am Ende diesjähriger Triebe – Nachwinterschnitt möglich
- Bocksdorn *Lycium barbarum*, die überhängenden, etwas bedornten Triebe bilden undurchdringliche Gebüsche, die zur Befestigung von Böschungen genutzt werden können
- Hänge-Weymouths-Kiefer *Pinus strobus* 'Pendula', elegante Erscheinung durch die an hängenden Zweigen ebenfalls herabhängenden, langen Nadeln

- Weidenblättrige Birne *Pyrus salicifolia* 'Pendula', Kleinbaum mit silbergrauer Belaubung und stark hängenden Ästen
- Kaspische Hänge-Weide *Salix acutifolia* 'Pendulifolia', ist mit etwa 6 m Wuchshöhe die Miniatur-Ausgabe der großen Hänge-Silber-Weide, Herbstfärbung leuchtend gelb
- Hänge-Schnurbaum *Styphnolobium japonicum* 'Pendulum', Krone dicht belaubt, aus mehreren Kronenkuppeln bestehend – wächst langsam bis zu 10 m hoch

Auch Kletterrosen entpuppen sich als Überhänger, wenn sie jenseits des Spaliers frei wachsend verwendet werden. Alle wirken am besten, wenn sie von tieferer Position betrachtet werden können, entsprechend in einem Hang stehen, von einer Böschung, einer Mauerkrone oder Felsen herabfließen. Senkrechte Gebäudekanten, Skulpturen oder Säulengehölze sind gute, gegensätzliche Partner für Überhänger.

Mit ausreichend hohem Stamm geordert, lassen sich einige Überhänger mit Hilfe eines geeigneten Gerüsts zu einer Schatten spendenden Laube ziehen. Das gilt etwa für die Hänge-Zeder *Cedrus atlantica* 'Glauca Pendula', Hänge-Hainbuche *Carpinus betulus* 'Pendula' oder Hänge-Eiche *Quercus robur* 'Pendula'.

Darüber hinaus gibt es von einigen Bäumen spontan entstandene Formen, die strauchartig mit niederliegenden Ästen wachsen. Auf einen Stamm veredelt, entsteht – ganz ohne Gerüst – ein „Laubenbaum", der erst durch eine Bank darunter vollkommen wirkt. Weil die Ausgangsformen eigentlich kriechend wachsen, legen diese Bäume in der Höhe nur wenig zu, was sie an passender Stelle auch für kleine Gärten empfiehlt. Die bekanntesten Vertreter sind Sorten von Berg-Ulme *Ulmus glabra* 'Camperdownii', Birke *Betula pendula* 'Youngii' und Esche *Fraxinus excelsior* 'Pendula', die sehr spät austreibt und gegenwärtig durch das Eschentriebsterben gefährdet ist.

5 Gehölze in Farben

Wer Bäume und Sträucher pflanzt, tut das gewöhnlich, um einen Garten einzufrieden, Wind- und Sichtschutz oder einen Schattenbaum zu haben, Böschungen oder Ufer zu befestigen. Hecken bilden wohnliche Gartenräume mit ihren gepflanzten und gebauten Inhalten. Aber einmal gepflanzt, sind es die Farben der Gehölze, die uns zuerst erreichen. Pflanzbilder sind immer auch Stimmungsbilder und Farben vermitteln die eindringlichsten Stimmungsbotschaften. Deshalb ist es sinnvoll, schon zu Beginn einer Heckenplanung die Farben nicht nur mitzudenken, sondern gezielt einzusetzen.

Ob Farben gemocht oder abgelehnt werden, beruht häufig auf persönlichen Erfahrungen und kann sich im Laufe eines Lebens ändern. Die objektive Wahrnehmung von Farben – kalt, warm, nah, fern – ist dagegen für alle gleich. Dieser Sachverhalt bietet gestalterische Möglichkeiten.

Farbgestaltung mit Pflanzen kommt nicht ohne Pflanzenkenntnis aus. Wir können Farben nicht beliebig anmischen, wie in Malerei und Baugewerken üblich. Wir sind auf das angewiesen, was uns Natur und Gartenkultur zu liefern bereit sind. Entsprechend ist es gut zu wissen, welche Pflanzengruppen Blau, welche Weiß, Rot oder Gelb beisteuern können.

5.1 Kurze Farbenkunde

Pflanzenfarben, ob Blätter, Blüten, Früchte, Triebe oder Stämme, sind Körperfarben, anders als die im Regenbogen sichtbaren Lichtfarben. Gewebebeschaffenheit und Oberflächenstrukturen „schlucken" einen Teil der mit bestimmten Farbeindrücken verbundenen Wellenlängen des Sonnenlichts. Ein anderer Teil wird reflektiert und erzeugt auf der Netzhaut des Auges einen Farbeindruck. Rot ist langwelliges, Blau kurzwelliges Licht.

„Bunte" Grundfarben (wie Orangerot, Gelb, Grün, Blau) stehen den „unbunten" Grundfarben kontrastreich gegenüber (Schwarz und Weiß) . Diese ergänzen sich zu Grau als „reine Unbuntart" ohne bunte Farben (Küppers, Farbenlehre. Dumont). „Buntarten" – geläufiger als „Farbtöne" bezeichnet – entstehen durch Mischung bunter Grundfarben ohne Schwarz und Weiß. Farbtöne, dunkler mit Schwarz, heller mit Weiß, jedenfalls „unrein", führen zu unterschiedlichen Sättigungs- oder Graustufen (Buntgrade). Insofern hat Farbe die drei Dimensionen Sättigung, Farbton und Helligkeit, die in einem flächigen Farbkreis nur schwer darzustellen sind. Deshalb sind moderne Farbmodelle räumlich angelegt. Ihre Ursprünge haben sie in der Farbpyramide von Johann Heinrich Lambert (1728–1777) und der Farbkugel mit schwarzer und weißer Polkappe von Philipp Otto Runge (1810). In gerasterten Farbwürfeln (Alfred Hickethier, 1952) wurde es möglich, Farben in einem Raummodell mit einem Buchstaben-Zahlen-Schlüssel eindeutig zu verorten.

Die Farbkarten der Royal Horticultural Society (RHS) sind nützlich, wenn es um das Auseinanderhalten und die Benennung verschiedener Farbtöne von Blüten geht. Es genügt die Mitteilung des abgelesenen Farbcodes.

Nun sind Mal- und Druckfarben mit Naturfarben nicht komplett deckungsgleich. Entsprechend haben sich für Natur- und Pflanzenfarben eigenständige Ordnungssysteme entwickelt. Sie sind Voraussetzung, um Farben eindeutig benennen zu können. Marineblau, Meerblau, Mittelblau, Neonblau, Orientblau, Pflaumenblau, Taubenblau, Uniformblau – unter diesen Bezeichnungen dürften sich keine drei Menschen die gleiche Farbe vorstellen. Obwohl weitverbreitet, muss es Missverständnisse geben. Auch Fotografien spiegeln die Farbrealität nur bedingt wider, insbesondere sind Blau- und Rottöne betroffen (*Geranium*-Arten und -Sorten!). Zu verschieden sind die Lichtverhältnisse und Farbwiedergaben der Drucker und Papiere.

Einen ersten, ausschließlich auf Pflanzen zielenden Schritt ging Ernst Biesalski 1957 mit seinem „Pflanzenfarben-Atlas“. Heute sind die Farbkarten der Royal Horticultural Society (RHS) praxistaugliche Helfer bei der präzisen Farbenbestimmung und Verständigung; vorausgesetzt die Empfänger der Nachricht sind ebenfalls im Besitz der Farbkarten. Dann ist die Farbe der Kleinstrauchrose 'Knirps' – Purple Red RHS N57A – schnell gefunden.

Praxistipp

Farbe und Raum

Leuchtkräftige, warme Farben – Gelb und Rot – drängen nach vorn. Sie sind dazu geeignet, den Vordergrund zu betonen. Im Hintergrund verwendet, verkürzen sie Perspektive und Raum. Entsprechend erscheinen kleine Gärten noch kleiner, was gewöhnlich nicht gewünscht ist. Kühles Blau wird den Gartenraum eher erweitern.

Luftperspektive: Gesättigte Farben – hier dunkles Grün – rücken auf uns zu und verkleinern kleine Gärten zusätzlich (links).
Farbperspektive: Während kühle Farben dem Gartenraum Perspektive geben, stehen intensives Gelb und Orange für Nähe und begrenzen den Hintergrund (rechts).

Noch wichtiger als diese Farbperspektive“ ist die Beobachtung, dass Farben mit wachsender Entfernung an Leuchtkraft verlieren, verblassen, vergrauen oder – wie der weit entfernte Horizont – verblauen. Ursache ist der Dunst in der Atmosphäre, der Farben zerstreut. Entsprechend wirkt ein sattes, insbesondere dunkles Blau näher als ein aufgehelltes – wie auch ein aufgehelltes Rot (Rosa) oder Magenta (Lila). Dieser Sachverhalt wird als „Luftperspektive“ bezeichnet.

Die ist deshalb so wichtig, weil Blüten- und andere Farben bei Gehölzen meist nicht rein, sondern in durch Schwarz und Weiß differenzierten Sättigungsstufen (Buntgraden) vorkommen. Soll der Gartenraum mehr Tiefe erhalten, wird *Rhododendron* 'Nova Zembla' (leuchtend rot) besser vorn, die Sorte 'Catawbiense Borsault' (lila) eher hinten platziert.

Farb- und Luftperspektive im „Magischen Viereck“: Helles Blau und Grün im Vordergrund weisen in die Ferne. Gesättigtes Grün, Rot und Orange drängen nach vorn. Im Wechsel angeordnet, lassen sie den Blick mal vor, mal zurück springen. (nach VICTOR VASARELY 1969, stark vereinfacht)

Der Dunst der Atmosphäre lässt die Farben mit wachsender Entfernung verblassen (Luftperspektive). Auch eine Pflanzung wird an Tiefe gewinnen, wenn blasse Farben in den Hintergrund rücken.

5.1.1 Grün ist überall

Oft von Wäldern, Wiesen und Feldern umgeben, mag uns Grün mindestens in der Vegetationszeit als vorherrschende Farbe erscheinen. Und doch ist Grün ein Ausnahmefall. Nicht nur, weil weite Teile der Erdoberfläche nur karges oder gar kein Grün haben. Es kommt selten vor, dass langwelliges Rot und kurzwelliges Blau zugleich absorbiert werden und die reflektierten mittleren Wellenlängen im Auge den entsprechenden Farbeindruck „Grün" erzeugen. Es sind mehr als 100 Grüntöne unterscheidbar, die von frischem „Maigrün" bis zum düsteren „Tannengrün" reichen. Grün stimmt hoffnungsfroh und steht für Gesundheit und Selbstsicherheit. Die Verortung im mittleren Wellenspektrum mag die ausgleichende und entspannende Wirkung erklären. Dunkles Grün wirkt düster, optisch schwer und begrenzt den Blick, helles umgekehrt. Auch Buchen und Eichen treiben zunächst hellgrün aus und werden mit dem Frühsommer dunkler, die Stiel-Eiche gar blaugrün. Im Spätsommer sind Blätter aufgrund der Anreicherung von Magnesium als zentralem Baustein des Blattgrüns gewöhnlich am dunkelsten.

Grün begegnet uns in mehr als 100 Farbtonstufen von hellem, optimistischen Maigrün bis zum dunklen Schwarz- oder Tannengrün. Im Frühjahrsaustrieb werden die Unterschiede besonders deutlich.

Olivgrün (Braungrün) ist selten. Wo es benötigt wird, kann der Strauchehrenpreis *Hebe ochracea* verwendet werden.

Dieses Pflanzbild zeigt eine vielfältige Farbpalette, die ausschließlich von Blattfarben geprägt wird – wichtig, weil diese deutlich länger wirken als Blütenfarben. Die Fernwirkung kann genauso hoch sein wie die eines Blütenbaums.

Sommergrünen Gehölzen kann aufgrund jahreszeitlicher Veränderungen oft kein Grünton eindeutig zugeordnet werden. Die Mai-Blätter der Buche *Fagus sylvatica* enthalten neben dem grünen Chlorophyll auch gelbe Farbstoffe, während die tief dunkelgrünen Juli-Blätter kaum gegensätzlicher sein können.

Hellgrüne Belaubung:

- Eschen-Ahorn *Acer negundo*
- Birke *Betula pendula*
- Hainbuche *Carpinus betulus*
- Trompetenbaum *Catalpa bignonioides*
- Ginkgo *Ginkgo biloba*
- Tulpenbaum *Liriodendron tulipifera*
- Sommer-Mammutbaum *Metasequoia glyptostroboides*
- Robinie *Robinia pseudoacacia*

Mittelgrüne Belaubung:
- Rosskastanie *Aesculus hippocastanum*
- Götterbaum *Ailanthus altissima*
- Haselstrauch *Corylus avellana*
- Baumhasel *Corylus colurna*
- Esche *Fraxinus excelsior*
- Nussbaum *Juglans regia*
- Vogel-Kirsche *Prunus avium*
- Eberesche *Sorbus aucuparia*

Dunkelgrüne Belaubung:
- Feld-Ahorn *Acer campestre*
- Spitz-Ahorn *Acer platanoides*
- Berg-Ahorn *Acer pseudoplatanus*
- Rote Kastanie *Aesculus × carnea*
- Schwarz-Erle *Alnus glutinosa*
- Stiel-Eiche *Quercus robur*
- Rhododendren *Rhododendron × catawbiense*
- Europäische Linde *Tilia × europaea*

Schwarzgrüne Belaubung:
- Apfeldorn *Crataegus × lavallei*
- Schwarz-Kiefer *Pinus nigra*
- Zerr-Eiche *Quercus cerris*
- Eibe *Taxus baccata* (noch dunkler ist die Sorte 'Schwarzgrün')

5.1.2 Leidenschaftliches Rot

Die Strauch-Rose 'Robusta' blüht dank mehrerer Blütenblattkreise (halbgefüllte Blüte) länger. Die kontrastreich gelben Staubblätter liefern Bienen Pollen.

Rot ist die Farbe des Lebens (Blut), der Leidenschaft, Energie, Sinnlichkeit und Sexualität. Wenngleich Rot eine starke Farbe ist und für vielfältige dringliche Signale verwendet wird, wirkt Gelb über größere Entfernungen. In der Nähe aber ist Rot stets dominant, in Masse auch

Rote Blüten sind in unseren Breiten selten. Zeitgleich mit Forsythien blüht die aus Ost-Asien stammende Scheinquitte *Chaenomeles* x *superba* in verschiedenen Sorten.

bedrohlich, wenn es nicht durch Blattgrün gemildert wird. Grün ist die im Farbkreis dem Rot gegenüberliegende „Komplementärfarbe". Bei Sorten von Rosen und Rhododendren kommt es vor, dass die Blütenfülle kaum noch Blattgrün sehen lässt. Silbergrau – noch mehr Weiß – in der Umgebung lässt Rot noch stärker hervortreten.

Rotes Sommerlaub kann in Pflanzungen monatelang für wirkungssteigernde Kontraste und optische Schwerpunkte sorgen. Der Judasbaum *Cercis canadensis* 'Forest Pansy' (oben) blüht pink vor dem Austrieb. Rotlaubige Holunder, hier *Sambucus nigra* 'Black Lace', passen auch in kleine Gärten und können wiederholt kräftig zurückgeschnitten werden (unten).

Beispiele für Gehölze in Rot:

- **Sommerlaub:** Perückenstrauch *Cotinus coggygria* 'Royal Purple', Blut-Hasel *Corylus maxima* 'Purpurea', Blut-Ahorn *Acer platanoides* 'Faassens Black', Feld-Ahorn *Acer campestre* 'Barbarossa', Blut-Berberitze *Berberis thunbergii* 'Atropurpurea', Judasbaum *Cercis canadensis* 'Forest Pansy', Blut-Buche *Fagus sylvatica* 'Atropurpurea Tower', Traubenkirsche *Prunus virginiana* 'Shubert', Blut-Pflaume *Prunus cerasifera* 'Nigra', Zierapfel *Malus* 'Coccinella'
- **Herbstfärbung:** Feuer-Ahorn *Acer ginnala*, Zwergmispeln *Cotoneaster*, Wilder Wein *Parthenocissus quinquefolia*, Eberesche *Sorbus aucuparia*
- **Blüten:** Rhododendron *Rhododendron* × *catawbiense* u. a., Weigelien *Weigela florida* in Sorten, Rosen, Zierquitte *Chaenomeles*
- **Früchte:** Feuerdorn *Pyracantha*, Stechpalme *Ilex* in weiblichen Sorten, Essigbaum *Rhus typhina* (nur weibliche), Hagebutten, Weißdorn *Crataegus*, Eberesche

Durch Weiß aufgehellt, wird aus Rot Rosa. Rosa vermittelt zwischen kühl zurücktretenden und warmen, intensiven Farben, auch zwischen Rot und Weiß, zwischen Blau und Weiß, Blau und Violett. Mit Gelbanteilen wird Rosa wärmer (Lachsrosa). Es braucht viel Rosa, wenn es neben Gelb oder Rot nicht untergehen soll. Grau in der Nachbarschaft stärkt Rosa. Rosa blühen unter anderem Rosensorten und Wildrosen, Kolkwitzien *Kolkwitzia amabilis*, Tamarisken *Tamarix*, die im Frühling blühenden Spiersträucher wie *Spiraea cinerea* 'Grefsheim' oder *S.* × *vanhouttei*.

Neben Zieräpfeln oder Mehlbeeren und Ebereschen sind auch die Früchte einiger Weißdorne für Gestaltung und Vögel wichtig (Zweigriffliger Weißdorn *Crataegus laevigata*).

Die Orangenkirsche *Idesia polycarpa* erreicht wenig mehr als 10 m Höhe und fällt durch ihre horizontale Verzweigung, mehr noch die bis in den Vorfrühling haftenden orangen Fruchtrispen auf (22. Februar, Botanischer Garten Berlin, D).

Wer rosa Blüten sucht, wird bei Rosen und Spiersträuchern *Spiraea japonica* fündig. Hier eine von mehreren Tamarisken-Arten, die im Frühling oder Sommer blühen (*Tamarix chinensis* am 14. Juli).

5.1.3 Blau ist fern

Schon J. W. von GOETHE war von Blau so fasziniert, dass er diesem „reizenden Nichts“ einen eigenen Aufsatz „Über das Blau“ widmete. In den Bildern von PAUL CEZANNE wird eine intensive Beziehung zum Blau deutlich. Blau entspannt und beruhigt wie der Blick in eine mit wachsender Entfernung „verblauende“ Landschaft. Neben dem Himmel zeigen ferne Gebirgszüge und Wälder dieses Phänomen, das Blau zur Farbe der Ferne macht. Dass der Blick ins Blaue – ob Himmel, Wasser oder Blütenmeer – neben Entspannung auch Energie spendet, gehört zu den gegensätzlichen Eigenheiten dieser besonderen Farbe.

Eigentlich heiter und luftig wirken nur helle und mittlere Blaustufen. Dunkles, in Grau oder gar Schwarz mündendes Blau stellt sich eher bedrohlich dar – etwa in einem schweren Gewitterhimmel.

Blau ist – im Gegensatz zu Rot, Orange oder Gelb – eine kühle Farbe, die einen blauen Raum tatsächlich kühler als die gemessene Temperatur wirken lässt. Sterbende, sich abkühlende Sterne wandeln ihre Farbe von Rot nach Blau.

Die heimische Gehölzflora ist arm an blau blühenden Gehölzen, ein Beispiel ist die Alpen-Waldrebe *Clematis alpina*. Den Großteil stellen fremdländische Ziergehölze, etwa Rhododen-

Strahlendes Blau schon im April: *Rhododendron augustinii*. Sorten blühen auch heller lavendelfarben, aber stets im lichten Schatten auf humosen, kalkfreien Böden.

Clematis integrifolia 'Saphyra Indigo' ist eine tiefblaue Waldrebe. Auf den bodennahen Rückschnitt im Spätherbst folgt ein kräftiger Austrieb im Frühjahr. Kaum 1 m hoch, kann sie von Mauerkronen herabhängen oder in Strauchrosen wachsen.

dron, Sommerflieder *Buddleja davidii*, Blauregen *Wisteria*, Italienische Waldrebe *Clematis viticella*, Bartblume *Caryopteris*, Säckelblume *Ceanothus*, dar. Blaue Blätter sind eher bei Stauden (Blaublatt-Funkie) und Staudengräsern (Blauschwingel) zu finden. Auch eine blaue Herbstfärbung gibt es bei Gehölzen nicht. Wird Blau über die Blühzeit hinaus gebraucht, müssen farbige Glaselemente oder Anstriche eingesetzt werden. Jenseits der Gartenpflaume gibt es nur wenige Gehölze mit gestaltungswirksamen blauen Früchten. Das sind insbesondere die Felsenbirne *Amelanchier lamarckii*, der Blauschotenstrauch *Decaisnea fargesii*, Mahonie *Mahonia aquifolium* und der Mittelmeer-Schneeball *Viburnum tinus*.

5.1.4 Rätselfarbe Magenta

„Pink" ist ein bekanntes Mitglied der großen Farbengruppe, die blaue und rote Farbtöne vereint und als „Magenta" zusammengefasst werden kann. Magenta vereint den Gegensatz von Rot – warm und körperlich – und kühlem Blau, männlicher Dominanz und weiblicher Beharrlichkeit. Kühler als Rot, wärmer als Blau steht Magenta für Idealismus, Engagement, Frische und Ordnung. Bei dominierendem Rotanteil (Purpurviolett, Pink) entfaltet Magenta höchste Leuchtkraft, wirkt repräsentativ und grell. Arroganz und Herrschsucht

Magenta (Pink) vereint Blau und Rot. Zu den frühesten Blühern in Pink gehört neben dem Judasbaum *Cercis* die Japanische Aprikose *Prunus mume* (hier am 9. März)

Auch Lila gehört in die Magenta-Gruppe. Wenig Gelb, etwas mehr Gelbgrün stärkt die schwache Fernwirkung von Lila (*Rhododendron* × *catawbiense* 'Catawbiense Boursault').

sind dann nicht weit entfernt. Wegen seiner Blauanteile steht Magenta – im Gegensatz zu Rosa – wirkungsvoll neben Gelb und Orange. Beispielgehölze gibt es nur wenige. Dazu gehören die im 18. Jahrhundert entdeckte Drillingsblume *Bouganvillea*, die Japanische Aprikose *Prunus mume*, der Buschklee *Lespedeza thunbergii* und der Judasbaum *Cercis*, *dessen* leuchtend pinkfarbene Blüten unmittelbar aus Ästen und Stämmen brechen. Violett (wie *Clematis* 'Belle Etoile') hält die Mitte zwischen Rot und Blau.

Violett ist Blau mit wenig Rot, deshalb auch „Magenta". Die den großblumigen Clematis-Sorten vergleichbare *Clematis* × *jackmanii* ist anspruchslos und langlebig.

Die Schönfrucht *Callicarpa bodinieri* var. *giraldii* ist ein mittelgroßer Strauch. Die im Spätherbst reifenden lila Früchte gewinnen durch eine zeitgleich blau oder weiß blühende Unterpflanzung (Beispiel: Lilientraube *Liriope muscari*).

Da sich im Magenta Blau und Rot verstecken, wird schnell klar, warum das Gelb daneben passt (BUGA 2021 Erfurt, D)

Die Fernwirkung ist gering, kann aber durch Gelb und Silbergrau im Umfeld deutlich verbessert werden. Weil es durch Weiß aufgehellt ist, wirkt Lila sehr viel leichter als Violett.

Karl Foerster fällte ein wenig schmeichelhaftes Urteil: „Blau ist die Farbe der ewigen Hoffnung, Lila die Farbe der gefesteten Resignation". Chinesischer Flieder *Syringa × chinensis*, Wechselblättriger Sommerflieder *Buddleja alternifolia* und zahlreiche Rhododendron-Sorten sind typische Vertreter. Lila kann durch ein angemessen zurückhaltendes Gelbgrün gestärkt werden. Hier ist der Perückenstrauch *Cotinus coggygria* 'Golden Spirit' wegen seiner sommerlangen, wenig aufdringlichen gelbgrünen Blattfärbung wichtiger Partner.

5.1.5 Vorsicht Gelb!

Die seit 1864 verwendete Sorte 'Leopoldii' gibt dem sonst dunklen Berg-Ahorn *Acer pseudoplatanus* durch gelb gefleckte Blätter ein weithin helles Aussehen.

Im Frühjahr treibt der Spitz-Ahorn *Acer platanoides* 'Princeton Gold' kräftig gelb aus. Später vergrünen die Blätter.

Gelb ist die hellste und leuchtkräftigste aller Farben. Aufgrund der Dominanz und Strahlkraft intensiv gelber Blüten, ist eine eher sparsame Verwendung ratsam. Reife, Sommer, Sonne, Lebensfreude sind positive, mitteilsame Assoziationen. Glänzendes Goldgelb steht für Eitelkeit und Prunksucht, schlimmer für Geiz und Neid – etwa, wenn jemand „gelb wird vor Neid". Auch aus größerer Entfernung drängt Gelb auf uns zu. Zudem blühen sehr viele unserer Wildpflanzen gelb – die Signalfarbe für Bienen und andere blütenbesuchende Insekten. Das deshalb so verbreitete, obendrein aufdringliche Gelb gibt immer mal wieder Anlass, in Pflanzungen ganz darauf zu verzichten. Das mag in Einzelfällen einer Gestaltungsidee entsprechen, aber in vielen Fällen würde doch ein „heiterer Befehlston" (KARL FOERSTER) vermisst werden. Pflanzungen, die eine Fernwirkung brauchen – etwa von der Terrasse aus – kommen ohne Gelb nicht aus.

Die Kornelkirsche *Cornus mas* – hier an einem 29. März – ist die weniger gelbe Alternative zu Forsythien.

Zurückhaltend helles Gelb oder Gelbgrün ist vielseitiger und umfassender einsetzbar, als das oft zu schlagkräftige Goldgelb, das wir von *Forsythia* kennen. Beispiele sind Scheinhasel *Corylopsis*, Weidenkätzchen bei der männlichen Sal-Weide *Salix caprea* 'Mas', Kornelkirsche *Cornus mas*, Magnolie 'Yellow River' und die genannten Gehölze mit gelbem Sommerlaub.

Die Dotter-Weide *Salix alba* 'Vitellina' ist ein Beispiel dafür, wie auch im Winter gelbe Farbakzente gesetzt werden können. Die Jungtriebe sind kräftig gefärbt, deshalb ist ein regelmäßiger Rückschnitt vor dem Austrieb angezeigt.

Beispiele für Gehölze in Gelb:

- **Blüten:** Goldglöckchen Forsythia, Fingerstrauch Potentilla fruticosa 'Goldstar' u. a., Kornelkirsche Cornus mas, Magnolie 'Yellow Bird', Goldregen Laburnum , Gold-Rose Rosa xanthina
- **Sommerlaub:** Trompetenbaum *Catalpa bignonioides* 'Aurea', Perückenstrauch *Cotinus coggygria* 'Golden Spirit', Spitz-Ahorn *Acer platanoides* 'Princeton Gold', Blasenspiere *Physocarpus opulifolius* 'Darts Gold', Holunder *Sambucus nigra* 'Aurea', Gold-Eiche *Quercus robur* 'Concordia'

Eine früh blühende, deshalb Frühjahrs-Rose ist *Rosa xanthina*, von der es auch andersfarbige Sorten gibt.

- **Herbstfärbung:** Spitz-Ahorn *Acer platanoides*, Birken *Betula*, Gelbholz *Cladrastis lutea*, Tulpenbaum *Liriodendron*, Rot-Esche *Fraxinus pennsylvanica*, Lärchen *Larix*

Die aus dem Osten der USA stammende Schindel-Hickory *Carya ovata* legt im Herbst ein strahlendes Gelb auf.

- **Früchte:** Feuerdorn *Pyracantha* 'Soleil d' Or', Zierapfel *Malus* 'Butterball', Kultur-Apfel 'Ananasrenette', Quitte *Cydonia*

Gelbe, bis in den Winter haftende Früchte stellen vor allem Zieräpfel bereit. Warum nicht auch einmal einen richtigen Apfelbaum – wie diese 'Ananasrenette' – in die Farbgestaltung einbeziehen?

5.1.6 Starkes Orange

Orange – im Grenzbereich von Rot und Gelb – ist die wärmste Farbe, die sich auch aus größerer Entfernung offensiv in den Vordergrund drängt. Orange steht für Energie, Feuer und Sommer. Ganz im Gegensatz zur heimischen Flora gibt es in den Tropen viele orange blühende Pflanzen. Auch das ist eine Assoziation zu Wärme und Sonne, die sehr gut durch den sommerlang blühenden, aus den südöstlichen USA stammenden Trompetenstrauch *Campsis radicans* vermittelt werden kann. Anregend und optimistisch, aber auch aufdringlich (Warnfarbe) und kleine Räume und Gärten weiter einengend, ist Orange mit Bedacht einzusetzen. Effektvoll gegensätzliche Farbnachbarn sind Blau, Grau, Gelb, Magenta (insbesondere Violett, Pink), Grün und Braun.

Flammendes Orange verbindet uns mit südlicheren Pflanzenparadiesen, wo diese Farbe weitaus häufiger vorkommt. Stellvertretend profitiert der kletternde Trompetenstrauch *Campsis radicans* mit exotischer Ausstrahlung von hohen Temperaturen.

Beispiele für Gehölze in Orange:

- **Blüten**: Japanische Azaleen *Rhododendron molle*, Zierquitte *Chaenomeles* 'Brilliant', Klettertrompete *Campsis radicans*, Rosen
- **Früchte**: Zieräpfel wie *Malus* 'Brandy Magic', 'Evereste', Zwergmispel *Cotoneaster franchetii*
- **Herbstfärbung**: Herbst-Flammen-Ahorn“ *Acer × freemanii* 'Autumn Blaze', Rostrote Rebe *Vitis coignetiae*, Fächer-Ahorn *Acer palmatum* in Sorten, Eisenholz *Parrotia persica*, Sachalin-Kirsche *Prunus sargentii*, Sassafras *Sassafras albidum*, Vogel-Kirsche *Prunus avium*, Zimt-Ahorn *Acer griseum*, Felsenbirne *Amerlanchier lamarckii*, Eichenblatt-Hortensie *Hydrangea quercifolia*

Viele Zieräpfel haben orange, im besten Fall bis in den Winter haftende Früchte. Hier die gesunde und bewährte Sorte 'Evereste'.

Der bis zu 10 m hohe Sassafras-Baum *Sassafras albidum* verbindet eine dekorative Blattform mit spektakulären Herbstfarben in Orangetönen.

Die Rostrote Weinrebe *Vitis coignetiae* ist ein starkwüchsiges Klettergehölz für großflächige Rankgerüste oder Pergolen. Die orange Herbstfärbung der großen und derben Blätter ist eine Augenweide.

Der Duftende Sumach *Rhus aromatica* eignet sich in der niedrig bleibenden Sorte 'Grow Low' für die Begrünung auch trockener Böschungen, die sich im Herbst in orange Flächen verwandeln.

Der seit langem verwendete Essigbaum *Rhus typhina* leuchtet im Herbst Orange und Gelb auf. Weibliche Pflanzen legen mit roten Fruchtständen noch eins drauf.

5.1.7 Sattes Braun

Braune Pflanzenfarben werden meist nicht für voll genommen und gar mit Verfall und sterbenden, trockenen Pflanzen verbunden. Das greift zu kurz und wird den gestalterischen Möglichkeiten verschiedener Brauntöne nicht gerecht. Zunächst ist Braun ein getrübtes Orange, womit kaum jemand rechnet. Diese Feststellung erklärt die Harmonie von Braun und Blau, die durch ein helles, zurückhaltendes Gelb noch gestärkt werden kann. Rot und Orange in der Nachbarschaft aktivieren diese im Braun versteckten Farben.

Braun steht für Bodenständigkeit (Erde), satte Reife, Herbst, Ruhe und Behaglichkeit, vielleicht auch Bequemlichkeit und Faulheit – eine Farbe, die entschleunigt. Aber die Nuancen sind entscheidend: Glänzendes „Kastanienbraun“ wird gewöhnlich besser beurteilt als ein glanzloses „Fahlbraun“ (Haarpflege). Das „tote“ Braun hinfälliger Herbstblätter kann sich im Sonnenlicht in ein warmes „Goldbraun“ (Gelbbraun) verwandeln. Sowohl im „Rotbraun“ (Kupferbraun) mit starken Rotanteilen als auch im „Orangebraun“ mit viel Gelb sehen wir anziehende Farbtöne. Sie wärmen auch ohne Sonnenlicht.

Der Name des Zimt-Ahorns *Acer griseum* erklärt sich bei Betrachtung des Stammes rasch. Der hitzefeste und attraktive Kleinbaum passt mindestens einmal in jeden Garten.

Goldbraun glänzende Stämme sind das markante Kennzeichen der Amur-Traubenkirsche *Prunus × maackii* 'Amber Beauty', die auch durch ihre gelbe Herbstfärbung erfreut.

Eisenholz *Parrotia persica* blüht rotbraun, aber die Blüten sind zu klein und ohne Fernwirkung. Die Mispel *Mespilus germanica* hat braune Früchte, die sehr schön mit ihrer gelb-orangen Herbstfärbung harmonieren.

Formgeschnittene Buchen, Hainbuchen und Eichen behalten das braune Herbstlaub den Winter hindurch. Neben immergrünen Laub- und Nadelgehölzen bietet sattes Rasengrün einen angenehmen Gegensatz, der an die auch im Winter gegenwärtige Vitalität der Pflanzenwelt erinnert.

Wenngleich heute als Obstgehölz kaum noch von Bedeutung, ist die Mispel *Mespilus germanica* 'Macrocarpa' ein schönes Einzelgehölz mit großen weißen Blüten, ungewöhnlich braunen Früchten und oranger Herbstfärbung.

Die im Winter dominierenden Brauntöne verschmelzen mit dem lebendigem Grün von Rasenflächen und Immergrünen zu einem starken und hoffnungsfrohen Gegensatz.

Wer Braun im Sommer sucht, wird eher bei Stauden (Blattschmuck-Sorten von Purpurglöckchen *Heuchera*, Schwertlilie *Iris germanica*, Sonnenbraut *Helenium*, Taglilie *Hemerocallis*) oder Staudengräsern, etwa der Segge *Carex comans* 'Bronce Form' fündig. Gehölzbeispiele gibt es nur wenige: Die im Herbst fallenden Nadeln der Sumpfzypresse *Taxodium distichum* zeigen ein warmes Rotbraun. Beeindruckend, wenn aus der braunen Nadelstreu blaue Herbstkrokusse *Crocus speciosus* brechen. Braune Stämme haben Zimt-Ahorn *Acer griseum* (glanzlos zimtbraun abrollend) und Amur-Traubenkirsche *Prunus maackii* (ockerbraun, glänzend). Rotbraun und matt glänzend präsentieren sich die Stämme der Japanischen Sommerkamelie *Stewartia*, die kalkfreie, auch im Sommer nicht austrocknende Böden benötigt. Jeder kennt die insbesondere bei flach einfallender Dämmerungssonne rotbraun leuchtenden Stämme unserer Wald-Kiefer *Pinus sylvestris* (abblätternde, glatte Spiegelrinde).

5.1.8 Wer braucht Schwarz?

Schwarz stiehlt das Licht und mit diesem fast alle Wellenlängen, die in unseren Augen einen anders bunten Farbeindruck erzeugen. Trotzdem gibt es Assoziationen: feierlich, würdevoll, unnahbar, exklusiv. Und das Böse schlechthin, Melancholie, Tod und Trauer. Das unbunte Schwarz steigert Farben (Fotokarton). Besonders effektvoll stehen Magenta, insbesondere Pink und Gelb neben Schwarz. Gehölze liefern hier kaum mehr als den Schwarzhalm-Bambus *Phyllostachys nigra*.

Schwarz wird eher selten gebraucht, bringt aber alle Nachbarfarben zum Leuchten (Schwarzhalm-Bambus *Phyllostachys nigra*).

Der Schwarze Schlangenbart *Ophiopogon planiscapus* 'Nigrescens' ist kein Gehölz, aber in Verbindung mit Gehölzen als „Schwarzmaler" gestalterisch unentbehrlich – etwa unter gelb oder rot herbstfärbenden oder Arten mit farbigen Wintertrieben.

Die Dünen-Rose *Rosa spinosissima* trägt – anders als die meisten Rosen – schwarze Hagebutten.

Wird ein schwarzer Untergrund gebraucht, müssen Teppichstauden herhalten: Schlangenbart *Ophiopogon planiscapus* 'Nigrescens', Purpurglöckchen *Heuchera* 'Obsidian'. Schwarz blühen die Tulpe 'Queen of Night' und die Christrose *Helleborus × hybridus* 'Schwarzer Kater'. Die schwarzen Früchte von Liguster *Ligustrum vulgare* und Bibernell-Rose *Rosa spinosissima* fallen bis in den Winter hinein auf. Als schwarzes Gestein kann Basalt gut in Pflanzungen integriert werden.

Bei näherer Betrachtung sehen wir, dass schwarz erscheinende Pflanzen eben nur so wirken. Gewöhnlich sind es rote Farbstoffe (Anthozyane), die – hochkonzentriert – das nach wie vor vorhandene und für das Wachstum unentbehrliche Blattgrün überlagern. Deshalb wachsen „schwarz"-blättrige Pflanzen kaum schwächer als die grünen Ausgangsarten, so die Buche *Fagus sylvatica* 'Swat Magret' im Vergleich zur grünen Ausgangsart.

5.1.9 Braucht Weiß den Schatten?

Schnee, Kälte, Frische, Licht, Sauberkeit sind Assoziationen, die sich mit Weiß verbinden. Dem moralisch „bösen" Schwarz steht das „gute" Weiß entgegen, das sich gern in einer „weißen Weste" zeigt. Während Schwarz die farbinduzierenden Wellenlängen des Lichts schluckt, reflektiert und streut sie Weiß so, dass sie sich gegenseitig auslöschen und das Auge keine Farbe sieht. Deshalb ist – neben Schwarz – auch Weiß eine unbunte Farbe, aber doch eine Farbe, auf die kaum eine Pflanzung verzichten kann. Weiß wirkt eher flächig als räumlich, aber in schattiger Umgebung kontrastreich und plastisch.

Weiß ist gut geeignet, um Farben und Farbkombinationen voneinander zu trennen, wenn das sinnvoll erscheint.

Weiß verstärkt die Wirkung aller Farben, auch die von Schwarz und Grau. Farbsteigernde Gegensätze fallen in Verbindung mit starken Farben häufig zu hart aus. Durch Weiß aufgehellte Buntfarben passen mit Weiß selbst harmonischer zusammen. Also besser Rosa, nicht Knallrot, oder ein helles Gelb, nicht Goldgelb, zu Weiß. Scheint das orangerote Blütengehölz neben dem roten unpassend, bringt Weiß dazwischen sie auseinander (Trennfarbe).

Eine der wichtigsten Aufgaben für Weiß ist die Aufhellung von Schattenpartien und des in Dämmerung versinkenden Gartens. Weiß blühende Gehölze gibt es in ausreichender Zahl, häufig auch als Sorten von ursprünglich rot, rosa oder blau blühenden.

Unter Spiersträuchern, Zierkirschen, Zieräpfeln, Weißdornen werden wir rasch fündig. Weiße Blütenstauden können ergänzen. Die Wirkung weißrandiger oder weißfleckiger Blätter umfasst im Gegensatz zu den meist kurzlebigen Blüten die gesamte Vegetationszeit.

Es handelt sich gewöhnlich um Auslesen normal grüner Ausgangsarten, etwa beim Sibirischen Hartriegel *Cornus alba* mit der Sorte 'Elegantissima' oder beim Etagen-Hartriegel *Cornus controversa* 'Variegata'. Die Esche *Fraxinus excelsior* 'Argenteovariegata' erscheint selbst aus größerer Entfernung komplett weiß. Stauden steuern insbesondere Funkien-Sorten bei (*Hosta* 'Francee' u. a.). Weiße Birkenstämme dürfen

Der auffallend runde Stamm der Gold-Birke *Betula ermanii* changiert zwischen Weiß und Rosa zu gelblichem Cremeweiß. Im Gegensatz zu anderen Birken bleibt sie kleiner, ist gut kalkverträglich und erfreut durch ihre frühe, goldgelbe Herbstfärbung.

Diese weiß erscheinenden Bäume sind Eschen *Fraxinus excelsior* 'Argenteovariegata' mit breit weißgerandeten Blättern und deutlich schwächer wachsend als die Ausgangsart.

Während der weiße Stamm der in Europa heimischen Weiß-Birke *Betula pendula* an der Basis in eine schwarze Borke übergeht, bleiben die Stämme der Himalaja-Birke *Betula utilis* subsp. *jaquemontii* durchgängig weiß.

nicht unerwähnt bleiben. Während bei der heimischen Birke die Stammbasis eine schwarze Steinborke entwickelt, bleiben die Stämme der Himalaja-Birke *Betula utilis* subsp. *jacquemontii* vollständig weiß.

5.1.10 Stärker mit Grau

Grau ist Schwarz mit Weiß oder umgekehrt. Unaufdringlich, unbeachtet? Ja – jeder kennt die „graue Maus“: So wenig positiv wie ein nebelgrauer Novembertag oder der „graue Alltag“. Grau allein ist nicht viel, aber in Gemeinschaften mit Buntfarben stark, weil es nicht nur gedämpfte, sondern selbst intensive Farbtöne zum Leuchten bringt. Grau passt fast immer, weil die erzeugten Farbgegensätze versöhnlicher sind als die mit hartem Weiß.

Durch Hinzunahme von Grau wird jede Pflanzung gewinnen. Rhythmisch angeordnet, entsteht ein strukturierendes optisches Gerüst. Die Blätter erscheinen durch eine filzige Behaarung oder schuppige Überzüge (Ölweide *Elaeagnus angustifolia*, Sanddorn *Hippophae*, Büffelbeere *Shepherdia*) grau – meist eine die Verdunstung reduzierende Anpassung an Trockenstandorte. Das Sonnenlicht wird weniger reflektiert als gestreut. Deshalb gibt es einen wahrnehmbaren Gegensatz zu weißen, gewöhnlich glänzenden Blütenblättern.

Das weichere Blattgrau kann gut zu härterem, reflektierenden Blütenweiß in Kontrast gesetzt werden, was das Weiß noch weißer erscheinen lässt (Jardin Agapanthe, F).

Grau steigert alle, insbesondere die schwachen Farben; ob als Einzelgehölz (links, Kojoten-Weide *Salix exigua*, BUGA 2021 Erfurt, D) oder Einfassung (rechts, Heiligenblume *Santolina*, Europa-Rosarium Sangerhausen, D).

Graulaubige Gehölze:

- Sträucher
  - Ölweide *Elaeagnus commutata*; hitze-/trockenfest, Ausläufer kontrollieren
  - Sanddorn *Hippophae rhamnoides*; dornig, hitze-/trockenfest, Wurzelbrut/-schösslinge, Fruchtgehölz
  - Blauraute *Perovskia*; hitze-/trockenfest, Rückschnitt im Frühjahr, am besten zwischen Stauden
  - Kriech-Weide *Salix repens* var. *argentea*; hitze-/trockenfest, Ausläufer kontrollieren
  - Büffelbeere *Shepherdia argentea;* dornig, hitze-/trockenfest, essbare Früchte
- Kleinbäume
  - Orient-Weißdorn *Crataegus laciniata*; dornig, hitze-/trockenfest, orange Fruchtschmuck
  - Ölweide *Elaeagnus angustifolia, E. multiflora*; hitze-/trockenfest
  - Weidenblättrige Birne *Pyrus salicifolia*; hitze-/trockenfest, hängender Wuchs
  - Kojoten-Weide *Salix exigua*; hitze-/trockenfest, Ausläufer kontrollieren
- Großbäume
  - Silber-Pappel *Populus alba* 'Nivea'; Blätter dieser Sorte auch oberseits silbergrau
  - Silber-Weide *Salix alba* var. *sericea*; Blätter dieser Form auch oberseits silbergrau – nur auf frischen Böden

Praxistipp

Farbe bricht Form

Gehölze und Stauden, Staudengräser und Farne können durch dekoratives Blattwerk Eindrücke vermitteln, die nicht so herandrängen wie ein plakatives Sommerblumen- oder Rosenbeet, aber zur stillen Betrachtung einladen. Das hält viel länger als die meisten Blüten. Voraussetzung sind nicht nur ein Sitzplatz und Zeit zum Verweilen, sondern auch das Fernhalten starker, leuchtender Farben. Die würden unweigerlich über das Blattwerk dominieren, was an dieser Stelle nicht gewollt ist. Erlaubt sind weißfleckige oder weißrandige Blätter, die von den Blattkonturen nicht ablenken, sondern sie vielmehr unterstreichen.

Soll dekoratives Blattwerk dominieren, stören so leuchtkräftige Farben wie Gelb, Orange oder Rot. Dagegen können weiß gezeichnete Blätter und weiße Blüten ausdrucksstarke Blattformen unterstreichen.

5.2 Durch die Jahreszeiten

Der Beginn der astronomischen Jahreszeiten spiegelt sich im täglich beobachteten Wetter selten wider. Näher dran an der tatsächlichen Wahrnehmung des Wettergeschehens scheinen die Meteorologischen Jahreszeiten mit Frühlingsbeginn am 1. März, Sommerbeginn am 1. Juni, Herbstbeginn am 1. September und Winterbeginn am 1. Dezember. Die Monatseinteilung leuchtet ein, auch die Blühzeiten von Pflanzen werden in Kalendermonaten angegeben. Indes gibt es zwischen verschiedenen Orten erhebliche Unterschiede, die auch über den Rahmen der angebenen Blühmonate hinausgehen können. Schon immer blühte der Apfelbaum in den Kammlagen des Erzgebirges um Wochen später als in der Rheinebene. Und dort noch einmal früher, wenn sich die Pflanzung in geschützten Höfen oder vor Südwänden befindet. Dazu kommen die Auswirkungen der Klimaerwärmung, die den Frühling mittlerweile schon zwei Wochen früher einziehen lassen. Wir sehen, dass Pflanzen uns sehr genau mitteilen können, wie „spät" im Jahr es am konkreten Ort ist. Gemessen wird an Zeigerpflanzen, die die Meteorologie, genauer die am Erscheinungsbild der Zeigerpflanzen orientierte Phänologie" ausgewählt hat. Dass jedes Jahr durch einen anderen Witterungsverlauf geprägt sein kann, bleibt davon unberührt. So wird es auch weiterhin passieren, dass Gehölze immer mal wieder und anders als geplant aneinander vorbei blühen.

Die Kirsch-Pflaume *Prunus cerasifera* ist Ausgangsart der rotblättrigen Blut-Pflaume und eines der frühesten Blütengehölze (hier am 12. März).

Nachfolgend werden den die phänologischen Jahreszeiten kennzeichnenden Zeigerpflanzen wichtige, ausgewählte Blütengehölze zugeordnet.

5.2.1 Vorfrühling

Hasel und Schneeglöckchen blühen.

Wird der Flor der winterblühenden Gehölze durch Frosttage unterbrochen, verlängert er sich bis in den Vorfrühling hinein. Entsprechend kann es zu überraschenden Farbnachbarschaften mit den eigentlichen Vorfrühlingsblühern kommen. Diese stellen die ersten Trachtquellen für Bienen und Hummeln dar.

- Schneeforsythie *Abeliophyllum distichum*; zierlicher Strauch bis 2 m; besetzt mit weißen, duftenden Blüten über Wochen
- Kornelkirsche *Cornus mas*; Großstrauch oder kleiner Baum, blassgelb; blüht auch formgeschnitten; Sorten mit größeren, vitaminreichen Früchten ('Joliko' u. a.)
- Scheinhasel *Corylopsis pauciflora*; buschiger Kleinstrauch mit blassgelben Blüten; dekoratives Blatt
- Seidelbast *Daphne mezereum*; aufrechter Kleinstrauch; Blüten je nach Sorte rot oder weiß, duftend; rote oder gelbe Beeren – in allen Teilen stark giftig
- Schneeheide *Erica carnea*; flächendeckender Zwergstrauch, der im Gegensatz zu anderen Heidegewächsen auf allen durchlässigen Böden fortkommt und Kalk toleriert; verschiedene Sorten blühen weiß, rosa oder rot bis in den Frühling hinein
- Korea-Goldglöckchen *Forsythia ovata* 'Dresdner Vorfrühling'; kompakter Strauch bis 2 m Höhe, der zwei Wochen früher als die gängige *Forsythia* × *intermedia* blüht, deutlich niedriger bleibt und mit dunkelgrünen, ovalen Blättern auch im Sommer gefällt
- Kirsch-Pflaume *Prunus cerasifera*; Ausgangsart der Blut-Pflaume; weiß blühender Großstrauch oder kleiner, aber breit ausladender Baum
- Sal-Weide *Salix caprea* 'Mas'; Auslese der Sal-Weide mit blassgelben, männlichen Blütenständen; auffälliger als die grünen, weiblichen Pollenspender; kein Samenflug
- Frühlings-Spierstrauch *Spiraea thunbergii*; zierlich belaubter, sich aber etwas steif haltender Strauch bis 1,5 m Höhe; blüht kreideweiß und ist der früheste der Frühjahrs-Spiersträucher

5.2.2 Erstfrühling

Forsythia blüht, Stachelbeere treibt.
Überall sehen wir Gelb. Das sind Forsythien, die nach ihrem Verblühen kaum noch wahrgenommen werden. Bald darauf setzen die „Schleiertage" ein, in denen die winterkahlen Gehölze wieder ergrünen – gewöhnlich von unten nach oben, Sträucher zuerst. Sehr früh treibende Traubenkirschen *Prunus padus*, heimische Weißdorne *Crataegus monogyna*, *C. laevigata*, Alpen-Johannisbeeren *Ribes alpinum*, Stachelbeeren *Ribes uva-crispa*, Vogelbeeren *Sorbus aucuparia* und Rosskastanien *Aesculus hippocastanum* sind besonders willkommen. Auch Birken lassen nicht lange auf sich warten. Die Chinesische Birke *Betula albosinensis* ergrünt zwei Wochen früher als andere Birken und passt mit nur 8 m Wuchshöhe auch in kleinere Gärten. Dazu kommen die Spitz-Ahorne *Acer platanoides* mit auffällig gelbgrünen Blütenständen, die vor den Blättern erscheinen und die weite Verbreitung dieser Baumart zeigen. Erst in klargelber Herbstfärbung wird der Spitz-Ahorn ein zweites Mal hervortreten.

Schon am 18. April beginnt sich das Blattwerk dieser Rosskastanie *Aesculus hippocastanum* zu entfalten. Andere – etwa Esche, Robinie oder Götterbaum – folgen erst vier Wochen später.

Gewöhnlich ergrünt die Strauchschicht zuerst. Frühblühende Sträucher können das Grün aufwerten (Mahonie *Mahonia aquifolium*, Blut-Johannisbeere *Ribes sanguineum* u. a.).

Der Spitz-Ahorn *Acer platanoides* blüht auffällig vor und mit dem Austrieb der Blätter (14. April). Bei rot treibenden Sorten ('Schwedleri' u. a.) ist der Kontrast zu den gelbgrünen Blüten sehr effektvoll.

- Spitz-Ahorn *Acer platanoides*; Großbaum, gelbgrün, Bienenmagnet
- Felsenbirne *Amelanchier lamarckii*; Großstrauch oder Kleinbaum, weiß, essbare Früchte
- Kobus-Magnolie *Magnolia kobus*; Großstrauch oder Kleinbaum; Blüten weiß, früh und dadurch oft unter Spätfrösten leidend, die sich in braunen Flecken zeigen; toleriert unterschiedliche Bodenbedingungen
- Tulpen-Magnolie *Magnolia × soulangeana;* Großstrauch bis Kleinbaum in vielen Sorten: weiß, rosa, rot, magenta; kalkarme, durchlässige, aber nicht zu trockene Böden
- Stern-Magnolie *Magnolia stellata*; kompakter Strauch bis 3 m Höhe, nach Jahrzehnten auch größer; blüht weiß
- Mahonie *Mahonia aquifolium*; immergrüner Kleinstrauch, der sich für niedrige Hecken und Flächenbegrünungen eignet; goldgelb, Bienenmagnet, blaue Früchte
- Duftblüte *Osmanthus × burkwoodii*; immergrün, 3 m; Blüten weiß und stark duftend; geschützte Plätze, weil etwas frostempfindlich; schnittverträglich; Langblüher
- Blauglockenbaum *Paulownia tomentosa*; großer, graustämmiger Baum, der vor dem Austrieb blüht; Blüten glockig, blau aus vorgebildeten Knospen des Vorjahres, die auch erfrieren können
- Sachalin-Kirsche *Prunus sargentii* 'Accolade' (= *P. × subhirtella* 'Accolade'); mehrstämmiger Solitär oder Stamm mit Kopfveredlung; Blüten hell-rosa, an breit auskragenden Ästen
- Zierkirsche *Prunus × subhirtella* 'Fukubana'; mehrstämmiger Großstrauch; blüht rosa

Die Blüte der Vogel-Kirsche *Prunus avium* (hier am 2. Mai) u steht für den Beginn des Erstfrühlings und macht sichtbar, wie häufig dieser Baum ist. Das gilt auch für frühe Kirschsorten, Forsythien oder Schwarzen Holunder *Sambucus nigra*.

- Blut-Johannisbeere *Ribes sanguineum* 'Atrorubens'; Strauch bis 2 m; dunkelrote Blütentrauben, aromatischer Duft
- Gold-Rose *Rosa xanthina (R. hugonis)*; bodenschlüssiger Strauch mit überneigenden Zweigen; Blüten hellgelb; die früheste Rose
- Spierstrauch *Spiraea × cinerea* 'Grefsheim'; Strauch bis 2 m Höhe mit bogig überneigenden, dicht mit weißen Blüten besetzten Trieben
- Duft-Schneeball *Viburnum carlesii*; kompakter, langsamwüchsiger Strauch bis 1,5 m Höhe; Blüten rosa und weiß, stark duftend

5.2.3 Vollfrühling

Apfel und Flieder blühen.
Der Vollfrühling ist in der Welt der Gehölze die hohe Zeit des Blühens. Sowohl in der Kulturlandschaft als auch in den Gärten sorgen die überall zahlreichen Obstbäume für einen Blütenrausch. Zudem sind die Rosskastanien mit ihren exotisch anmutenden Blütenkerzen nicht zu übersehen. Wer die Frühlingssonne auch unter Bäumen lange genießen möchte, entscheidet sich für Arten, die erst zu Beginn des Vollfrühlings ergrünen: Esche *Fraxinus*, Götterbaum *Ailanthus*, Geweihbaum *Gymnocladus*, Robinie *Robinia*, Blauglockenbaum *Paulownia*, Schnurbaum *Styhnolobium* oder Flügelnuss *Pterocarya fraxinifolia*, Seidenakazie *Albizia julibrissin*.

Die pinkfarbenen Blüten des Judasbaums *Cercis siliquastrum* (21. Mai) brechen unmittelbar aus Stamm und Ästen. Ein hitze- und trockenfester Hausbaum auch für kleine Gärten.

- Rosskastanie *Aesculus hippocastanum*; weiß, zylindrisch wachsender Großbaum
- Gelbe Rosskastanie *Aesculus flava*; blassgelb, Mittelbaum bis 15 m Höhe, deutlich weniger von Rosskastanien-Miniermotte befallen und stadtklimafester als *Aesculus hippocastanum*
- Rote Rosskastanie *Aesculus × carnea* 'Briotii'; breitkroniger, bis 15 m hoher, rot blühender Baum mit dunkelgrüner Belaubung
- Judasbaum *Cercis siliquastrum*; Großstrauch oder Kleinbaum mit aufstrebenden Ästen, aus denen die pinkfarbenen Blüten unmittelbar hervorbrechen
- Zierquitte *Chaenomeles*; je nach Sorte knie- oder brusthoch; Blüten verschieden rot, rosa oder weiß; dornig
- Berg-Waldrebe *Clematis montana*; Klettergehölz bis 10 m; verschiedene Sorten weiß, rosa; meist nur wenige Wochen blühend
- Blumen-Hartriegel *Cornus florida*; Großstrauch; weiße, gerundete Hochblätter bilden „Blüte“ mit 9 cm Durchmesser; kalkarme, durchlässige Böden
- Vielblütige Zwergmispel *Cotoneaster multiflorus*; Großstrauch mit breit überneigenden Zweigen; weiße, in der Nähe unangenehm riechende Blüten
- Weißdorne *Crataegus laevigata, C. monogyna, C. × lavallei, C. coccinea*; Großsträucher und Kleinbäume; weiß; Bienen- und Vogelnährgehölze
- Taschentuchbaum *Davidia involucrata*; Mittelbaum, nach Jahrzehnten über 10 m hoch; weiße, senkrecht gestellte Hochblätter machen den Baum sehr auffällig
- Zierliche Deutzie *Deutzia gracilis*; Kleinstrauch für niedrige Hecken; Blüten weiß
- Prunkspiere *Exochorda × macrantha* 'The Pride'; Strauch bis 2 m Höhe; dichte, weiße Blütentrauben; nicht zu trockene, stets kalkarme Böden
- Lorbeerrose *Kalmia latifolia*; Strauch, je nach Sorte 1 m bis 2 m hoch; dichte Blütendolden, je nach Sorte rosa oder rot; kalkmeidend
- Goldregen *Laburnum × watereri* 'Vossi'; kahlfüßiger Großstrauch; die gelben, hängenden Blütentrauben sind bei dieser Sorte bis zu 40 cm lang; giftig!
- Gelbes Geißblatt *Lonicera × tellmanniana*; Schlingstrauch bis 4 m Höhe; goldgelb
- Magnolien, verschiedene Sorten; Großsträucher und Kleinbäume; 'Yellow Bird': gelb; Purpur-Magnolie *M. liliiflora* 'Nigra': magenta/„trübes Lila“; Tulpen-Magnolie *M. × soulangeana* in Sorten: weiß, rosa, magenta/„weinrot“; kalkarme, frische Böden
- Zieräpfel *Malus* in vielen Arten und Sorten; weiß, rosa, rot
- Strauch-Pfingstrosen *Paeonia × suffruticosa* in vielen Sorten; weiß, rosa, rot, gelb
- Traubenkirsche *Prunus padus*; meist mehrstämmiger Baum bis 15 m Höhe; weiße Blütentrauben, bei der schnellwüchsigen 'Watereri' bis zu 25 cm lang; diese Sorte ggf. nach der Blüte zurückschneiden, weil sie sehr locker wächst
- Nelken-Kirsche *Prunus serrulata* in vielen Sorten; Großstrauch und Kleinbaum, auch Säulen- und Hängeformen; 'Kanzan' bekannte Trichterform; Blüten rosa, gefüllt oder einfach, dann für Bienen besser
- Zwerg-Mandel *Prunus tenella*; ein Kleinstrauch, der sich mit Wurzelsprossen langsam ausbreitet, dabei kaum mehr als Tischhöhe erreicht; blühend sehr auffällig: magenta/pink, „rosarot“, anschließend meist übersehen – am besten in Steppenpflanzungen mit Stauden

- Rhododendren *Rhododendron × catawbiense* in sehr vielen Sorten (immergrüne, großblättrige Sträucher, sorten- und standortabhängig bis zu 5 m hoch; weiß, lila, rot, ...). Besonders robust, von zuverlässiger Blattgesundheit und dicht bodenschlüssigem Wuchs sind 'Catawbiense Borsault' (lila, gelbgrün gezeichnet), 'Catawbiense Grandiflorum' (lila, gelbrot gezeichnet), 'Cunninghams White' (weiß, kleinblumig) und 'Roseum Elegans' (magenta/pink, „purpurrosa"). Vollsonnig nur im luftfeuchten, niederschlagsreichen Küsten- und Höhenklima, anderenorts besser im lichten Schatten tiefwurzelnder Bäume (Kiefern, Eichen, Lärchen). Kalkarme Substrate über sauren Ausgangsgesteinen: Sand, Sandstein, Granit. Weil er gut durchlüftet und strukturstabil ist, hat sich fein zerkleinerter Rindenmulch bewährt. Auch die auf „kalktolerante" Unterlagen veredelten Sorten wachsen nur bis pH 6,5 und bleiben damit deutlich unter dem Neutralpunkt (pH 7)
- Rosen in sehr vielen Sorten; frei wachsende Strauchrosen, Kletterrosen, Kleinstrauchrosen, Beetrosen mit Floribunda-Hybriden: weiß, rosa, rot, orange, lila, gelb, ...
- Mehlbeere, Elsbeere, Eberesche *Sorbus aria, S. torminalis, S. aucuparia*; Kleinbäume, Elsbeere Mittelbaum bis 20 m Höhe; weiß
- Belgischer Spierstrauch *Spiraea × vanhouttei*; Strauch bis 2 m Höhe, bogig überneigend und bodenschlüssig; obwohl seit Langem in Kultur, ist die Attraktivität dieses überreich kalkweiß blühenden Strauches ungebrochen
- Chinesischer Flieder *Syringa × chinensis*; locker überneigender Strauch bis 4 m Höhe; blüht lila
- Flieder *Syringa vulgaris* in vielen Sorten; buschiger, auch kahlfüßig aufragender Strauch oder als Stamm gezogen; viele Sorten: Magenta von lila bis dunkelpurpurrot und weiß
- Frühlings-Tamarisken *Tamarix tetrandra, T. parviflora*; grazile Großsträucher mit winzigen, feinschuppigen Blättchen; früh, weil an vorjährigen Trieben rosa blühend
- Schneeball *Viburnum opulus*; Großstrauch bis 4 m Höhe; Blütenteller innen mit kleinen und fruchtbaren, außen mit großen, weißen und unfruchtbaren „Signalblüten" – die kugeligen „Schneebälle" der Sorte 'Roseum' enthalten nur diese; eher auf frischen als zu trockenen Böden
- Blauregen *Wisteria* in Sorten; starkwüchsiger Schlingstrauch bis 10 m Höhe; violette Blütentrauben bei 'Multijuga' 50 cm bis 100 cm lang, auch weiße und rosa Sorten; zur Blütenförderung Triebe im Sommer auf 1/3, im folgenden Nachwinter auf 2 bis 3 Knospen zurückschneiden; kräftiger, formierender Rückschnitt nach der Blüte, selbst die Erziehung zum Hochstamm ist möglich

5.2.4 Frühsommer

Schwarzer Holunder und Robinie blühen.
Späte Magnolien und Rhododendron-Sorten blühen noch. Während die schlanken, weißen Blütenstände der Esskastanie *Castanea sativa* in wärmebegünstigten Lagen häufig zu sehen sind, punkten die Robinien *Robinia pseudoacacia* in den warmen Sandgegenden mit duftenden weißen Blütentrauben – wichtig für Bienen, aber auch in Teig eingebacken zu genießen. Den Holunder *Sambucus nigra* gibt es überall, aber nur jetzt wird das durch die weißen Blütenteller so deutlich. Im Frühsommer beginnt die Hochzeit der Rosen. Über den weiteren Verlauf entscheidet die Witterung maßgeblich. Rosenblüten können verregnen, während Hitze eher gut toleriert wird.

Wenige Wochen nach dem späten Austrieb erscheinen die duftenden, von Bienen durchsummten Blütenstände der Robinie *Robinia pseudoacacia* (hier am 12. Juni).

Der Schneeflockenstrauch *Chionanthus virginicus* ist ein attraktiver Frühjahrsblüher, stadtklimafest und frosthart. Männliche Pflanzen blühen reicher.

- Aralie *Aralia elata*; kahlfüßiger Strauch bis 4 m Höhe mit aufrechten, dornigen Trieben, die einen Schirm doppelt gefiederter Blätter tragen; darüber die weißen Blütenstände; am besten zwischen Stauden oder in einer Teppichpflanzung
- Wechselblättriger Sommerflieder *Buddleja alternifolia*; starkwüchsiger, breit überhängender Strauch bis 3 m Höhe; zahlreiche, stark duftende lila Blüten sind Anziehungspunkt für Schmetterlinge; Rückschnitt schwierig, deshalb genügend Platz einplanen
- Esskastanie *Castanea sativa*; Großbaum; Blüten weiß in dünnen Ähren, Geruch intensiv; wärmeliebend, trockenfest, aber nicht auf Kalkböden
- Schneeflockenstrauch *Chionanthus virginicus*; kahlfüßig-aufrechter Strauch bis 3 m Höhe; die weißen Blütenstände sind bei männlichen Sträuchern größer als bei weiblichen; spät austreibend; keine Kalkböden

- Gelbholz *Cladrastis lutea*; oft mehrstämmiger Baum bis 10 m Höhe; hängende Blütentrauben ähnlich Goldregen, aber weiß; wärmebedürftig, trockenfest
- Italienische Waldrebe *Clematis viticella*; Kletterstrauch bis 4 m Höhe mit Blattstielranken; blüht sommerlang in vielen Sorten: weiß, magenta/lila, „weinrot", „purpurrosa", „purpurblau"; tiefer Rückschnitt im Spätherbst stärkt die verbleibenden Knospen und den Austrieb im Frühjahr; beste Partner für Kletterrosen
- Jackman's Waldrebe *Clematis × jackmanii*; Kletterstrauch bis 3 m Höhe; violett, großblumig und gesund; lange Blütezeit
- Blumenhartriegel *Cornus kousa* var. *chinensis* in Sorten; Großstrauch mit ausgebreiteten Seitenästen bis 5 m Höhe; kleine Blütenköpfe sind von großen, zugespitzten Hochblättern umschlossen, bei Sorten rosa, pink oder weiß gefärbt, bei 'Venus' bis zu 13 cm breit; kalkarme, humose Böden
- Perückenstrauch *Cotinus coggygria*; rundlich-buschiger Strauch bis 5 m Höhe; „wolkige" Blüten-/Fruchtstände mit langer Wirkungszeit; rotblättrige Sorten mit roten Blüten, 'Golden Spirit' mit gelbgrünen Blättern; trockenfest
- Deutzien *Deutzia scabra (D. crenata)* in Sorten; meist hohe, straff aufragende Sträucher; weiß, rosa
- Blumen-Esche *Fraxinus ornus*; Kleinbaum bis 10 m Höhe; Blüten weiß; rundliche Krone, auch Säulen-/und Kugelformen; hitze- und trockenfest
- Schaumspiere *Holodiscus discolor*; Strauch mit bogig überneigenden Trieben bis 3 m Höhe, der Platz benötigt; von zahlreichen Blüten weiß „überschäumend"; kann auf Kalk- und zu trockenen Böden nicht überzeugen
- Lorbeerrose *Kalmia angustifolia*; buschiger, immergrüner Strauch bis 1,5 m Höhe mit rhododendronähnlichen Blütenständen; magenta/„blaurosa"; kalkmeidend
- Kolkwitzie *Kolkwitzia amabilis*; Strauch bis 3 m Höhe; völlig von rosaweißen Blüten überdeckt; hitze- und trockenfest
- Liguster *Ligustrum vulgare;* ohne Schnitt ein 4 m hoch und breit wachsender Strauch; weiße Blütenstände; wichtiges Landschaftsgehölz für trockene und heiße Lagen
- Tulpenbaum *Liriodendron tulipifera;* Großbaum bis 25 m Höhe mit zylindrischer Krone; die reizvollen, tulpenähnlichen, gelbgrünen Blüten können nur aus der Nähe entdeckt werden
- Gurken-Magnolie *Magnolia acuminata*; hochkroniger Baum bis 25 m Höhe, Blüten gelbgrün
- Siebold's Magnolie *Magnolia sieboldii*; kahlfüßiger Großstrauch bis 5 m Höhe; Blüten weiß mit kontrastreich roten Staubgefäßen; spätfrostgeschützte Pflanzplätze, nicht trocken
- Mispe *Mespilus germanica*; Großstrauch und Kleinbaum bis 8 m Höhe; Blüten weiß, kontrastreich zu den dunkelgrünen Blättern
- Pfeifenstrauch *Philadephus coronarius* in Sorten; basisgefördert straff aufrecht, später auseinanderfallend; Blüten weiß, stark duftend: „Falscher Jasmin". Der Stern-Pfeifenstrauch *P. falconeri* fällt durch duftende Blüten mit schlanken, sternförmig angeordneten Kronblättern auf

- Fingerstrauch *Potentilla fruticosa*; je nach Sorte aufrechter Kleinstrauch bis 1 m Höhe oder kissenförmig bodendeckend, bis in den Herbst in Farbsorten blühend: gelb, weiß, orange
- Kleeulme *Ptelea trifoliata*; Großstrauch oder mehrstämmiger Kleinbaum mit Schirmkrone bis 8 m Höhe; Blüten- und Fruchtstände gelbgrün; anpassungsfähig
- Schwarzer Holunder *Sambucus nigra*; Großstrauch oder kleiner Baum bis 7 m Höhe; nicht in der Formschnitthecke, aber als Einzelgehölz sehr ansprechend; Sorten mit verschieden rot gefärbten Blättern und Blütenständen wie 'Black Lace', Sorten aus dem Obstanbau mit wesentlich größeren Blüten-/Fruchtständen wie 'Sampo'; kräftiger Rückschnitt – aber nicht bis zum Boden – ist regelmäßig möglich
- Nippon-Spierstrauch *Spiraea nipponica*; Strauch bis 3 m Höhe mit schräg aufstrebenden Trieben; die späteste der weiß blühenden Frühjahrsarten
- Bogen-Flieder *Syringa reflexa;* Großstrauch bis 4 m Höhe, der – straff aufrecht wachsend – mit bogig nickenden, magenta/„karminrosa" Blütenständen in den Raum greift; schönes Solitärgehölz in Pflanzenteppichen
- Weigelie *Weigela* in Sorten; ausgesprochener Blütenstrauch, unentbehrlich in freien Hecken, je nach Sorte zwischen 1 m und 3 m hoch; außerhalb der Blühzeit sehr schlicht auftretend; Blühfarben Rot, Rosa, Magenta/„Blaurot", Weiß; gelb blüht die Gelbe Weigelie *W. middendorfiana* (*Macrodiervilla m.*); blühen auch formgeschnitten

5.2.5 Hochsommer

Die Sommer-Linde blüht.

Die Sommer-Linde *Tilia platyphyllos* blüht zwei Wochen vor der Winter-Linde *T. cordata*, die durch kleinere, unterseits blaugrüne Blätter mit rostbraunen „Achselbärten" in den Nervenwinkeln gekennzeichnet ist. Der Hochsommer wartet mit einigen imposanten Blütenbäumen auf. Der Duft der Lindenblüten ist an heißen Sommertagen besonders präsent, ebenso das Summen unzähliger Bienen in den Baumkronen über uns. Die gelben, über den schirmförmigen Kronen scheinbar schwebenden Blütenstände des Blasenbaums *Koelreuteria* können ebenso wie die orangeroten oder gelben Blüten des Trompetenstrauchs *Campsis* ein tropisches Flair vermitteln. Das gilt auch für die Seidenakazie *Albizia*, die in geschützten und warmen Lagen einen Versuch wert ist. Die Rosen blühen noch.

- Abelie *Abelia × grandiflora*; wintergrüner Strauch bis 1,5 m Höhe; blüht weiß bis zum Herbst; nicht überall frosthart: Boden abdecken, um die Wurzeln zu schützen; kalkmeidend
- Seidenakazie *Albizia julibrissin*; Kleinbaum bis 7 m Höhe mit Schirmkrone und feingliedrigen Blättern; pinselförmige Blüten rosa und weiß; wärme- und lichtbedürftig; durchlässige Böden; frostharte Sorten pflanzen, zum Beispiel 'Ernest Wilson', 'Clemensis'; spät treibend

Während ringsum schon alles grün ist, steht der Trompetenbaum *Catalpa bignonioides* noch kahl und abwartend da, um im Hochsommer durch exotisch anmutende Blüten zu beeindrucken. Die breite Krone kann einen Sitzplatz beschirmen, benötigt aber Platz.

- Sommerflieder *Buddleja davidii* in vielen Sorten; ungeschnitten ein eher sparriger Strauch bis 3 m Höhe, einige Sorten nur bis 1,5 m Höhe; blüht in langen Rispen am Ende der bogig überneigenden Jahrestriebe blau, weiß, magenta/„hellblaurosa", „tiefviolett" u. ä.; wird von Faltern beflogen; für einen ansprechenden Aufbau regelmäßig vor dem Austrieb überalterte Triebe ganz herausnehmen und die vorjährigen Triebe auf eine Handbreit über den älteren zurückschneiden
- Klettertrompete *Campsis* in Sorten; mit Haftwurzeln kletternder Strauch bis 8 m Höhe; langröhrige Trichterblüten orange, rot oder gelb bis zum Herbst
- Trompetenbaum *Catalpa bignonioides*; schnellwüchsiger Baum mit Schirmkrone; bis zu 15 m hoch und breit; Blüten groß, glockenförmig, weiß mit gelber, nach der Bestäubung roter Zeichnung; Solitär- und Schattenbaum für große Räume, der auch durch große Blätter auffällt; spät austreibend
- Säckelblume *Ceanothus × delilianus* 'Gloire de Versailles'; locker-sparriger Strauch bis 1,5 m Höhe; helles Blau bis Herbst; geschützte, sonnige Plätze; kann zurückfrieren, treibt aber gewöhnlich gut wieder aus; ein Auslichtungs- und Rückschnitt im Nachwinter sorgt für kräftige Neutriebe mit zahlreichen Blütenständen am Ende

- Losbaum *Clerodendrum trichotomum* var. *fargesii*; Strauch oder kurzstämmiger Baum bis 5 m Höhe; die weißen, bis zum Herbst erscheinenden Blüten und dunkelblauen Früchte stehen kontrastreich über den weinroten Kelchblättern; wärmebedürftig, nach Frostschäden wieder gut aus der Basis treibend; im Herbst den Wurzelbereich abdecken, um die Wurzeln vor eindringendem Frost zu schützen
- Bienenbaum *Tetradium danielli* (*Euodia hupehensisis*); Baum bis 15 m Höhe; die weißlichen Blüten werden auffällig stark von Bienen besucht; hitze- und trockenfest
- Eibisch *Hibiscus syriacus* in Farbsorten; kahlfüßig aufrecht wachsender Strauch bis 3 m Höhe; die malvenähnlichen Blüten erscheinen bis zum Herbst; breites Farbspektrum: rot, rosa, blau, weiß, magenta/„blaurot", „pastellviolett" u. ä.; wärmebedürftig
- Wald-Hortensie *Hydrangea arborescens* 'Grandiflora'; Strauch bis 1,5 m Höhe; kugelig weiße Blütenstände, die auch trocken noch Schmuckwert haben; am besten auf kalkarmen Böden, auch schattig; die übergroßen und schweren Blütenkugeln der Sorte 'Annabell' knicken bei Regen oft ab
- Rispen-Hortensie *Hydrangea paniculata* in vielen Sorten; Strauch, Wuchshöhe ohne Rückschnitt je nach Sorte 2 m bis 4 m; Blütenstände am Ende der Jahrestriebe weiß, rot, rosa, gelbgrün; kräftiger Rückschnitt im Nachwinter fördert Austrieb und Blütenentwicklung.
- Johanniskraut *Hypericum* 'Hidcote'; Kleinstrauch bis 1 m Höhe; gelber Dauerblüher bis zum Herbst
- Blasenbaum *Koelreuteria paniculata*; Kleinbaum mit schirmförmiger Krone bis 10 m Höhe; gelbe Blütenstände, hitze- und trockenfest
- Japanischer Spierstrauch *Spiraea japonica*; Kleinstrauch bis 1 m Höhe; blüht endständig in flachen Schirmen rosa, weiß, 'Shirobana' rosa und weiß in einem Blütenstand
- Sommer-Tamariske *Tamarix ramosissima*; Strauch bis 3 m Höhe mit graziler Bezweigung; rosa Blütenstände am Ende der diesjährigen Triebe; trocken- und hitzefest
- Sommer-Linde *Tilia platyphyllos*; großer Baum; die gelben Blütenstände duften und werden stark von Bienen beflogen; zwei Wochen später blüht die Winter-Linde *T. cordata*, anschließend die Silber-Linde *T. tomentosa*; alle lassen sich durch Schnitt kleiner halten; *T. cordata* 'Green Globe' ist eine ganz kompakte Kugelform für kleine Gärten und am besten paarweise mit einer Bank oder Skulptur dazwischen zu pflanzen.

5.2.6 Spätsommer

Frühe Äpfel und Eberesche reifen.

Es blühen immer noch: Rosen, Fingerstrauch *Potentilla fruticosa*, Abelie *Abelia × granddiflora*, Klettertrompete *Campsis*, Säckelblume *Ceanothus*, Losbaum *Clerodendrum*, Eibisch *Hibiscus* und Johanniskraut *Hypericum* 'Hidcote'. Das Blattgrün wird dunkler. Die Zahl der Tracht pflanzen schrumpft deutlich, weshalb die jetz noch blühenden Bienengehölze umso wichtige sind.

Der erst 1986 in den Handel gebrachte Sieben-Söhne-des-Himmels-Strauch *Heptacodium miconioides* ist eine wertvolle Bereicherung auch für kleine Gärten. Die ungewöhnlich spät im Früh- und Spätherbst erscheinenden Blüten sind ein Bienenmagnet.

- Heidekraut *Calluna vulgaris* in Sorten; immergrüner Zwergstrauch bis 0,5 m Höhe; Farbsorten: weiß, rot, rosa, magenta/„violettrot", „rosaviolett" u. ä.; einige sind „Knospenblüher", die bis in den Winter hinein Farbe zeigen, weil ihre Knospen geschlossen bleiben; in Heidegärten auf sauren Böden als Flächendecker unverzichtbar; in Abständen kräftiger Rückschnitt vor dem Austrieb
- Bartblume *Caryopteris × clandonensis*; Kleinstrauch bis 1 m Höhe; Sorten blühen hell- bis tief dunkelblau; Bienen- und Hummelmagnet; wärmebedürftig, hitze- und trockenfest.
- Sieben-Söhne-des-Himmels-Strauch *Heptacodium miconioides*; kahlfüßig aufragender Großstrauch; Blüten weiß bis Herbst; Bienenmagnet
- Japanischer Schnurbaum *Styphnolobium japonicum (Sophora japonica)*; Mittelbaum bis 25 m Höhe, im Freistand ggf. breiter als hoch; Blüten gelblichweiß, stark von Bienen beflogen; hitze- und trockenfest
- Henry's Linde *Tilia henryana*; langsamwüchsiger, kaum mehr als 15 m hoch wachsender Baum; Blüten gelb, sehr reichlich, stark duftend, wertvolle späte Bienentracht; hitze- und trockenfest

5.2.7 Frühherbst

Schwarzer Holunder und Kornelkirsche reifen.
Es blühen immer noch: Rosen, Bartblume *Caryopteris*, Sieben-Söhne-des-Himmels-Strauch *Heptacodium*, Fingerstrauch *Potentilla fruticosa*, Abelie *Abelia* × *granddiflora*, Trompetenstrauch *Campsis*, Säckelblume *Ceanothus*, Losbaum *Cle rodendrum*, Eibisch *Hibiscus* und Johanniskrau *Hypericum* 'Hidcote'.

Efeu *Hedera helix* ist ein wichtiges Gehölz für die späte Bienentracht (hier am 13. Oktober); darüber hinaus Vogelnahrung und ganzjähriger Unterschlupf für Vögel und Insekten.

- Strauch-Efeu *Hedera helix* 'Arborescens'; immergrüner, rundlicher Strauch; ohne Rückschnitt bis 2 m Höhe; nicht kletternde, blühende Form mit ungelappten Blättern; Blüten grünlichgelb, stark von Insekten besucht; auf nährkräftigen Böden hitze- und trockenfest; bevorzugt im lichten Schatten auch für niedrige Hecken

- Buschklee *Lespedeza thunbergii*; Strauch bis 1 m Höhe mit bogig überneigenden, den Boden berührenden Trieben; magenta/„purpurrosa“, Bienenmagnet; hitze- und trockenfest, wärmebedürftig, gelegentlich zurückfrierend
- Stachelblättrige Duftblüte *Osmanthus heterophyllus*; immergrüner Strauch bis 4 m Höhe; Blüten weiß, duftend; wärmebedürftig, im lichten Schatten auf humosen, kalkarmen Böden
- Mönchspfeffer *Vitex agnus-castus*; Strauch bis 2 m Höhe, die Blütenstände am Ende der bogig überneigenden Triebe, blau, stark von Bienen besucht; Rückschnitt vor Austrieb, um kräftige und reich blühende Triebe zu erhalten; Bodenabdeckung im Winter, um die Wurzeln vor Frost zu schützen; wärmebedürftig, hitze- und trockenfest

Praxistipp

Frühfärber

Diese Gehölze präsentieren sich bereits ab September in Herbstfärbung:

Der Feuer-Ahorn *Acer tataricum* subsp. *ginnala* verdankt seinen Namen der leuchtend roten Herbstfärbung. Am schönsten als mehrstämmiger Solitär, kann der kahlfüßige Großstrauch vielseitig, insbesondere auch in Staudenpflanzungen, verwendet werden.

Die Herbstfärbung hat der Gold-Birke *Betula ermanii* zu ihrem Namen verholfen.

Der Geweihbaum *Gymnocladus dioicus* entledigt sich jetzt seiner großen, doppelt gefiederten Blätter, beeindruckt aber durch die dicken Äste auch weiterhin (Herbstfärbung gelb).

Farbexplosionen durch herbstliche Frühfärber: Geflügelter Spindelstrauch *Euonymus alatus* (links) und Wilder Wein *Parthenocissus quinquefolia* (rechts)

Der Geflügelte Spindelstrauch *Euonymus alatus* steht wegen seiner seitlich auskragenden Zweige am besten frei. Bei vollsonnigem Stand leuchtend karminrot, neigt sich die Herbstfärbung im Halbschatten nach magenta/lila und rosa. Die mit auffälligen Korkleisten besetzten Zweige sind auch im Winter interessant.

Orangerot färben sich die Sachalin-Kirsche *Prunus sargentii* und der Wilde Wein *Parthenocissus quinquefolia*. Weil sie zu dieser Zeit schon blattlos sind, kommen effektvolle Nachbarschaften mit den überwiegend im Herbst und Spätherbst färbenden Gehölzen nicht zustande. Zeitgleich blühende Gehölze und blau oder violett blühende Herbststauden sind besonders geeignete und wirkungssteigernde Partner zu gelben und roten Blattfarben. Beispiele sind blaue Gräser, Herbstastern und der Herbst-Eisenhut *Aconitum carmichaelii* 'Arendsii' sowie gelbe Pfeifengräser *Molinia*.

5.2.8 Vollherbst

Fruchtreife Stiel-Eiche und Fruchtfall bei Rosskastanie.
Es blühen immer noch: Bartblume *Caryopteris*, Strauch-Efeu *Hedera helix* 'Arborescens', Sieben-Söhne-des-Himmels-Strauch *Heptacodium*, Stachelblättrige Duftblüte *Osmanthus heterophyllus*, Fingerstrauch *Potentilla fruticosa*, Abelie *Abelia × granddiflora*, Trompetenstrauch *Campsis*, Säckelblume *Ceanothus*, Losbaum *Clerodendrum*, Eibisch *Hibiscus* und Johanniskraut *Hypericum* 'Hidcote'.

Die Bezeichnung „Flammen-Ahorn" für *Acer × freemanii* 'Autumn Blaze' wird angesichts seiner spektakulären Herbstfärbung deutlich.

Das Persische Eisenholz *Parrotia persica* wird gern wegen seiner Herbstfärbung gepflanzt. Für kleine Gärten ist die schmalkronige Sorte 'Vanessa' besser geeignet.

Spät im Jahr blüht die Virginische Zaubernuss *Hamamelis virginiana* an breit aufstrebenden Ästen, die bis 5 m Höhe erreichen. Die gelben Blüten fallen zwischen den gelben Herbstblättern wenig auf, deshalb in Wegnähe pflanzen. Diese Zaubernuss toleriert Schatten und ist auch zur Unterpflanzung von Bäumen im Waldstaudengarten geeignet.

Herbstblätter nach Farben

Die erfolgreiche, mindestens risikoarme Verwendung dieser Gehölze und ihrer Herbstfärbung setzt nicht nur die genaue Kenntnis ihrer Standortansprüche voraus (Informationen auf den Webseiten der Baumschulen). Ebenso wichtig ist es, mit den Boden- und klimatischen Verhältnissen des künftigen Pflanzplatzes vertraut zu sein. Die „Frühfärber" (→ Praxistipp) sind hier nicht enthalten, weil sie jetzt schon keine Blätter mehr haben.

Gelb

- Kolchischer Ahorn *Acer cappadocicum*
- Eschen-Ahorn *Acer negundo*
- Spitz-Ahorn *Acer platanoides*
- Rosskastanie *Aesculus hippocastanum*
- Strahlengriffel *Actinidia arguta* (Kletterstrauch)
- Birken *Betula*, alle
- Hainbuche *Carpinus betulus*
- Hickory *Carya*
- Trompetenbaum *Catalpa bignonioides*
- Baumwürger *Celastrus orbiculatus* (Kletterstrauch)
- Gelbholz *Cladrastis lutea*
- Blauschotenstrauch *Decaisnea fargesi*
- Rot-Esche *Fraxinus pennsylvanica*
- Ginkgo *Ginkgo biloba*
- Gleditschie *Gleditsia triacanthos*
- Virginische Zaubernuss *Hamamelis virginiana*
- Lärchen *Larix*
- Tulpenbaum *Liriodendron tulipifera*
- Pappeln *Populus*
- Kleeulme *Ptelea trifoliata*
- Flügelnuss *Pterocarya fraxinifolia*
- Armenische Eiche *Quercus pontica* (gelbbraun)
- Linden *Tilia*

Rot

- Fächer-Ahorn *Acer palmatum*
- Flammen-Ahorn *Acer × freemanii* 'AutumnBlaze'
- Roter Hartriegel *Cornus sanguinea*
- Zwergmispeln *Cotoneaster* (sommergrüne Arten)
- „Wilder Wein" *Parthenocissus tricuspidata, P. quinquefolia* – Jungfernrebe (Kletttersträucher)
- Vogel-Kirsche *Prunus avium*
- Scharlach-Eiche *Quercus coccinea* (nicht auf Kalkböden)

Orange

- Zimt-Ahorn *Acer griseum*
- Blut-Ahorn *Acer platanoides* 'Schwedleri'
- Felsenbirne *Amelanchier lamarckii*
- Thunberg's Berberitze *Berberis thunbergii*
- Perückenstrauch *Cotinus coggygria*
- Pflaumendorn *Crataegus × persimilis (C. × prunifolia)*
- Pfaffenhütchen *Euonymus planipes*

- Zaubernüsse *Hamamelis × intermedia* (nicht *H. virginiana*)
- Eichenblättrige Hortensie *Hydrangea quercifolia*
- Blasenbaum *Koelreuteria paniculata*
- Amberbaum *Liquidambar styraciflua*
- Woll-Apfel *Malus tschonoskii*
- Tupelobaum *Nyssa sylvatica*
- Eisenholz *Parrotia persica*
- Sachalin-Kirsche *Prunus sargentii*
- Pontische Azalee *Rhododendron luteum*
- Essigbaum *Rhus typhina, R. aromatica*
- Sassafras *Sassafras albidum*
- Eberesche *Sorbus aucuparia*

Sonderfarben

- Blumen-Hartriegel *Cornus florida:* „scharlachrot“ und „violett“ (magenta), ähnlich dem Japanischen Schneeball *Viburnum plicatum*
- Schmalblättrige Esche *Fraxinus angustifolia* 'Raywood': „violett“ (magenta, ähnlich wie Aubergine)
- „Chinesische Holzkohle“ *Euonymus bungeanus* 'Darts Pride': bleiches Rosa

Schmalblättrige Esche *Fraxinus angustifolia* 'Raywood': Die Herbstfärbung der feingliedrigen Blätter erinnert an Auberginen.

Die Herbstfärbung dieses Pfaffenhütchens *Euonymus bungeanus* 'Dart's Pride' zwischen bleichem Gelb und Rot wirkt artifiziell.

Praxistipp

Hagebuttenrosen

Hagebutten – gewöhnlich rot, bei der Bibernell-Rose *Rosa spinosissima* schwarz – stehen nicht im Mittelpunkt der Rosenverwendung. Aber es gibt einige Rosen, die sehr attraktive Hagebutten entwickeln, zu denen sowohl blaue Herbstastern als auch gelb herbstfärbende Gehölze und Staudengräser (wie das Pfeifengras *Molinia*) hervorragend passen.

- Blut-Rose *Rosa moyesii* 'Geranium'; bis zu 2 m hoch; Hagebutten rot, auffällig und ähnlich Fuchsienblüten herabhängend
- Vielblütige Rose *Rosa multiflora*; bis zu 3 m hoch; Hagebutten rot, klein, aber sehr zahlreich
- Gebirgs-Rose *Rosa pendulina* 'Bourgogne'; bis zu 1,5 m hoch, Zweige elegant bogig überneigend; Hagebutten orangerot, groß, wie poliert, bis Winterbeginn haftend
- Kartoffel-Rose *Rosa rugosa* in Sorten; bis zu 2 m hoch, 'Red Rugostar' bis zu 1 m hoch; Hagebutten orangerot, breitbauchig
- Sweginzow-Rose *Rosa sweginzowii* 'Macrocarpa'; Großstrauch bis zu 5 m hoch; Hagebutten der Sorte größer als bei der Ausgangsart

Auch einige der attraktiv blühenden Strauchrosen (Parkrosen) haben ansehnliche Hagebutten, die in den Sortenbeschreibungen der Baumschulen zu finden sind. Dazu gehören 'Scharlachglut', 'Northern Lights', 'Pretty Snow' und andere.

Die Ästhetik der Hagebutten einiger Strauchrosen (hier 'Bourgogne') bleibt meist unbeachtet. Nachbarschaften mit herbstblühenden Stauden können sehr attraktiv sein.

5.2.9 Spätherbst

Blattverfärbung der Stiel-Eiche und Blattfall bei Eberesche.

Die Blätter der Stiel-Eiche *Quercus robur* sind kurzgestielt, eher unsymmetrisch gelappt und etwas bauchig. Ihre Früchte sitzen an langen Stielen (umgekehrt bei der Trauben-Eiche *Q. petraea*). Je nach Witterung und Gehölzart, kann die Herbstfärbung noch andauern und es gibt noch mehr attraktive, meist rote oder gelbe Früchte. Hinzu kommt der Fruchtschmuck, zumeist gelb oder rot (Zieräpfel *Malus*, Zwergmispeln *Cotoneaster*, sommergrüne Berberitzen *Berberis*, Schneebälle *Viburnum*, Schneebeeren *Symphoricarpos*, Weißdorn *Crataegus*, Feuerdorn, *Pyracantha* Ebereschen *Sorbus*, Holunder *Sambucus* u. a.). Die Schönfrucht *Callicarpa* wirkt durch magentafarbene (rotviolette) Früchte apart. Ein wirkungssteigerndes Zusammenspiel erhält, wer *Callicarpa* mit zeitgleich blauviolett blühenden Lilientrauben *Liriope muscari* 'Royal Purple' oder 'Ingwersen' unterpflanzt.

Gärten mit ausschließlich laubwerfenden sommergrünen Gehölzen wirken während langer Wintermonate trostlos. Deshalb ist es nützlich, einige immergrüne Gehölze einzubauen, die unter höheren Bäumen auch mit Schattendruck und Trockenstress zurechtkommen: Eibe *Taxus baccata* (sehr dunkles Grün; 'Repandens' flach ausgebreitet), Stechpalme *Ilex aquifolium* in Sorten, Buchsbaum *Buxus sempervirens*, Lorbeerkirsche *Prunus laurocerasus* in Sorten.

Zudem stellen farbige Wintertriebe eine wesentliche Bereicherung des winterkahlen Gartens dar.

Hartriegel *Cornus alba* 'Kesselringii' (fast schwarz), Gelbgrüner Hartriegel *C. sericea* hort. 'Flaviramea' (gelb), *C. alba* 'Sibirica' (rot), Roter Hartriegel *C. sanguinea* 'Winter Beauty' (orangerot), Dotter-Weide *Salix alba* 'Vitellina' (gelb), Mennige-Weide *Salix alba* 'Britzensis'

Viele Ebereschen (hier *Sorbus commixta*) und Mehlbeeren bereichern mit roten, orangen, gelben oder weißen Früchten den Spätherbst.

Die zu kleinen Bäumen heranwachsende, hitzefeste, trocken- und schattentolerante Ausgangsart des Buchsbaums *Buxus sempervirens* steuert zwischen und unter winterkahlen Gehölzen tröstliches Grün bei.

Hier belegen Hartriegel *Cornus alba* 'Sibirica', dahinter *C. sericea* 'Flaviramea' und formgeschnittene Krim-Linden *Tilia × euchlora* (Park Villa Bergfried, Saalfeld, D), wie leuchtkräftig farbige Wintertriebe sein können.

(orange), Amerikanische Reif-Weide *Salix irrorata* (kalkweiß) können „auf den Stock gesetzt", also bodennah abgeschnitten werden (→S. 54), damit sie anschließend noch farbintensiver wieder austreiben und nicht zu hoch wachsen.

Einige Gehölze fallen durch interessante Stammfärbungen und -muster auf und sollten deshalb in Wegnähe gepflanzt werden: Zimt-Ahorn *Acer griseum* (rot-/zimtbraun, glanzlos), Amur-Traubenkirsche *Prunus maackii* (ockerbraun, glänzend), Schlangenhaut-Ahorne *Acer davidii*, *A. pensylvanicum*, *A. rufinerve* (Stämme grün, weißstreifig), Scheinkamellie *Stewartia monadelpha* (hellbraun, glatt; weiße Blüte kamellienähnlich; wärmebedürftig), Wald-Kiefer *Pinus sylvestris* 'Watereri' (gedrungen wachsende Zwergform, Stämme fuchsrot), Himalaja-Birke *Betula utilis* var. *jaquemontii* (weiß), Schwarz-Birke *B. nigra* (schwarz), Sonnenschirmbaum *Firmiana simplex* (grün, wärmeliebend aber frosthart), Sieben-Söhne-des-Himmels-Strauch *Heptacodium* (hellgrau, in Streifen ablösend), China-Hortensie *Hydrangea heteromalla* 'Bretschneideri' (braun, in Streifen ablösend).

5.2.10 Winter

Die Blätter der Stiel-Eiche fallen.
Winterkahle, offenliegende Kronenstrukturen alter Laubbäume und Lärchen können beeindrucken. Die im Spätherbst zutage getretenen farbigen Triebe und Stämme wirken weiter. Im Winter, insbesondere an wärmeren Tagen und durch Frostperioden unterbrochen, blühen:

Die gelben Blüten winterblühender Zaubernüsse *Hamamelis × intermedia* sind weithin sichtbar. Rotblühende Sorten – etwa 'Feuerzauber' – brauchen einen hellen Hintergrund.

Diese Mahonie *Mahonia × media* 'Wintersun' ist auch im Sommer dank ihres ornamentalen Blattwerks attraktiv und sehr gut in Gemeinschaft mit Stauden zu verwenden.

- Zaubernuss *Hamamelis mollis, H. japonica, H. × intermedia* in Sorten; gelb oder rot (die Fernwirkung der roten Blüten ist gering, besser vor weißer Wand)
- Seidelbast *Daphne mezereum*; rot oder weiß ('Album') im Nachwinter; insbesondere die Beeren sind starkgiftig
- Winterblüte *Chimonanthus praecox*; gelb
- Winter-Jasmin *Jasminum nudiflorum*; Strauch mit grünen, die meist blattlosen Ruten liegen auf dem Boden auf oder sind am Spalier bis zu 4 m Höhe zu ziehen; Blüten gelb
- Duft-Heckenkirsche *Lonicera × purpusii*; Strauch bis 2 m Höhe, breitbuschig; Blüten rahmweiß bis gelblich, duftend; schön mit Orientalischer Nieswurz *Helleborus orientalis* in Magenta-Tönen
- Mahonie *Mahonia × media* 'Winter Sun'; Strauch bis 2 m Höhe mit dekorativen, immergrünen Fiederblättern; gelbe Blütentrauben bis zu 30 cm lang, aufrecht, duftend, schön in Halbschattenpflanzungen mit Gräsern und Farnen
- Zierkirsche *Prunus subhirtella* 'Autumnalis'; feinzweigiger Kleinbaum bis 5 m Höhe; weiß blühend, 'Atumnalis Rosea' rosa blühend
- Bodnant-Schneeball *Viburnum × bodnantense* 'Dawn'; sparriger, breitwüchsiger Strauch bis 3 m Höhe; Blüten rosa, duftend
- Duftender Schneeball *Viburnum farreri*; Strauch bis 2 m Höhe; Blüten weiß, duftend; kahlfüßig, deshalb besser in Staudenpflanzungen zu integrieren als vorige
- Mittelmeer-Schneeball (Lorbeer-Schneeball) *Viburnum tinus*; immergrüner, dichtbuschiger Strauch bis 3 m Höhe, unter optimalen Bedingungen auch mehr; auch starker Rückschnitt wird gut vertragen; Blüten weißlichrosa; frostempfindlich, wärmebedürftig, hitzefest

Praxistipp

Aspekte pflanzen

Der tägliche Sprachgebrauch erfordert es, Ereignisse und Dinge unter einem bestimmten, gern auch anderen Blickwinkel oder „Aspekt“ zu sehen. In der Vegetationskunde beschreibt der Aspekt das Aussehen einer Pflanzengesellschaft in einem bestimmten Zeitabschnitt – etwa einer phänologischen Jahreszeit – und hat insofern eine besondere Bedeutung.

Eindrucksvolle Aspekte werden durch eine große Anzahl dominanter, deckungsstarker Arten (Aspektbildner) geprägt. Beispiel ist die Löwenzahnwiese im April (Erstfrühling). Weil sie unübersehbar sind, sind solche starken Aspekte Vorbild und Gegenstand von gestalteten Aspektpflanzungen. Häufig werden hierfür farbige Aspektbildner eingesetzt. Markante Formen, etwa Säulengehölze, können mehrere Aspekte abdecken. Sich ablösende Aspektbildner sorgen für Aspektfolgen: An gleicher Stelle verwandelt sich die gelbe Löwenzahnwiese Wochen später in ein Meer weißer Pusteblumen (Frühlingsaspekt).

Dagegen wandern die Aspekte im traditionellen Japanischen Garten. Beginnend mit der Kirschblüte, folgen an jeweils anderer Stelle Rhododendren sowie Magnolien. Abschließend werden die orange Herbstfarben der Fächer-Ahorne *Acer palmatum* zu Besuchermagneten.

Eine gelungene Aspektpflanzung, in der das Weiß weniger Aspektbildner dominiert (Weißbunter Hartriegel *Cornus controversa* 'Variegata', Hortensien *Hydrangea paniculata*, Anemonen *Anemone × hybrida* 'Honorine Jobert'; Garden Living, Topotek Berlin, D).

Praxistipp

Ereignisbäume

Überall dort, wo vielfarbige und über alle Jahreszeiten reichende Massenpflanzungen nicht möglich sind, ist häufig noch Platz für wenigstens ein einziges Gehölz. An dem hängt nun alles. Deshalb sollte dieses Gehölz – ob Baum oder Strauch – möglichst zahlreiche, wechselnde Ereignisse aufweisen, eben ein „Ereignisbaum" sein. Davon hat eine Eibe wenig, eine Eberesche viel: Auf das früh treibende Grün folgen weiße Blüten, schon ab Juli leuchten die roten Beeren bis in den Winter hinein, zwischenzeitlich um die prächtig orange Herbstfärbung bereichert. Auch die Rosskastanie wechselt ihr Aussehen zwischen dekorativem Austrieb, exotischem Blühen und gelber Herbstfärbung deutlich. Selbst die winterliche Kronenstruktur wirkt ansprechend. Felsenbirnen *Amelanchier*, Zieräpfel *Malus*, Zierkirschen *Prunus subhirtella* u. a. und die Pontischen Azaleen *Rhododendron luteum* mit leuchtend gelben Blüten und ähnlich intensiver oranger Herbstfärbung empfehlen sich hier mit überraschendem Potential im Wechsel der Jahreszeiten.

Blattenfaltung, Blüte, Herbstfärbung und Fruchtfall der Rosskastanie *Aesculus hippocastanum* sind auffällige jahreszeitliche Veränderungen, die sie als typischen Ereignisbaum kennzeichnen.

6 Pflanzplätze mit Zukunftsgarantie

„Das Äußere einer Pflanze ist nur die Hälfte ihrer Wirklichkeit."

J. W. von Goethe

Jede Pflanzenart hat Standortansprüche, die recht komplex sind. Es gilt, sie zu kennen und zu erfüllen. Schließlich sind Pflanzen lebenslang dem vorgefundenen Wuchsort ausgeliefert. Anders als Tiere können sie nicht ausweichen und nach etwas Besserem suchen. Entweder wir bieten gewünschten Pflanzen all die Bedingungen, die sie zum Leben brauchen, oder wählen Pflanzen nach den gegebenen Wuchsbedingungen aus. Dieser Weg ist gewöhnlich der weniger aufwändige und kann zu ortstypischen und unverwechselbaren Pflanzbildern führen. In jedem Fall ist nur eine standortgerechte Pflanzung langfristig erfolgreich. Vor dem Hintergrund der bisher beobachteten Klimaerwärmung sind die Pflanzen von besonderer Bedeutung, die Hitze- und Trockenperioden gut durchstehen können.

Werden die Standortansprüche eines Gehölzes erfüllt, kann es die art- oder sortentypische, genetisch programmierte Wuchsform ausbilden, die den Bildern im Baumschulkatalog entspricht (Genotyp). Auf Mangelstandorten, unter Konkurrenzdruck oder infolge falscher Pflegemaßnahmen entstehen abweichende Wuchsformen (Phänotypen), die in geplanten Pflanzungen oft enttäuschen. In der Landschaft ist das anders. Hier faszinieren gerade die bizarr

Standortbedingungen formen das Erscheinungsbild, den „Phänotyp" einer Pflanze. Der Unterschied zwischen den Buchen *Fagus sylvatica*, hier rechts im Hallenwald auf optimalem Standort und dem windgeschorenen Buchengebüsch links an der Kliffkante könnte nicht größer sein.

verkrüppelten Gehölze, „Windflüchter" und bis zum Bonsai verbissene Exemplare. Manche Baumschulen halten solche vermeintlich missratenen, nicht den Gütebestimmungen entsprechenden Gehölze vor. Sie können für besondere Gartensituationen genau die richtigen sein.

6.1 Vielfältige Standorteinflüsse

Kein Standortfaktor allein ist der wichtigste. Klima, Licht und Boden wirken zusammen. Das regionale Großklima, gekennzeichnet durch Niederschlagssummen und Temperaturverläufe, ist weniger bedeutsam als das konkrete Standortklima. Vor einer sonnig-warmen Gebäudewand oder im geschützten Hof wird das Großklima umgangen, können wärmebedürftige Seidenakazien *Albizia julibrissin*, Baum-Oleander × *Chitalpa* oder Judasbäume *Cercis* gedeihen, obwohl Großklima und „Frosthärtezonen" dagegensprechen. Städte sind wärmer als das Umland. Deshalb hat auch dort die Selbstsaat des Götterbaums *Ailanthus altissima* begonnen, dessen zunehmende Verbreitung ebenso wie die von Blasenbaum *Koelreuteria* und Nussbaum *Juglans regia* Beleg der Klimaerwärmung ist.

Der Einfluss des Sonnenlichts ist so markant, dass entsprechend zwischen Licht- und Schattenpflanzen unterschieden wird. Jenseits von See, Teich, Ufer und Sumpf kann im vollen Sonnenlicht das Wasser knapp werden. An Trockenstandorten heißt es Wasser einzusparen, zu speichern oder die Verdunstung über die Blätter einzuschränken. Wir sehen reduzierte Blattflächen (klein, gefiedert), reflektierende Blattoberflächen, die Speicherung von Wasser (Baobab: im Stamm). Ein tiefreichendes oder sehr feinverzweigtes Wurzelsystem erschließt letzte Wasserreseren. Schon hier wird der Boden als Wasserspeicher wichtig. Sand- und Kiesböden taugen hierfür weniger. Schwere Lehm- und Tonböden sind die besseren Wasserspeicher, erwärmen sich aber schlechter als leichte Sandböden. Und Winternässe ist schon manchem, vermeintlich erfrorenen Gehölz zum Verhängnis geworden.

Damit der Käufer die richtige Gehölzauswahl treffen kann, werden auf den Etiketten der zum Verkauf stehenden Gehölze die wichtigsten Standortansprüche (Licht, Wasser, Boden, Frosthärte...) ausgewiesen.

- Lichtbedürftige Gehölzarten benötigen den Großteil des Tages volles Sonnenlicht, also entweder wenigstens vom späten Vormittag bis in den späten Nachmittag oder vom frühen Vormittag bis in den frühen Nachmittag.
- Halbschattenarten tolerieren eine halbtägige oder durch höhere Baumkronen diffuse Belichtung, aber nicht mehr. Halblichtarten sind lichtbedürftig, tolerieren aber eine leichte Schattierung. In der Praxis wird darin gewöhnlich nicht unterschieden, weil es für die gezielte Verwendung im Halbschatten keine Rolle spielt, solange sich die Lichtverhältnisse nicht ändern.
- Wird ein höhere Nachbarbaum entnommen und das Lichtangebot größer, haben Halblichtpflanzen kein Problem, die Halbschattenpflanzen schon.

Schattenwirkungen sind nur am konkreten Standort genauer zu beurteilen. Baumschatten ist mit Wurzelkonkurrenz verbunden, insbesondere durch flach (Birke *Betula*) oder sehr dicht verlaufende Wurzeln (Feld-Ahorn *Acer campestre*). Lichtbäume verschatten aufgrund lockerer Kronen mit meist auch kleineren oder gefiederten Blättern nur mäßig. Hierzu gehören Eichen *Quercus*, Lärchen *Larix*, Kiefern *Pinus*. Ihre Wurzeln gehen eher in die Tiefe, so dass Unterpflanzungen meist gut möglich sind. Anders ist es unter Schattenbäumen mit dichtem Kronendach, etwa Buche *Fagus sylvatica*, Sommer-Linde und Rosskastanie *Aesculus hippocastanum*.

6.2 Wann ist ein Boden „sauer"?

Der Säuregrad eines Bodens ist an die Konzentration von Wasserstoff-Ionen geknüpft und wird als pH-Wert gemessen. Ein pH-Wert um 7 steht für einen neutralen, unter pH 7 für einen sauren, über pH 7 für einen alkalischen Boden. Ein deutlich vom Neutralpunkt abweichender pH-Wert führt häufig dazu, dass einige Nährstoffe festgelegt und von der Pflanze nicht mehr aufgenommen werden können. Kümmerwuchs oder gelbe Blätter sind typische Mangelsymptome. Für das Pflanzenwachstum ist die Verfügbarkeit von Stickstoff wesentlich. In sauren Böden chemisch gebunden, kann dieser wichtige Pflanzennährstoff gewöhnlich nur von solchen Gehölzen aufgenommen werden, die der Familie der Heidegewächse (*Ericaceae*) angehören. Bekannteste Vertreter sind die Rhododendren. Als „kalktolerant" beschriebene Sorten gedeihen bei einem pH-Wert von 4,5 bis 6,5 gut. Ob ein Boden sauer oder alkalisch ist, hängt von den Bedingungen der Bodenbildung ab. Hier sind die Ausgangsgesteine maßgebend. Granite, Porphyre und Sandsteine verwittern zu sauren Böden, während aus Kalkgesteinen, Basalt oder Gips Kalkböden entstehen.

Sandböden sind gewöhnlich trocken, nährstoffarm und sauer. Mit diesen Extremstandorten kommen solche Gehölze gut zurecht, die den im Boden fehlenden Stickstoff aus anderen Quellen beziehen. Mit Hilfe von Mikroorganismen sind sie in der Lage, Stickstoff aus der Luft zu binden. Dazu gehören unter anderem Robinien *Robinia pseudoacacia*, Ölweiden *Elaeagnus* und Sanddorn *Hippophae*. Die Schwarz-Erle *Alnus glutinosa* kann sich der Bachränder nicht entwöhnen, hält aber dank dieser Gemeinschaft auch auf sterilen Sandböden ein Jahrzehnt durch. Gepflanzt als humusliefferndes, bodenverbesserndes „Ammengehölz" ist ihre Mission dann erfüllt.

6.3 Standorttoleranz

Standortempfehlungen für Gehölze werden oft von den Boden- und klimatischen Bedingungen abgeleitet, unter denen die jeweiligen Arten in ihren Heimatgebieten wachsen. Dadurch werden grobe Verwendungsfehler vermieden. Dass diese Angaben bestmögliches Wachstum garantieren und alle geeigneten Standorte ausweisen, erweist sich gelegentlich als Irrtum. Denn überraschend viele Gehölze kommen nicht in den Genuss der für sie besten Boden- und Klimabedingungen. Oft genug werden diese Plätze von konkurrenzkräftigeren Arten eingenommen. Ihnen bleibt das Überleben unter Bedingungen, die sie – im Gegensatz zur Konkurrenz – noch gut tolerieren können (ökologische Nische). Wenn wir Eiben im Schatten von Buchen antreffen, dann nicht, weil sie den Schatten mögen. Sie profitieren vielmehr davon, dass sie ihn ertragen. An besseren Standorten ist die trägwüchsige Eibe der artenreichen Konkurrenz nicht gewachsen. In konkurrenzfreier Gartenkultur darf sie auch in der Sonne wachsen, profitiert sogar von der Klimaerwärmung und erweist sich seit Jahrhunderten als eines der vielseitigsten Gartengehölze überhaupt.

Ähnlich überraschend ist die Anpassungsbreite und Stadtklimatauglichkeit einiger Bäume, die ursprünglich in Flussauen wachsen. Beispiele sind Rot-Esche *Fraxinus pennsylvanica*, Amberbaum *Liquidambar* und Tulpenbaum *Liriodendron*, ebenso die heimische Traubenkirsche *Prunus padus*. Die Aufrechte Sumpfzypresse *Taxodium distichum* var. *imbricatum* (*T. ascendens*) ist in Nordamerika ein Baum der Sümpfe (swamps) und erträgt hier auch längere Überschwemmungen. In Süd-Deutschland gibt es prachtvolle Großbäume dieser hitzefesten Art, die in normalen Böden wachsen. Andere Gehölze haben wenig Anpassungsspielraum. Schwarz-Erlen *Alnus glutinosa* und Silber-Weiden *Salix alba* sind ebenso an Wassernähe gebunden, wie Heidegewächse an kalkarme Substrate.

Da es unmöglich ist, die Standorttoleranz von zahllosen Gehölzen zu erproben, spielen Zufallsbeobachtungen eine wesentliche Rolle. Nur wer

Dank stickstoffbindender Mikroorganismen vermag die Schwarz-Erle *Alnus glutinosa* einige Jahre auf trockenen Sandböden zu überleben. Alt und prächtig wird sie nur an Bachrändern und auf grundwassernahen Standorten. Ihre Standorttoleranz ist gering.

Standorttoleranz: Die meistfotografierte Strauchkastanie *Aesculus parviflora* im PÜCKLER-Park Bad Muskau (links) ist in den USA ein Gehölz frischer Auenwälder. Nur wer das nicht weiß, wird sie in Betonkübel auf brandheißer Fläche verbannen (rechts). Eine überraschende Entdeckung, dass es funktioniert.

sich nicht vorab informiert hat, pflanzt Strauchkastanien *Aesculus parviflora* oder Schirm-Magnolien *Magnolia tripetala*, die in Fachbüchern als anspruchsvoll und empfindlich beschrieben werden, in Betongefäße an vollsonniger Stelle. Wenn es funktioniert, können auch Fachleute noch daraus lernen. Also öfter mal an unauffälliger Stelle etwas ausprobieren!

Praxistipp

Standortfaktoren ausgleichen

Offensichtlich ist es für Pflanzen überlebenswichtig, die Gesamtheit ihrer Wuchsbedingungen in tolerierbaren Grenzen zu halten. Das bedeutet, dass einzelne Standortfaktoren sich ausgleichen, also füreinander einspringen können. Deshalb haben einige Pflanzen die Möglichkeit, auch an weniger komfortablen Plätzen zu wachsen.

Können Rhododendren in Küstenlagen mit ausreichender Luftfeuchtigkeit vollsonnig kultiviert werden, scheint das im trocken-subkontinentalen Klima der Niederlausitz schwierig. Möglich wird es unter dem leicht schattierenden, die fehlende Luftfeuchtigkeit ausgleichenden Kronenschirm hochstämmiger Altkiefern. Wärmeliebende, ursprünglich aus dem Mittelmeerraum stammende Gehölze können nördlich der Alpen das klimatische Wärmedefizit auf wärmeren Kalkböden ausgleichen, die sie hier bevorzugen. Manches Schattengehölz kommt auf besseren, hinreichend wasser- und nährstoffversorgten Böden auch in der Sonne zurecht. Trockenstandorte werden auf nährstoffreichen Böden besser ertragen. Das Wissen um diese „Relative Standortkonstanz“ kann nicht nur manches Wachstumsphänomen erklären, sondern auch bei eigenen Pflanz- und Pflegevorhaben helfen.

6.4 Standortgerecht ist zukunftsgerecht

Bäume und Sträucher sind langlebig, werden größer und müssen entsprechend in die Zukunft gedacht werden. Das klingt einleuchtend, wird aber zu häufig vergessen. Mit dem Wachstum verändern sich Raumstrukturen in Gärten und Lebensbedingungen für Nachbarpflanzen. Deshalb ist es wichtig, nicht nur die Standortansprüche der für den Garten gewünschten Gehölze zu beachten, sondern vielmehr auch ihre zukünftigen Dimensionen zu bedenken. Was heute standortgerecht ist, muss es in 10 Jahren nicht mehr sein. Häufig wird der Zuwachs klein gepflanzter Bäume und Sträucher unterschätzt. Die Folgen sind meist ärgerlich. Verschattete Fenster und Vorgärten, verwachsene Sichtdreiecke an Einmündungen von Straßen, verlorene Durch- und Ausblicke sind wesentliche Folgen. Zudem wird der Druck auf Nachbargehölze und Unterpflanzungen größer. Da es nicht leicht wird, Fällgenehmigungen zu erhalten, bleibt ein mehr oder weniger professioneller Rückschnitt, der die art- oder sortentypische Baumgestalt auf einen Torso reduziert. Der bei unerwartet zu groß oder zu breit gewachsenen Sträuchern gewöhnlich praktizierte Kugelschnitt ist zugleich ein Angriff auf die Biodiversität. Wozu braucht es die unermessliche Vielfalt der in Baumschulen herangezogenen Strauchgehölze, wenn sie doch alle irgendwann gleichförmig zurechtgestutzt werden?

Diese aufwändigen und wenig sinnvollen Arbeiten können durch die gründliche Informationen und fachliche Beratung über Eigenschaften und Standortansprüche jeder Art und Sorte während der Planung und vor dem Kauf der Gehölze

Unterschiedliche Gehölzgestalten können so benachbart werden, dass sie sich in den folgenden Jahren stapeln und nicht in undurchdringlichen Dickichten untergehen (Stockwerkspflanzung).

vermieden werden. Wir können nicht genau wissen, wie groß der eine oder andere Baum im eigenen Garten tatsächlich mal sein wird, aber mit den maximalen Möglichkeiten sollte sicherheitshalber gerechnet werden. Alternativ können große Bäume durch geeignete Schnittmaßnahmen dauerhaft in passenden Proportionen gehalten werden, ohne ihren Habitus einzubüßen (→ S. 34).

Standortgerecht pflanzen, Wachstum vorausdenken! Sonst folgen Schnitt und Verstümmelung.

Nicht nur die erreichbaren Dimensionen von Bäumen und Sträuchern sind von Bedeutung. Wie viel Zeit braucht es bis dahin? Birgt die Wuchsform eines Gehölzes Konfliktpotenzial, ist etwa das Hineinwachsen in Wege zu erwarten? Die Planung frei wachsender Hecken muss diese Eigenschaften besonders gut beachten, soll das Entstehen undurchdringlicher Dickichte verhindert werden (→ S. 250).

Die in guter Absicht in den Vordergrund platzierte kleine Grau-Tanne *Abies concolor* wird in wenigen Jahren eine Größe erreichen, die den einsehbaren Raum zerstört und den vorhandenen Gehölzen Konkurrenz macht.

Wachstumsbedingte Veränderungen müssen beobachtet und und fachlich fundierte Entscheidungen getroffen werden. Jeder Pflegeeingriff bedeutet wiederum einen Impuls, auf den Pflanzen unterschiedlich reagieren. Das ist eine spannende Entwicklung, die erst nach der Pflanzung beginnt. Es leuchtet ein, dass die Zurückdrängung oder Entfernung von Pflanzen einen Vorteil für die verbleibenden bedeutet. Bewässerung ist ebenfalls mehr als die Befriedigung eines Grundbedürfnisses. Ob viel, wenig oder gelegentlich – in jedem Fall wird es Gehölze geben, die davon mehr profitieren als andere. Wässern und Düngen bedeuten, aktiv in den Wettbewerb innerhalb einer Gehölzpflanzung einzugreifen.

Dimensionen von Gehölzen und davon beeinflusste Gartenproportionen durch regelmäßigen Formschnitt unverändert zu konservieren, war Wesensmerkmal des Barockgartens, kann aber auch in zeitgenössischen Grünanlagen und kleinen Gärten eine Rolle spielen. Damit das Ganze nicht in Langeweile erstarrt, sind die gegensätzlich freien und farbigen Details, die lockerwüchsigen Gehölze wichtig. Die Gestaltung und Pflege freiwachsender Gehölzpflanzungen muss vielfältiger und vorausschauender sein und erfordert mehr Pflegekompetenz als die von Formgehölzen. Nicht nur, dass die frischen

Pflanzungen Zeit benötigen, um in die geplanten raumprägenden Proportionen hineinzuwachsen. Sie wachsen gelegentlich auch darüber hinaus, was dann die richtigen Korrekturen erfordert. So kann die Entfernung der unteren Astetagen bei zu mächtig gewordenen Bäumen verlorengegangenen Raum wiederherstellen.

6.5 Schicksal Stadtbaum

> „Wär' ich ein Baum, stünd' ich am Wald.
> Trüg' Sonne und Mond in den grünen Haaren."
>
> ERICH KÄSTNER

Stadtbäume haben als Einzelbäume, Alleen, Baumreihen, Baumblöcke oder freie Pflanzungen in Wohngebieten, Friedhöfen, Gärten oder entlang von Wegen im Rahmen einer „Grünen Infrastruktur" wachsende Bedeutung. Die positiven Effekte sind zahlreich:

- verbessertes Stadtklima (Luftfeuchte, Schatten, Hitzevermeidung u. a.)
- lebendiger Architekturbezug
- mehr Identität/Orientierung durch bewusste Auswahl von Leitbäumen für Straßen und Plätze
- grüne Raumbildung und -gliederung
- mehr Erlebnis- und Aufenthaltsqualität für Sport und Freizeit
- mehr öffentliche Grünflächen
- mehr Lebensräume für Pflanzen und Tiere
- naturnahe Grünverbindungen bis in die Landschaft

Für die beteiligten Akteure ist es eine herausfordernde Aufgabe, den Bäumen in der modernen Stadt Heimat und Zukunft zu geben. Lebensgefühl und Gesundheit der Bevölkerung profitieren erheblich davon.

6.5.1 Druck von allen Seiten

Das Stadtklima ist infolge der vorherrschenden Versiegelung und Gebäudedichte eine extrem naturferne, durch Menschen geschaffene Situation. Durch technische Eingriffe und die Verwendung von Pflanzsubstraten ist selbst der Boden längst nicht mehr „heimisch". Für den Straßenbaum ist es oft schwierig, angesichts begrenzter Wurzelräume an Wasser und Nährstoffe zu gelangen. Verständlich, dass im nicht heimischen Stadtklima und -boden heimische Bäume zunehmend versagen und hier auch als Partner für blütenbesuchende Insekten nicht mehr zur Verfügung stehen. Hitze- und trockentolerante, meist nicht heimische, aber von heimischen Bienen besuchte „Stadtklimabäume" sind ein unentbehrlicher Ersatz. Für erfolgreiche Gehölzpflanzungen in der Stadt sind eine Reihe von Einflussfakoren zu berücksichtigen:

- Funktion des Baumes im Stadtraum/Straßenverlauf, Verkehrssicherheit
- Gestaltungsanspruch
- Licht: Sonnen-/Schattenstunden
- Strahlungsintensität (empfindlich: Linden, Ahorne, Eschen, Rosskastanie – Schutzanstrich!)
- Boden: Struktur, Nährstoffe, Wasser, verfügbarer Wurzelraum
- verfügbarer Kronenraum
- Gefährdung durch Krankheiten/Schädlinge
- Auswahl klimafester Arten und Sorten
- Gesetze, Verordnungen, Satzungen, Bebauungspläne
- Feuerwehrzufahrten freihalten!
- Öffentlichkeitsarbeit/Presse
- Abstände zu Ver- und Entsorgungsleitungen einhalten, geplante Tiefbauarbeiten

Zahlreiche Standortfaktoren erschweren den Bäumen das Leben in der Stadt.

Ein Blick unter das Straßenpflaster zeigt, dass Pflanzplätze für Bäume am besten rechtzeitig geplant und von Ver- und Entsorgungsleitungen freigehalten werden.

Schicksal Stadtbaum: Krank, **ver**schnitten und verstümmelt. Durch kluge Auswahl eines anderen, kleiner und schlanker bleibenden, weniger anspruchsvollen Baumes kann das künftige Platzproblem vor Ort schon im Planungsbüro vermieden werden.

Häufig ist der für die Durchwurzelung verfügbare Bodenraum die am stärksten begrenzte Ressource. Von Leitungen neben- und übereinander durchzogen, vermörtelt, verdichtet oder versiegelt ist es immer schwerer, geeignete Standorte für künftig ungestörtes Baumwachstum zu finden.Selbst bei den vermeintlich einfachen Pflanzarbeiten kann noch vieles schiefgehen. Worauf ist zu achten? Die oft verdichtete Sohle der Baumgrube muss gelockert werden, damit sowohl die Baumwurzeln als auch das Sickerwasser freie Bahn haben. Baumpfähle werden vor der Pflanzung in den Halt bietenden Unterboden geschlagen. Der Baum darf weder zu hoch noch zu tief gepflanzt werden. Orientierungsmarke ist der Wurzelhals am Stammfuß. Die wachsenden Wurzeln zu hoch gepflanzter Bäume heben Straßen- und Wegebeläge an. Es ist schwierig, die entstehenden Folgeschäden und Unfallquellen zu beseitigen.

6.5.2 Neue Bäume für das neue Klima

Schon immer gestört, gestresst und in ihrer Vitalität eingeschränkt, überschreiten die aktuell zu beobachtenden Klimaveränderungen die Belastungsgrenzen einiger Stadtbäume. Geschwächt haben sie auch neuartigen Erkrankungen (Eschentriebsterben, Rußrinden-Krankheit beim Berg-Ahorn *Acer pseudoplatanus* u. a.), und Schadinsekten (Rosskastanien-Miniermotte u. a.) wenig entgegenzusetzen. Intensive Sonneneinstrahlung kann Blattgewebe schädigen. Globalisierung der Verkehrswege und Klimawandel haben zur Folge, dass auch Pflanzengesellschaften außerhalb der Städte sich verändern. In freier Landschaft geschieht das ganz ohne unser Zutun, aber für Straßenbäume müssen wir aktiv werden und das Sortiment nachhaltig anpassen. Unter dem Einfluss der Klimaerwärmung gibt es sowohl bei heimischen als auch bei fremdländischen Gehölzen Gewinner und Verlierer.

Praxistipp

Auf eigenen Füßen

Der Einfluss stark oder schwach wachsender Veredlungsunterlagen auf das Höhenwachstum von Obstgehölz-Sorten ist bekannt, gilt aber auch für Straßen- und Gartenbäume. Eine grundsätzlich hitzefeste Silber-Linde *Tilia tomentosa* einschließlich ihrer Sorten kann ebenso wie eine Flaum-Eiche *Quercus pubescens* versagen, wenn sie nicht auf arteigenen Wurzeln steht, sondern auf eine weniger widerstandsfähige Sommer-Linde *Tilia platyphyllos* bzw. Stiel-Eiche *Quercus robur* veredelt wurde. Das muss beim Gehölzeinkauf erfragt werden, will man die spätere Enttäuschung nicht gleich mitgeliefert bekommen.

Das Sortiment klimafester Stadtbäume ist groß und weitere Arten und Sorten kommen nach erfolgreicher Erprobung hinzu. Die folgenden Empfehlungen beinhalten ausschließlich kleinkronige Arten und Sorten, die auch in kleinen Gärten gut verwendet werden können. Die angegebenen Säulenformen sparen Platz, sind aber nicht als Schattenspender geeignet (weitere Arten in der Hausbaum-Tabelle → S. 369).

Der heimische Feld-Ahorn *Acer campestre* ist ein Klimagewinner und war es schon einmal. Beleg sind die zahlreichen versteinerten Blattabdrücke in den Travertinen der zwischeneis-

Blumenesche *Fraxinus ornus* (links) und Blasenbaum *Koelreuteria paniculata* (rechts) gehören zu den attraktiv blühenden, bienenfreundlichen, hitze- und trockenfesten Kleinbäumen für Stadt und Garten.

Henry's Linde *Tilia henryana* ist ein kleiner Baum mit dekorativ gezähnten Blättern. Die im Spätsommer erscheinenden Blüten werden gern von Hummeln beflogen.

zeitlichen Eem-Warmzeit vor mehr als 115.000 Jahren. Für kleine Räume sind schmalkronige Formen zu empfehlen wie die Sorte ‚Fastigiata'.

Aufgrund der zimtartig abrollenden, rotbraunen Borke ist der Zimt-Ahorn *Acer griseum* ganzjährig ein Hingucker. Die orangerote Herbstfärbung ist attraktiv. Ein kahlfüßiges Gehölz, das gut unterpflanzt werden oder einen Sitzplatz überschatten kann. Mehrstämmige Bäume sind am schönsten.

Ähnlich, aber mit weniger attraktiver, eher graubrauner Borke ist der Dreiblütige Ahorn *Acer triflorum*.

Die noch vor dem Austrieb der Blätter, unmittelbar aus Stämmen, Ästen und Zweigen hervorbrechenden pinkfarbenen Blüten sind ein den Judasbaum *Cercis siliquastrum* kennzeichnendes alljährliches Ereignis. Die kanadische, noch frosthärtere Schwesternart *C. canadensis* überzeugt in der Sorte 'Forest Pansy' mit roten Sommerblättern und schöner Schirmkrone. Aufgrund der überneigenden Zweige ist dieser Judasbaum ein attraktiver Überhänger für herausgehobene Pflanzplätze.

Der Apfeldorn *Crataegus × lavallei* 'Carrieri' überzeug als kompakter, sehr dunkelgrüner Kleinbaum Weiße Blütenstände und orangerote Früchte leuchten kontrastreich aus dem kräftig gefärbten Laub. Die Blätter haften lange, bis sie in eine orange Herbstfärbung übergehen. Einzelne, über die dichte Kontur hinausschießende Langtriebe sollten abgeschnitten werden.

Der heimische Weißdorn *Crataegus monogyna* ist ein Mittelding zwischen Großstrauch und Kleinbaum, spart in der Säulenform 'Stricta' aber nochmal Platz. Blüten und Früchte sind Bienen- und Vogelnahrung.

Während die Blütenstände der heimischen Esche wenig auffallen, trifft das für die aus dem Mittelmeerraum stammende, weiß blühende Blumen-Esche *Fraxinus ornus* nicht zu. Die Sorte 'Obelisk' wächst schmal aufrecht, 'Meczek' kugelförmig.

Der Sieben-Söhne-des-Himmels-Strauch *Heptacodium miconioides* wird Großstrauch bis Kleinbaum. Er ist kahlfüßig und hat eine nach oben ausgebreitete Krone. Mehrstämmig sieht er am schönsten aus. Ein besonderes Ereignis sind die bis Ende Oktober erscheinenden rahmweißen Blütenstände, die zahlreich von Insekten besucht werden.

Der Blasenbaum *Koelreuteria paniculata* wächst selbst noch im Sand. Seine zunehmende Selbstversamung bestätigt ihn als Klimagewinner. Die Blätter sind auch in der gelb-roten Herbstfärbung attraktiv. Die blasig aufgetriebenen Fruchtkapseln haben dem Baum zu seinem Namen verholfen, aber die im Frühsommer gelb mit tropischer Anmutung über den Schirmkronen scheinbar schwebenden Blütenstände sind das spektakuläre Ereignis.

Nicht hoch, aber breit wächst der Persische Eisenholzbaum *Parrotia persica*. Vorsichtig aufgeastet lässt sich gut darunter sitzen. Die orangerote und gelbe Herbstfärbung hinterlässt großen Eindruck. Mehrstämmig gepflanzt wirkt der Baum am schönsten. Mit mehreren Stämmen wächst auch das Vergnügen an den Mustern der abblätternden Borke an älteren Stämmen. Schmalkronig und als Hochstamm gezogen eignet sich 'Vanessa' .für den Straßenraum und den kleinen Garten.

Henry's Linde *Tilia henryana* ist eine deutlich kleinere Ausgabe der Linden, die wir sonst als Großbäume kennen. Auch nach Jahrzehnten wird sie auf nicht besonders begünstigten Standorten die 10-m-Marke noch nicht überschritten haben. Die Blattzähne enden in auffallend langen Grannen. Die außergewöhnlich großen Blütenstände enthalten 20 bis 50, gelegentlich 100 Einzelblüten. Erst im September blühend, ist diese Linde ein wertvoller Baum für die späte Tracht. Die Herbstfärbung ist gelb. Im Sommer toleriert sie Trockenheit und Hitze, ist aber nicht zuverlässig frosthart und sollte nur in wintermilden Lagen gepflanzt werden.

7 Gestaltete Vielfalt mit Bäumen und Sträuchern

Ist es nicht genug, Bäume und Sträucher im Garten zu versammeln, um sich an ihren Farben und Formen zu erfreuen? Wozu noch Gestaltung, gar „gute" Gestaltung?

Auch für Gehölzsammler ist es nützlich zu wissen: Die Anordnung der Gehölze im Garten ist noch wichtiger als ihre Auswahl. Sie ist Voraussetzung, um den Garten als grünen Raum mit Aufenthaltsqualität erleben zu können (→ S. 182). Gute Gestaltung erschöpft sich nicht darin, den kürzesten Weg durch den Vorgarten zu planen. Gut gestaltet sind die Pflanzungen, die den beteiligten Pflanzen Raum geben, Menschen positiv berühren und verändern. Vielfältig gegliedert, sind sie reich an Pflanzen und Tieren. Durch geeignete Zuordnungen lässt sich die Wirkung beteiligter Gehölze steigern und ein ästhetischer Zugewinn erzielen. Es geht darum, sie „ins rechte Licht" zu rücken. Die geschickte Anordnung verschiedenartiger Gehölze sorgt für Rangordnung, orientierende Gegensätze und einen Rhythmus, der jede Pflanzung erfassbar und lebendig macht. Biodiversität verwirklicht sich nicht im Selbstlauf. Im „freien" Wettbewerb ungestalteter und ungepflegter Pflanzungen bleiben viele Arten auf der Strecke. Strukturreichtum ist die Grundlage jeder Artenvielfalt und muss geplant und erhalten werden. Von besonderer Bedeutung sind Randbiotope, die auch in der Landschaft die artenreichsten Areale darstellen, weil hier mehrere Lebensräume mit verschiedenen Organismen zusammentreffen: Gehölzränder, Ufer, Wegraine. Vielfältig strukturierte Gärten tun nicht nur der Umwelt gut. Es gibt mehr zu sehen, mehr zu erleben, mehr Veränderung. Gute Gestaltung lässt uns Gärten lebendiger und spannender wahrnehmen.

7.1 Warum Pflanzungen eine Rangordnung brauchen

Da, wo niemand den „Hut aufhat", wird es mindestens für Außenstehende undurchschaubar. Eine Pflanzung, die Verwirrung stiftet, ohne Halt und Orientierung zu vermitteln, leistet zu wenig Positives, weil Struktur verloren geht, sich die einzelnen Pflanzen mit ihren Besonderheiten gegenseitig den Rang streitig machen und ihrer Wirkung berauben. Vielfalt ist gut, aber ohne Rangordnung und Gruppierung nicht zu erfassen. Das ist wichtig, weil Gärten von Menschen für Menschen gestaltet werden.

In der Rangordnung steigt auf, was in das Zentrum der Aufmerksamkeit gelangt. Wie kann es gelingen, die Aufmerksamkeit der Betrachter auf das für uns Wichtige zu lenken? Manchmal sind es nur im Ansatz erkennbare, zunächst unwichtig erscheinende Gegebenheiten, die gestaltungswirksam gesteigert werden können – etwa durch Wiederholung.

Rangordnung setzt Schwerpunkte und vermeidet irritierendes Durcheinander. Alle Pflanzen und Dinge mit scharf begrenzter Kontur werden zuerst wahrgenommen und stellen ein wichtiges Mittel der Rangordnung dar (Schlosspark Altenstein, Thüringen, D).

Das verwirrende Durcheinander erschwert die Orientierung, mindert den Wert der verschiedenen Gehölze und verstellt den Raum.

Das Landschaftsvorbild zeigt die Tendenz von Pflanzen zur Gruppenbildung (links). Auch in gestalteten Grünflächen wirken erfassbare Pflanzeneinheiten besser als die Mischung unterschiedlicher Gehölze. (rechts, Simplon-Park Milano, IT).

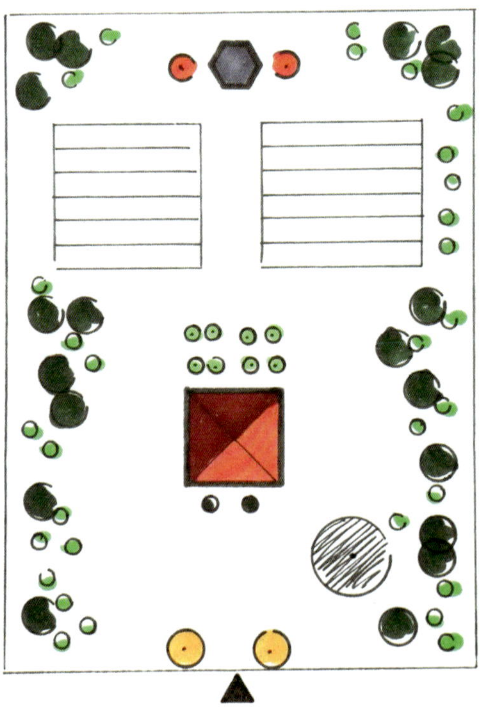

Auch im Hausgarten ist Vielfalt möglich. Die gezielte Anordnung und Gruppierung der verwendeten Kleinbäume vermeidet Durcheinander, unterstützt Raumbildung und Orientierung.

Allzu viel lässt Betrachter orientierungslos allein. Es verstellt den Blick, so dass solchen Pflanzungen die Perspektive fehlt. Dazu fehlt ihr die Transparenz. Die Mischung verschiedenster Pflanzen ohne Zentrum, ohne Farb- und Mengendifferenzierungen wird die Aufmerksamkeit nicht lenken können. Mehr als vier oder fünf verschiedene, aber gleichwertige Gegebenheiten können wir gleichzeitig nicht wahrnehmen. Auch für Pflanzensammler ist das von Bedeutung, denn im verwirrenden Durcheinander können auch Pflanzenschönheiten ihre Wirkung nicht entfalten. Irgendwann machen sie sich auch den Raum streitig. Erst die Gruppierung gleicher Pflanzen sichert diesen ausreichend Präsenz und Wahrnehmung. Nur der mächtige Einzelbaum genügt sich selbst. Je kleiner die Pflanzen, desto größer die Gruppe. So entstehen Pflanzeneinheiten, die einprägsam genug sind, um wahrgenommen zu werden. Unsortierte Vielfalt macht orientierungslos, weil sie kaum erfassbar ist. Orientierungslosigkeit stößt weder im eigenen Garten noch im öffentlichen Park auf Gegenliebe

7.1.1 Oben vor Unten

Raumebenen (Stockwerke) sind ein wichtiges Mittel, um Gehölzpflanzungen eine erfassbare Rangordnung und den Einzelpflanzen Entwicklungschancen zu geben. Zunächst gilt: „Oben vor Unten", aber das „Oben" verlangt nach einem „Unten", wenn es nicht in Frage gestellt werden will. Erst dann wird Rangordnung deutlich. Nicht nur deshalb ist es sinnvoll, Pflanzungen in Stockwerken zu planen. Bei standortgerechter Auswahl zueinander passender, sich in Wuchsform und Wuchsgröße ergänzender „Ober- und Untermieter" kann auf gleicher Grundfläche ein Höchstmaß an Artenvielfalt erreicht werden. Die Verteilung der verschiedenen Arten auf verschiedene Raumebenen vermeidet weitgehend Konkurrenz. Spätere aufwändige Auslichtungen oder gar Fällungen sollten nur noch in Einzelfällen erforderlich sein.

Gern wird die Wuchshöhe genutzt, um Rangordnung herzustellen. Ist das verwendete Gehölz wie diese Aralie *Aralia elata* kahlfüßig, bleibt ausreichend Platz für eine Unterpflanzung.

Die Blüten-, Blatt- oder Fruchtfarben der in den Stockwerken verwendeten Gehölze lassen zugleich Farbebenen entstehen. Aufeinander abgestimmt, können ebenso zeitgleich wie zeitverschoben Farbkontraste zwischen Baum- und Strauchschichten inszeniert werden. Eher sparsam besetzte mittlere und untere Stockwerke geben einem hochkronigen Gehölzbestand räumliche Tiefe und einen hallenartigen Charakter mit einmaliger Aufenthaltsqualität. Es entsteht ein grüner und langlebiger, gut überschaubarer Raum, etwa für Schattenstauden.

Praxistipp

Störenfriede integrieren

Die wuchshöchsten Bäume sind dann nicht mehr die ranghöchsten, wenn niedrigere Pflanzen durch prägnantere Farben und Formen die Aufmerksamkeit auf sich lenken. Das gilt insbesondere für Formschnittpflanzen mit markanten Konturen. Formgeschnitttene Kuben, Würfel oder Kugeln sind immer nützlich, wenn es darum geht, „wilden" Pflanzungen eine disziplinierende Struktur und Rangordnung zu geben. Auch Form, Material und Farbigkeit von Sitzmöbeln, Leuchten und anderen Ausstattungen sind Teil jeder Grüngestaltung und korrespondieren mit den Pflanzungen.

Leider können viele meist sichtbar dominierende technische Einbauten (Elektrokästen, Schachtdeckel, Regner, Tropfschläuche...) Pflanzungen entwerten. Sie ziehen aufgrund ihrer harten Kanten den Blick magisch an und setzen – wenngleich unbeabsichtigt – die gewollte Rangordnung und Pflanzidee außer Kraft. Nicht nur die anspruchsvolle Skulptur, auch der Papierkorb gestaltet mit! Allein durch eine veränderte Anordnung störender Ausstattungen – nicht in der Blickachse, nicht als Gegenstück zu einem Kunstobjekt – kann die Situation entscheidend verbessert werden. Unverrückbare technische Einbauten lassen sich meist gut übergrünen. Gelegentlich liefern sie sogar eine Gestaltungsidee, die ihre Form und Farbe aufgreift und – etwa in formgeschnittenen Gehölzen – variiert. Gelegentlich kann ein unliebsamer „Kasten“ mit Spiegeln (Edelstahl, Folie) ummantelt und damit unsichtbar gemacht werden. Die Schönheiten der Umgebung erscheinen vervielfacht. Das heißt, aus der Not eine Tugend zu machen!

Auch Papierkörbe, Regner, Tropfschläuche und andere Ausstattungen sind so prägnant, dass sie dem eigentlich Gemeinten den Rang ablaufen können.

7.1.2 Groß vor Klein

Dass die größeren Gehölze die auffälligeren, damit ranghöheren sind, leuchtet ein. Selbst wenn die Mengenanteile niedriger Gehölze erhöht werden, kann das lediglich für eine Balance sorgen. Weniger gegenwärtig ist der Sachverhalt, dass auch große Blätter insbesondere aufgrund ihrer ausgeprägten, deutlich sichtbaren Konturen vor den kleinen wahrgenommen werden. Dabei lenken großblättrige Gehölze nicht nur den Blick auf sich. Sie lassen auch Kleines im Umfeld noch kleiner erscheinen. Das könnte kleinen Gärten abträglich sein. Man darf indes dagegenhalten, dass große Blätter besser schattieren und Ruhe und Geborgenheit deutlicher vermitteln als kleine. Deshalb sind nicht Pflaumenbaum oder Birke, sondern Rosskastanie, Sommer-Linde und Platane die für Biergärten bevorzugten Bäume. Andere großblättrige Gehölze sind Schlangenhaut-Ahorn *Acer pensylvanicum*, Paulownie *Paulownia tomentosa*, Nussbaum *Juglans regia*, Schirm-Magnolie *Magnolia tripetala* und Rostrote Rebe *Vitis coignetiae* (Klettergehölz).

7.1.3 Die Macht des Einzelnen

n der Gartengestaltung wird das „Einzelne“ wenn nicht durch ein Gebäude gewöhnlich durch eine Einzelpflanze, meist ein Solitärgehölz n Einzelstellung, verkörpert. Ein Solitärgehölz vermag einem Freiraum wesentlichen und unverwechselbaren Inhalt zu geben, insbesondere dann, wenn es weitere auffällige Pflanzungen – etwa aus Platzgründen – nicht gibt (Stadthöfe). Ein Einzelobjekt kann nur in ausreichender Höhe bestimmend sein. Ist es zu klein, wirkt es eher zufällig oder störend.

Große Solitärpflanzen brauchen Abstand ringsum, der ihnen Respekt und Wirkungsraum sichert. Erhöht präsentiert, wird das Einzelobjekt noch einmal in seinem Rang erhöht. Das kann bei Solitärgehölzen (→ S. 206) auch durch Gestaltmerkmale mit Fernwirkung geschehen: farbiges Sommerlaub (Blut-Buche *Fagus sylvatica* 'Atropurpururea'), Blütenschmuck (Rosskastanie, Zierkirschen), Herbstfärbung (Birke *Betula*, Tulpenbaum *Liriodendron*) oder farbige Wintertriebe (orange: Silber-Weide *Salix alba* 'Britzensis'). Häufig sind es gleichartige Pflanzen oder Pflanzengruppen, die nochmal eines übergeordneten Ordnungsstifters und Blickziels bedürfen, so auch die Dreieckskomposition von gleichartigen Einzelgehölzen (→ S. 155–163), die eine Grundpflanzung überspannt und selbst durch einen größeren Solitärbaum zusammengehalten wird.

7.1.4 Rhythmus befördert

Steter Tropfen höhlt den Stein: Genügend oft wiederholt, ist die hierfür ausgewählte Pflanze schließlich nicht mehr zu übersehen. Sie wird nicht nur selbst in ihrem Rang erhöht, auch die Pflanzung insgesamt erhält durch diese Leitpflanze ein Ordnung stiftendes, vitalisierendes Gerüst, denn Rhythmus ist allem Lebendigen eigen.

Sowohl wiederkehrende artgleiche Gehölzgruppen als auch einzelne Gehölze erzeugen einen sofort ablesbaren Rhythmus, der Pflanzungen und Gartenräume strukturiert. Die Augen springen vom gleichen Baum zum folgenden gleichen, sofern die nur präsent genug sind. Schön, wenn Gehölze gewählt werden können, die über mehrere Jahreszeiten den Rhythmus aufrechterhalten. Vom gewohnten Grün abweichendes Sommerlaub – rot, silbergrau oder gelb – hat den Vorzug mehrmonatiger Wirkung, so dass nur noch Frühjahrsblüher, Winterblüher oder winterliche Fruchtschmuckgehölze hinzukommen müssen.

Wiederholtes wird im Rang erhöht, besonders dann, wenn es so prägnant ist wie diese Säulen-Eiben *Taxus baccata* 'Fastigiata Robusta'. Damit steht das übergeordnete Gerüst der Pflanzung.

Symmetrie ist ein starkes, sich aber auch rasch abschwächendes Mittel der Rangordnung. Denn es verzichtet auf Überraschungen (Parco de Serralves, P). Gelegentlich können provozierende Details – etwa eine aus der Reihe tanzende Pflanze – mehr Spannung schaffe.

7.1.5 Symmetrie und Raster

Symmetrie fällt immer zuerst auf. Sie ist das typische Merkmal barocker Gartengestaltung, die sich alles untertan macht und hierfür Symmetrieachsen und deckungsgleiche Formschnittpflanzen nutzt. Ausreißen verboten! Symmetrisch gegliederte Pflanzungen haben eine starke Orientierungskraft, die aber ebenso rasch verblasst, wie sie in den Blick genommen wurde. Für ein nachhaltiges Interesse sorgen kleine Brüche, etwa der außerhalb der disziplinierten Symmetrie frei angeordnete Einzelbaum oder eine durch ein Einzelgehölz verkörperte „falsche“ Farbe. Nicht nur symmetrische Flächengliederungen, auch abstandgleiche Rasterpflanzungen insbesondere von Bäumen sind prägnante Mittel der Rangordnung, die im Gegensatz zu frei gegliederten Unterpflanzungen oder Mustern im Pflasterbelag immer wieder als spannungsvoll empfunden werden.

7.1.6 Farbränge und ihre Wahrnehmung

Die gesättigten, schweren, starken, meist zugleich warmen Farben – etwa Orange, Rot, Gelb – sind zugleich die „schnellen“, weil sie die kürzeste Wahrnehmungszeit haben und gleichsam im Vorübergehen erfasst werden können, und das auch aus der Ferne, weil sie dem die Farben dämpfenden Dunst der Atmosphäre nicht so leicht nachgeben. Die weniger gesättigten, leichteren und „kühlen“ (Hellblau, Lila, Rosa u. a.) Farben treten zurück und er

Kräftige Farben unten machen die hochwüchsigen, gewöhnlich ranghöchsten Gehölze weniger wichtig.

ordern als „langsame" Farben eine längere Vahrnehmungszeit. Sie werden auch dann ioch als nachgeordnet empfunden, wenn ihr Aengenanteil angemessen erhöht wurde. Dass lie „schnellen" Farben in kleineren Mengen enügen, erleichtert ihre punktgenaue Platzieung. Damit werden die für Rangordnung und Rhythmus unverzichtbaren Schwerpunkte der optischen Aufmerksamkeit (Hingucker) gesetzt, an denen das Auge Halt finden kann. Ohne ein solches dominierendes Blickziel ist wohl kein Pflanzbild vollkommen. Wo man länger sitzt, fallen auch gegensätzliche Blattform ins Auge, wenn auf leuchtende Farben verzichtet wird. (Farbe bricht Form → S. 112)

.2 Im Rhythmus Halt finden

n Zeit und Raum wiederkehrende Ereignisse rägen Natur und Gesellschaft. Ihre Regelhaftigeit strukturiert, gibt Halt und stiftet Identität. Viederkehrendes ist prägnanter als Zufälliges ınd stellt die für eine verlässliche Orientierung vichtige Rangordnung her. So, wie Schönes und Beglückendes den Wunsch nach Wiederholung vecken, kann – umgekehrt – Wiederkehrendes Schönheit bewusst machen und Positives suggerieren. Was liegt näher, als das Prinzip „Rhythmus" auch in Pflanzungen einzusetzen? Dass es dennoch oft genug nicht geschieht, verwundert und lässt Gestaltungsmöglichkeiten ungenutzt. Rhythmus ist Ausdruck pulsierenden Lebens, eine Pflanzung ohne ihn lebt nur durch jahreszeitliche Veränderungen. Beispiele sind die sortengleiche Fliederhecke oder eine gemischte Hecke, in der jede Art nur einmal vertreten ist.

7.2.1 Steter Tropfen...

Ein gleichmäßiger Rhythmus bietet eine starke Orientierung, wenn prägnante, geschnittene Formen verwendet werden: Kugel, Würfel, Kegel, Säule, Pyramide (hier Kugel-Ahorn *Acer platanoides* 'Globosum').

Ein leerer Raum bietet ebenso wenig Orientierung wie die Häufung von allzu Verschiedenem. Wiederkehrende Pflanzen oder andere mehrfach platzierte Objekte stellen die für unsere Wahrnehmung unentbehrlichen prägnanten Muster bereit. Rhythmus bietet Regeln und schafft Vertrauen. Gerade Vielfalt braucht Regelhaftigkeit, soll sie nicht im Chaos versinken. Wiederkehrendes ist nicht mehr zu übersehen, wird in seinem Rang erhöht und sorgt schließlich selbst für die Rangordnung, die eine Pflanzung braucht, um ablesbar zu sein. Das gilt auch für eher schlichte Pflanzen, die so unübersehbar hervorgehoben werden können. Leise Töne gewinnen an Bedeutung, wenn sie oft genug wiederholt werden. Dennoch sind in der Rolle der Leitpflanzen gewöhnlich form- und farbstarke Pflanzen zu sehen. Tatsächlich setzen insbesondere Vertikalformen – etwa Säulenwacholder oder Säulenpappeln – die deutlichsten Akzente. Der Blick wird im Rhythmus getaktet, portioniert und entschleunigt. Deshalb gibt Rhythmus nicht nur den Augen Halt, sondern auch der Zeit.

Der Rhythmus gleichmäßig ausdauernder Schritte wird auch auf langem und beschwerlichem Weg zum Ziel führen. Nur wer weiß, wie es weitergeht, kann – wo auch immer – mitmachen oder mitsingen. Dabei bietet die abstandsgleiche Wiederholung formgleicher Pflanzen oder Pflanzflächen im regelmäßigen Rhythmus die stärkste Orientierung und kennzeichnet formal gegliederte Pflanzungen, etwa Baumreihen, Alleen und Rasterpflanzungen. Freie, ungeordnet erscheinende Vegetation disziplinierend, stellt der regelmäßige, gebundene Rhythmus gleichzeitig einen spannungsvollen Kontrast zu dieser her. Für die Umsetzung sind straff aufragende oder dichte, klar umrissene Kugel- und Säulenformen aufgrund ihrer Prägnanz besser geeignet als zwanglos lockere Formen.

Regelmäßigkeit wird vor freiem Rhythmus, freier Rhythmus vor der Häufung von allzu Verschiedenem wahrgenommen. Die Anwendung dieser Erkenntnis legt in Gehölzpflanzungen fest, was als übergeordnet oder begleitend, was zuerst oder später wahrgenommen wird.

7.2.2 Freier Rhythmus

In unregelmäßigen Abständen wiederkehrende, art- und größengleiche Pflanzen, Pflanzengruppen oder Einzelbeete erzeugen einen spannungsreichen Rhythmus, der jeder Pflan-

:ung Struktur und Lebendigkeit verleiht. Das gilt nsbesondere für frei wachsende, artenreiche Hecken (→ S. 250). Sind gleichförmige Pflan-:ungen (wie Alleen oder Baumreihen) immer Er-;ebnis streng ordnender Planung, gibt der freie, ıngebundene Rhythmus dieses Anliegen nicht ıuf, wirkt aber naturnäher und eher anregend ıls disziplinierend.

Anders als ein regelmäßiger, immer starrer Rhythmus kann eine Pflanzung, die differenzierte Abstände gestattet, sehr viel besser einer besonderen örtlichen Situation angepasst werden. So lassen sich die Richtungsänderungen eines frei schwingenden Pflanzenbandes, Weges oder Wasserlaufs durch an den Krümmungen angeordnete Hindernisse – wiederkehrende Leitpflanzen oder andere Einzelobjekte – begründen und akzentuieren. Indem sie diese hautnah einspannen, geben sie der in freiem Rhythmus kurvenden Linie Halt.

7.2.3 Wiederholung und Veränderung

Wiederholung und Veränderung bedeutet, Gleiches mehrfach mit anderen Worten zu sagen. Das kann nützlich sein, um einer Botschaft Nachdruck zu verleihen und – wo nötig – Aufmerksamkeit einzufordern. So wichtig die wiederholte Verwendung hierfür ausgewählter Gerüst und Rhythmus bildender Gehölze auch ist, gerade die prägnantesten Leitgehölze nutzen sich mit ihrer Wiederholung ab und büßen an Wirkung ein. Abhilfe schaffen im freien

Ein ungleichmäßiger, in spannungsvollen Abständen bemessener Rhythmus ist deutlich lebendiger als ein gleichmäßiger Rhythmus. Beide sind gut geeignet, um halb verwilderte Pflanzungen zu disziplinieren.

Rhythmus ungleiche Pflanzabstände und wechselnde Begleitgehölze in differenzierten Stückzahlen und/oder Farben. Wechselnde Begleiter sind in artenreichen Hecken ohnehin vorhanden, müssen aber für wiederkehrende, in Flächenpflanzungen strukturierende Solitärgehölze eingesetzt werden. Hier können das auch gruppierte Stauden sein. Die nun zu beobachtenden Veränderungen halten nicht nur die Aufmerksamkeit wach, wechselnde Partner und geeignete Begleitpflanzen, die eine wichtige Rolle übernehmen, lassen auch die Leitgehölze in einem jeweils anderen Licht erscheinen. Begleitpflanzen sind wichtiger, als es ihre abwertende Bezeichnung erwarten lässt.

Vielfach begleiten Bäume Wege oder Straßen, gewöhnlich in einem abstandsgleichen Rhythmus. Veränderte Pflanzabstände können Sichtlücken öffnen, enger zusammenrückende Bäume auf besondere Situationen hinweisen. Einige Baumarten, zu denen Spitz- und Feld-Ahorn gehören, gestatten es, durch Farbsorten Baumreihen und Alleen zu differenzieren. So kann eine grundsätzlich gleichartige Baumreihe auf eine näher rückende Einmündung aufmerksam machen, indem die normal grünen Bäume zunehmend durch eine andersfarbige Sorte abgelöst werden. Eine situationsgerechte Baumartenwahl macht Plätze, Haupt- und Nebenstraßen besser unterscheidbar.

Gerade auf längeren Strecken kann die Monotonie formgeschnittener Hecken (→ S. 273) durch einen Farbrhythmus aufgebessert werden. Bei Verwendung gleicher Arten in andersfarbigen Sorten bleibt die Textur der Hecke gleich. Das ist für eine durchgängig architektonische Wirkung unverzichtbar. Geeignete Arten sind zum Beispiel die Berberitze *Berberis thunbergii* (rote und gelbe Sorten), die Buche *Fagus sylvatica* (rotblättrige Sorten) und der Feuerdorn *Pyracantha* (rot oder gelb fruchtende Sorten).

Der regelmäßige Rhythmus grundrissgleicher aufeinander folgender Räume im Garten wie im Haus bildet einen verlässlich leitenden Rahmen. Verändertes wird hier überraschend sichtbar, wenn jeder der Teilräume Anderes bereithält. In frei gestalteten, mit Rasenflächen wechselnden Gehölzpflanzungen erschließen sich den Betrachtern Schritt um Schritt Raumfolgen in unregelmäßigem Rhythmus. Differenzierte Raumgrößen erlauben unterschiedliche Ausstattungen, Nutzungen oder verschiedenartige Pflanzungen und Farbthemen. Solche freie Raumfolgen müssen selbst entdeckt werden. Unterstützung können wuchs- und/oder farbprägnante Leitgehölze bieten, indem sie den Wegeverlauf markieren. Platzsparend und unübersehbar erfüllen schlank aufragende „Zeigerbäume" (Säulen-Eiche *Quercus robur* 'Fastigiata Koster', Säulen-Eibe *Taxus baccata* 'Fastigiata Robusta' und andere) diese Aufgabe besonders gut.

Bodendeckende Gehölzpflanzungen (→ S. 325) gewinnen mit zunehmender Flächengröße durch eine artenreichere Gliederung, die langweilige Monotonie vermeidet. Werden geometrische, möglicherweise dem Umfeld entlehnte Muster verwendet, führt deren Differenzierung zu einer lebendigen Gestaltung. Das erfordert, die Breite von Pflanzbändern oder die Größe von Vierecken zu variieren. Darüber hinaus werden sich artgleiche Gehölzflächen in ungleichen Abständen wiederholen, um auch hier den ordnenden Rhythmus mit einer anregenden Veränderung zu verbinden.

Wenngleich wenig bedacht, sind auch die Differenzierungen des allgegenwärtigen Grün (→ S. 90) bedeutsam und wurden bei der Ge staltung klassischer Landschaftsparks des 18. und 19. Jahrhunderts beispielhaft eingesetzt. Grundsätzlich gilt: Dunkles Grün ist auffälliges Blickziel, rückt näher und engt ein, helleres Grün scheint entfernter und weitet Räume.

7.2.4 Wiederholung und Steigerung

Schon durch ihre wiederholte Verwendung steigen ausgewählte Pflanzen in Bedeutung und Rang. Das Prinzip „Wiederholung und Steigerung" heißt, im Ansatz Vorhandenes aufzuspüren und durch Wiederholung deutlicher sichtbar zu machen und zu stärken. Was ist der

Wird Wiederkehrendes, vielleicht auch schon Vorhandenes aufgegriffen und variiert wiederholt, bleibt es spannend. Die Zusammenhänge sind leicht zu entdecken. Rechts Schloss Friedenstein in Gotha (D).

Wiederholung kann auch die Steigerung von Farben und/oder Formen bedeuten (Links: BUGA 2021 Erfurt, D).

Wiederholung und Thematisierung wert? Das sind möglicherweise schon vorhandene Gehölze, Flächengliederungen, Formgehölze, Steine und Architekturelemente. Dazu gehören die Farbgebung und Kubatur von Gebäuden. So lassen sich schon vor Ort die besten Gestaltungsideen generieren, weniger am Schreibtisch. Die besten gestalterischen Entscheidungen fallen vor Ort („Design on Site").

Häufig wird ein Rhythmus geschaffen, den es zuvor nicht gegeben hat. Ist es sinnvoll, die Farbigkeit eines Gebäudes in der Pflanzung zu wiederholen, die Kontur einer Beetbegrenzung in die Pflanzung zu übertragen? Was unterstreicht am besten den Charakter des Gartens? Der Grundriss eines Gebäudes kann im Umriss eines im Raster gepflanzten Baumblocks davor wiederkehren und so gesteigert werden. Gleichzeitig wird der regelmäßige Rhythmus der Bäume auf das Gebäude aufmerksam machen. Die Form einer hoch aufgehenden und überfallenden Fontäne verlangt nach Steigerung durch eine verwandte Form, etwa eine Hänge-Buche in der Nähe. Der aus der Ferne nicht erkennbare Wanderweg wird erst durc den Rhythmus einer hoch genug aufragende Baumreihe oder Allee sichtbar, die den Wege verlauf im Landschaftsraum weithin sichtba markiert.

Eine in der Pflanzung markante, aber unlieb same technische Skulptur (Elektrokasten u. Ä. muss nicht zwingend stören und hinter Grü versteckt werden. Wer eine Abfolge formgleic geschnittener, vielleicht in der Größe variierte „Skulpturpflanzen" in eine nun recht originell Gestaltung einbindet, hat auch für eine Portio Humor gesorgt. Selbst die außergewöhnlich Dachform eines Gebäudes kann aufgegriffe werden und in ähnlich formgeschnittene Eiben- oder Hainbuchenskulpturen wieder kehren. Ergebnis ist ein ganzheitliches, harmo nisches Gestaltungskonzept.

Eher dramatisch und deutlich spannungsvolle ist die Wirkungssteigerung einer Ausgangsfor durch gegensätzliche Formen und Farben. De Farbaspekt in einem „Gelben Garten" kann zwi schen sattem Goldgelb und weichem Gelbgrü

Gestaltung heißt auch, im Ansatz Vorhandenes zu steigern. Im Heidegarten werden wesentliche Elemente des Landschaftsvorbildes „Heide" durch eine größere Artenvielfalt und die Einbeziehung von Sorten interpretiert.

vielfältig variiert wiederkehren, aber durch ein abweichend rotes oder blaues Detail auch provokant gegensätzlich unterstrichen werden.

Auch die Umsetzung und damit Wiederholung eines Vegetationsvorbildes wird im gestalteten Freiraum Kopie sein. Erst durch die Steigerung der Naturvorlage kann sowohl ein ästhetischer Mehrwert als auch mehr Artenvielfalt erreicht werden. Dazu trägt die Verwendung andersfarbiger Sorten von typischen Ausgangsarten, von standortgerechten, nicht heimischen oder anderen gestaltlich passenden Arten und deren definierte Anordnung bei. Im Gegensatz zum Heidevorbild kommen im Heidegarten auch verbesserte und andersfarbige Sorten des Heidekrauts *Calluna vulgaris*, andere Heidearten, sogar *Rhododendron* zum Einsatz. Das Ausgangsthema kehrt gestalterisch überhöht wieder.

7.2.5 Im Rhythmus verbunden

Rhythmus schlägt Brücken: Über Grundstücksgrenzen, Einzelbeete oder trennende Wege hinweg verbinden wiederkehrende Pflanzen optisch und stellen Zusammenhänge her, die zuvor nicht so deutlich waren.

Von besonderer Bedeutung ist dabei die vielfach einsetzbare Dreieckskomposition. Im optischen Schwerpunkt von drei gleichartigen Gehölzen, deren Pflanzstellen die Eckpunkte eines spannungsvoll ungleichseitigen Dreiecks bilden, kommt das Auge zur Ruhe. Diese Anordnung ist besonders gut geeignet, um wild anmutenden Pflanzungen Rangordnung und Struktur zu geben, Dazwischenliegendes und Getrenntes einzubinden. Über den Bach reichend, können drei Bäume in dieser Anordnung nicht nur beide Ufer verbinden, sondern vielmehr auch die zugehörige Brücke rahmen und hervorheben. Die Pflanzabstände sind sorgfältig zu bestimmen: Nicht zu weit, nicht zu eng, dabei spannungsvoll ungleich. Damit die Proportionen auch lang-

Rhythmus verbindet: Über Flächengrenzen hinweg verwendete Pflanzen können Einzelbeete, Terrassen oder den Garten mit der Landschaft oder dem Nachbargarten verbinden.

Dreieckskompositionen aus drei gleichen Gehölzen sind ebenfalls gut geeignet, um Getrenntes zu verbinden.

Obwohl selbst rangordnend, wird gelegentlich die Dominante vermisst, die das Dreieck zusammenhält.

fristig stimmen und nichts Wichtiges verdeckt wird, sind für diese Aufgabe hochstämmige Bäume, kahlfüßige Sträucher, Säulengehölze, Formschnittgehölze, aber auch große Steine brauchbar. Entsprechend ungeeignet sind bodenschlüssige, immer breiter wachsende Gehölze (Hartriegel *Cornus alba*, *Rhododendron × catawbiense* u. a.)

Während das Dreieck Rangordnung herstellt, fehlt ihm selbst das Übergeordnete und Zusammenhaltende. Deshalb ist es gelegentlich sinnvoll, die Dreieckskomposition um einen deutlich höheren Gerüstbildner zu ergänzen (Solitärgehölz, Skulptur oder Kleinarchitektur).

7.3 Gegensätze befeuern

Hier ist nicht von Missklängen die Rede. Es geht um die bereichernden Gegensätze, die sich zu wechselseitigem Vorteil verbinden. Insofern schneidet ein Spiegelei in klarem Gelb-Weiß-Kontrast ästhetisch besser ab als ein Rührei, in dem sich das Weiße und das Gelbe bis zur Unkenntlichkeit verlieren. Selbst ein frei angeordnetes Solitärgehölz wird von einem Umfeld profitieren, das seine Wirkung steigert. Dabei geht die Palette über Nachbarpflanzen hinaus und bezieht die Farbigkeit von Rasen- und Belagsflächen ebenso ein, wie die der benachbarten Gebäude. Damit gegensätzlich geplante Pflanzen auch als solche wahrgenommen werden, sollten sie sich auf Augenhöhe begegnen. Das bedeutet, Kontraste auszuwägen, etwa den Mengenanteil schwächerer Farben oder zu kleiner Gehölze angemessen zu erhöhen. Die Zuordnung verschiedener, deutlich unähnlicher Gehölze soll ihre Wirkung steigern, nicht zunichtemachen. Entsprechend können ein und ein anderes Gehölz sich zu einem ästhetischen Mehrwert verbinden, der aus dem einen und dem anderen mehr als nur zwei macht. Dabei sind „Elementare Kontrastpaare" grundlegende und nützliche Gestaltungsmittel.

Elementare Kontrastpaare
- Gegenfarben
- Hell-Dunkel-Kontrast
- Figur-Grund-Kontrast (nur das andersfarbige Gehölz ist vor der Hecke wahrnehmbar)
  Fülle und Leere (Raumgestaltung → S. 176)
- Klein-Groß-Kontrast

- Gebautes und Gewachsenes (Disziplin-Spontanität, Ordnung vs. Chaos, Statik vs. Dynamik, formal vs. frei, Design vs. Natur)
- Richtungsgegensätze besonderer Wuchsformen
- Flächen-Linien-Kontrast (Textur-Struktur-Kontrast)
- verschiedenartige und gegensätzliche Blattformen

Kontraste sind wichtig, um Unterschiede erkennen und steigern zu können. Der „Figur-Grund-Kontrast“ löst Pflanzen aus ihrer Umgebung (Weidenblättrige Birne *Pyrus salicifolia* vor Blut-Buche *Fagus sylvatica* 'Atropurpurea' im Schlosspark Arcen, NL).

Vielfältige Kontraste machen nicht nur jedes Pflanzbild lebendig, sie verlangen auch nach dem harmonischen Ausgleich. Im Gegensatz zwischen „Groß und Klein“ würde das kleinere Gehölz verlieren, würde es nicht in ausgleichend höherer Stückzahl gepflanzt. Fehlende Gegensätze sind nicht harmonisch, sondern monoton, was beim Anblick von 200 m² Efeu ohne gliedernde Gehölze oder Skulpturen sofort deutlich wird.

Kontraste geben Orientierung, die starken Kontraste gesättigter Gegenfarben mehr als andere.

Schwache Kontraste erfordern ein genaueres Hinschauen. Die weniger intensiven, dafür aber über längere Zeiträume reichenden Kontraste zwischen verschiedenen Blattformen gehören deshalb in das Umfeld von Ruheplätzen.

7.3.1 Gebautes und Gewachsenes

Die freie, sich mit Jahreszeiten und Jahren verändernde Pflanzenform ist der perfekte Gegensatz zu Mauerkronen, gebauten Wege-, Gebäude- oder Beetkanten, die mit linearen Konturen den Freiraum langfristig prägen. Kaum etwas ist spannungsvoller, als Symmetrie und Bauwerkskanten durch Pflanzen teilweise aufzulösen. Die steten Auseinandersetzungen zwischen Chaos und Ordnung, Spontanität und Disziplin werden symbolhaft deutlich, wenn überhängende Gehölze an ausgewählter Stelle Mauerkronen brechen, frei angeordnete Bäume ein Beetraster gegensätzlich

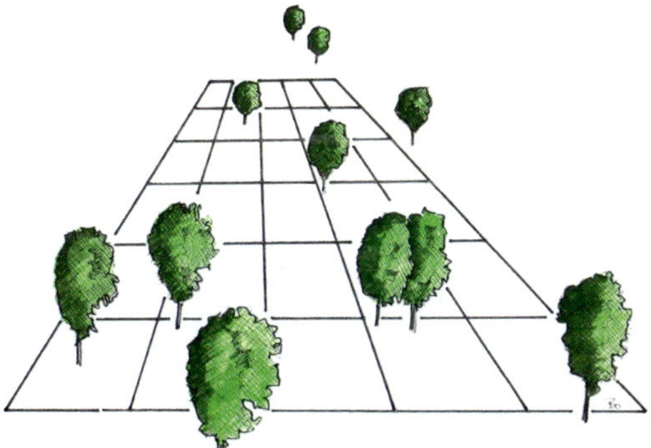
Die spielerisch gestreuten Bäume brechen das diszipliniert symmetrische Beet- oder Belagsraster und heben es gegensätzlich hervor.

Einen der spannungsvollsten Gegensätze, die Gärten bieten können, ist der zwischen Disziplin und Spontanität, Gebautem und Gewachsenem (links Palacio de Viana in Cordoba, E; rechts: Bergstation Monte Baldo, IT)

unterstreichen oder ein Klettergehölz ein Bauwerk umspielt. Formgeschnittene Hecken sind „Grüne Architektur", die kaum besser als durch frei angeordnete, lockerkronige Schirmgehölze gegensätzlich betont werden kann. Während der Barockgarten nichts ungeformt lässt, erlaubt die traditionelle arabische Gartenkultur den Gegensatz zwischen gebauter Symmetrie und freier Pflanzenentfaltung.

Disziplin vs. Spontanität, hier durch die dominierende Schnittform und fächerförmig frei ausstrahlenden Blätter der Hanfpalme *Trachycarpus fortunei* (Schlossgarten Arcen, NL).

Es ist lohnenswert, wenn ein ansprechendes Mauerwerk überwiegend sichtbar bleibt. Ob ein Bauwerk unkontrolliert überwuchert wird oder ganz ohne Grün bleibt – in beiden Fällen fehlte dem Gegensatz ein Partner. Mindestens diesen Kontrast zwischen Gebautem und Gewachsenem, der häufig Farben einschließt (z. B. Blütengehölze, Fassade), wird es dann nicht mehr geben. Gestützt auf eine sorgfältige Auswahl und Anordnung geeigneter Pflanzen sollte auf diese bereichernde Gestaltungschance nicht verzichtet werden. In Plänen mag die „klare Kante" nüchtern und langweilig erscheinen. Aber mit dem Heranwachsen der Gehölze werden die Linien teilweise aufgelöst und die sichtbar bleibenden sind als Partner und Rahmen unentbehrlich. Der einzigartige und spannende Gegensatz zerfällt wieder, wenn alles über die Kanten Wachsende vermeintlich ordentlich abgeschnitten wird.

Der Gegensatz zwischen Gebautem und Gewachsenem findet im Gegensatz zwischen versiegelten, lebensfeindlichen Belagsflächen und angrenzenden, offenen Brachflächen eine Entsprechung. Das sind zugleich wertvolle Biotope,

Versickerungsflächen und naturnahe Spielräume für Kinder. Die spontan aufkommenden Gehölze sorgen für eine lebendige Stufung, die Biodiversität befördert. Auf Brachflächen sind die spannungsvollsten Veränderungen von Pflanzengesellschaften zu beobachten. Es kann sinnvoll sein, ältere oder sich zu stark verdichtende Gehölze zu entfernen oder auf den Stock zu setzen (→ S. 54), um die Fläche weiterhin offen und artenreich erhalten zu können.

7.3.2 Richtungsgegensätze

Hier kommen die durch besondere Wuchsformen gekennzeichneten Gehölze zum Einsatz (→ S. 70):

- Kugeln und Würfel
- Horizontalformen
- Vertikalformen
- richtungsbewegter Wuchs bei bogenförmig überneigenden, aufsteigenden oder „hin und her“ gekrümmten Gehölzen
- Überhänger (z. B. frei wachsende Kletterrosen)

Die Benachbarung gegensätzlicher Wuchsrichtungen verfolgt das Ziel, die Ausdruckskraft der beteiligten Gehölze in einer spannungsvollen Verbindung zu stärken und Aufmerksamkeit zu wecken. Waagerechte (Dachtraufe) und senkrechte Bauwerkskanten können ebenso einbezogen werden wie vertikale Stelen oder richtungsbewegte Skulpturen.

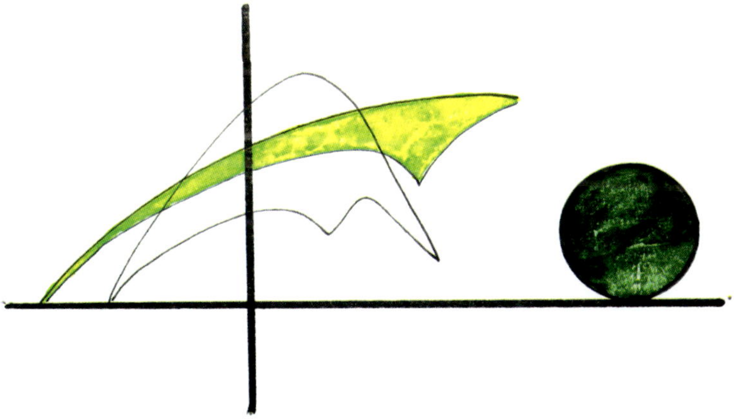

Die Gegensätze zwischen besonderen, richtungslosen, aufstrebenden, waagerechten und richtungsbewegt bogenförmigen Wuchscharakteren stellen ein wesentliches Gestaltungspotenzial dar (Gehölzkomposition: Hach Gartengestaltung Neckarsteinach, D).

Der Reiz dieser Gestaltung wächst aus den Gegensätzen zwischen aufstrebenden Säulen-Eiben und waagerechten Steinreihen, Hell und Dunkel (ega-Park Erfurt, D).

Richtungsgegensätze mit Gehölzen:
- Vertikale vs. horizontale Formen und Überhänger
- Horizontale vs. vertikale Formen und Überhänger
- Bogenform und Überhänger vs. vertikale Formen

Auch die Gliederung der bodendeckenden Gehölzfläche (→ S. 327) kann in die Planung spannender Gegensätze einbezogen werden. Sie ergeben sich aus dem Zusammenspiel richtungsbewegt geschwungener Pflanzbänder und straff aufragender Säulenformen angemessener Größe oder einer blockartigen, formalen Flächenstruktur, gegensätzlich überstellt mit elegant überneigenden Gehölzen. Richtungslose, statisch wirkende Kugelformen (Kugel-Buchs *Buxus sempervirens*, Kugel-Eibe *Taxus* u. a.) können dynamisch schwingende Pflanzenbänder, Wege oder Wasserläufe einspannen und zugleich die vermeintlichen Hindernisse liefern, die die Linien in ihre Krümmungen zwingen.

7.3.3 Allerlei Blattwerk

Anders als meist kurzlebiger Blütenflor wirken Blattbesonderheiten sommerlang. Gegensätzliche Blattgestalten beleben jede Gehölzpflanzung, egal ob im Garten oder im öffentlichen Grün. Zunächst ist der starke Gegensatz großer, ganzflächiger Blätter (Trompetenbaum *Catalpa bignonioides*, Blauglockenbaum *Paulownia*, Losbaum *Clerodendrum*) zu kleinen, schmalen oder sonst feingliedrigen Blättern (Gleditschie *Gleditsia triacanthos*, Schmalblättriger Esche *Fraxinus angustifolia*) als wirkungsvoll zu nennen. Weil alles Große näher scheint, rücken auch ent-

Eine grobe Textur (vorn) lässt bereits die Konturen der Einzelblätter erkennen. Das macht sie prägnanter und ranghöher.

Die Oberflächenqualität oder Textur eines Gehölzes wird durch die Größe und Dichte der Blätter bestimmt. Eine grobe Textur (links) kann ebenso dicht oder aufgelockert sein wie eine feine, sich aus zahlreichen kleinen Blättern zusammensetzende.

Die zunehmende Auflösung des flächigen Blattes macht Texturen feiner und weniger auffällig. Alles Große und Grobe kann den Vordergrund und die Perspektive betonen.

Der kompakten Kontur steht die grafische Struktur von Gräsern und winterkahlen Gehölzen gegenüber.

Die feingliedrigen Zweige der Scheinhasel *Corylopsis pauciflora* sind über der gegensätzlich hellen Schneedecke kaum zu übersehen.

Grobe und feine Zweigstrukturen können dicht oder aufgelockert sein. Grob und aufgelockert gut sichtbar, sind die dicken Äste von Aralie *Aralia elata* und Geweihbaum *Gymnocladus* interessante Gestaltungsmittel.

fernte Bäume mit großen, am besten dunklen Blättern und entsprechend grober Textur auf uns zu und dominieren die feinblättrigen Bäume mit helleren und aufgelockerten, luftigen Kronen. Deren Zahl sollte entsprechend erhöht werden, um den Kontrast auszuwägen.

Farbe überstrahlt die Form der Blätter und ihre Gegensätze. Wo die Blattkonturen im Vordergrund stehen sollen, ist es sinnvoll, farbintensive Blüten ebenso wie rotlaubige oder silbergraue Gehölze nicht oder nur sehr sparsam zu verwenden.

7.3.4 Farben geben Kontra

Verlässlich funktionierende, zugleich ausgewogene Farbgegensätze liefern die im bekannten Farbkreis gegenüberliegenden Komplementärfarben (Gegenfarben). Rot und Grün, durch eine Linie verbunden, trennen die „warmen“ (Gelb, Orange, Rot) und „kalten“ Farben (Grün-, Blautöne, Violett) voneinander. Ihr Miteinander sorgt für den starken „Kalt-Warm-Kontrast“ der Farben. Wird einer der beiden Gegenfarben eine benachbarte hinzugefügt, entsteht ein „weicher“ Kontrast, weil sie einen abgemilderten Dreiklang ergeben, etwa Blau mit Goldgelb und Rotorange oder Purpur mit Gelb und Gelbgrün. Eine der beteiligten Farben wird in der Nachbarfarbe differenziert und gesteigert. Das kann auch durch Aufhellen geschehen, also Gelb und Blau mit Hellblau.

Für die Gestaltung mit Farben stellt der klassische Farbkreis nach wie vor ein probates Werkzeug dar. Gegenüberliegende Farben bilden starke, dennoch ausgewogene Kontraste, benachbarte eher Übergänge und Differenzierungen. Das nicht enthaltene Grau steigert die Wirkung aller Farben.

Wirkungssteigernde Farbgegensätze spielen in vielen Pflanzungen eine große Rolle. Im Gegensatz zu den meisten Blütenfarben dauert der Effekt farbiger Blätter den gesamten Sommer über an (hier Perückenstrauch *Cotinus coggygria* 'Royal Purple' und Schmalblättrige Ölweide *Elaeagnus angustifolia*).

Dagegen verbindet ein gleichseitiges Dreieck, an beliebiger Stelle über den Farbkreis gelegt, jeweils drei Farben abstandsgleich zu einem „harten" Dreiklang. Zwei Gegenfarbpaare sind ein Vierklang, wiederum mit der Option der Abschwächung. Durch das gewöhnlich vorhandene Blattgrün wird mit einem Zweiklang oft schon ein Dreiklang, mit einem Dreiklang ein Vierklang erreicht. Und die rot blühende Strauchrose ist schon allein – dank grüner Blätter – ein Zweiklang.

Wie sehr gegensätzliche Paarbeziehungen die Beteiligten verändern, zeigt der Bezold-Effekt: Die gleiche Farbe wirkt in Gegenwart dunkler Farben dunkler und umgekehrt (Wilhelm von Bezold, 1837–1907, deutscher Physiker und Mathematiker). Ein Gegensatz, der bleibt, aber einen der Beteiligten dem anderen angleicht.

Praxistipp

Farben in Balance

Auch Farbkontraste bedürfen des Ausgleichs. Weil leuchtkräftige Farben dominieren, bleibt von den weniger dominanten nicht viel übrig, wenn beide im gleichen Mengenverhältnis eingesetzt werden. Um den Ausgleich herzustellen, ist eine Anpassung der Farbmengenanteile erforderlich. Hierfür sind die von J. W. von Goethe formulierten Lichtwerte hilfreich:

- 9: Gelb
- 8: Orange
- 6: Rot und Grün
- 4: Blau
- 3: Violett

Daraus folgt, dass Violett sich gegen Gelb nur in dreifacher Dosis behaupten kann. Das weiter aufgehellte Lila harmoniert besser mit ebenfalls hellerem Gelb oder Gelbgrün.

Die Lichtwerte können nützlich sein, um Mengenanteile gleichzeitig blühender Gehölze in Hecken oder Flächengrößen verschiedener Bodendecker in mehrfarbig gegliederten Gehölzteppichen festzulegen. Während farbiges Sommerlaub und Herbstfärbung Gehölze vollständig erfassen, erscheinen nur wenige – wie Goldglöckchen *Forsythia* × *intermedia* oder der Belgische Spierstrauch *Spiraea* × *vanhouttei* – zur Blühzeit ganz in der Blütenfarbe. Häufiger sind die Blüten weniger zahlreich, so dass die Anteile grünen Blattwerks mit zu berücksichtigen sind.

Goethes Lichtwerte bieten Hilfe bei der Bemessung von gegensätzlichen Farben. Oben: Ein ausgewogenes Mengenverhältnis von Rot und Grün (gleicher Lichtwert). Unten: Das schwache Lila ist zu wenig vertreten, Gelb dominiert.

7.3.5 Der Blick „dahinter“

Selbstverständlich genügt es, eine Pflanzung ganzheitlich als schön zu empfinden, begeistert zu sein, diese Begeisterung zu teilen und unbeschwert ihre Wirkung zu genießen. Aber genießen will gelernt sein. Nicht nur die Kochkunst bedarf vieler Kenntnisse und genau dosierter Zutaten, um ein überzeugendes Ergebnis servieren zu können. Deshalb ist der Blick hinter die Kulissen eines gestalteten Pflanzbildes für alle wichtig, die für den eigenen Umgang mit Gehölzen dazulernen wollen. Was braucht es, um eine Pflanzung als schön und wunderbar gestaltet wahrzunehmen, ohne die dahinter steckenden Ideen im Detail zu kennen?

Worauf kommt es an, wenn unsere Pflanzung beim Betrachter spontan ankommen und nicht unter ihren Möglichkeiten bleiben soll? Versuchen Sie, sich in Gärten und Pflanzungen einzulesen, um zu lernen und Neues entwickeln zu können.

Die Kriterien:

- Es gibt den „Schwerpunkt der optischen Aufmerksamkeit“, der nicht nur durch ein Gehölz, sondern auch durch eine Skulptur oder Kleinarchitektur entstehen kann.
- Die Pflanzen sind in jeweils ausreichender Anzahl vertreten und gut wahrnehmbar.
- Eine „wilde“ Pflanzung wird durch ranghöhere Leitpflanzen und/oder prägnante Einfassungen oder Formschnittpflanzen zusammengehalten.
- Die Wiederholung von erkennbaren Pflanzeneinheiten (Gruppen) verleiht der Pflanzung eine Rangordnung und steigert die wiederkehrenden Pflanzen in ihrem Rang.
- Auch höhengestufte Pflanzungen stellen eine Rangordnung her, die Dickichte vermeidet.
- Vielfältige Arten, Farben, Formen und ihre Differenzierungen beeindrucken und werden als Mittel der Rangordnung genutzt.
- Interieur und Skulpturen unterstützen die Gestaltungsabsicht.
- Wiederkehrende Pflanzen oder Pflanzengruppen schaffen einen inspirierenden Rhythmus.
- Verschiedene Gegensätze (→ S. 164) steigern die Strahlkraft der verwendeten Gehölze.
- Die Gegensätze sind durch angemessene Größen und Mengenanteile der beteiligten Gehölze in Balance.

Solche Beobachtungskriterien sind eine gute Basi,s um ins Gespräch zu kommen. Braucht es mehr als nur Intuition, um eine ansprechende und funktionstüchtige Pflanzung zu planen? Ja, es braucht mehr! So sind allgemein gültige Gesetzmäßigkeiten der sinnlichen Wahrnehmung auch in Pflanzungen wirkungsvoll anwendbar.

8 Am Anfang der Raum

„Es ist etwas Eigentümliches um die bloße Macht des Raumes!“
THEODOR FONTANE, Ein Sommer in London (1854)

Den Großteil unseres Lebens verbringen wir in Räumen. Wo wir keine vorfinden, regt sich instinktiv der Wunsch nach den schützenden vier Wänden. Behaglich ist der Raum, der menschlichen Körpermaßen, Blickwinkeln, Reichweiten und Schrittlängen gerecht wird. Aus der Wechselbeziehung zwischen der Ausdehnung des Raumbodens und der Höhe der Raumwände entwickelt sich ein Raumeindruck: zu eng, zu weit oder wohnlich. Besonderheit des Freiraums ist die fehlende Decke, die aber durch Baumkronen oder die Deckenkonstruktion einer Pergola ersetzt werden kann. So wie der Raum – einem Gefäß ähnlich – eines Inhaltes bedarf, so brauchen alle Funktionen und Erlebnisse, die wir in Parks und Gärten erwarten, Raumwände. Höhe, Dichte, Textur, Farbigkeit sowie Öffnungen nach draußen sind Auswahlkriterien für Raumwände, die weit über das hinausreichen, was von einem Zaun verlangt wird, wenngleich mit dieser Einfriedung die Gartengeschichte begann. Für die Formung und Gliederung grüner Freiräume sind Gehölze das wesentliche Gestaltungsmittel. Auch wer nur Blumen liebt, kommt um Gehölze als Raumbildner nicht herum. Sie sind es, die dem Farbentheater von Stauden und Sommerblumen die wirkungssteigernden Kulissen und geschützten Pflanzplätze bieten. Wald- und Parkspaziergänge beziehen uns in eine höhengestaffelte grüne Hierarchie ein, die eigenen, verlässlich funktionierenden ökologischen Gesetzmäßigkeiten folgt, in denen auch wir uns aufgehoben fühlen. Dieser Effekt macht neben der Freude am Beobachten von Farben und Formen einen wesentlichen Teil des Naturerlebens aus, das mit gut geplanten Gehölzpflanzungen auch in den Garten transportiert werden kann.

Praxistipp

Raum und Rasen

Häufig sind Rasenflächen der ruhige Mittelpunkt von Gartenräumen. Vor der Ansaat oder der Verlegung von Fertigrasen ist ein Feinplanum erforderlich, das eine ebene Fläche zum Ziel hat. Die ist nicht nur für den engen Bodenkontakt der Rasenmatten wichtig. Nur eine ebene, nicht unruhig gebuckelte Fläche kann in Verbindung mit den Gehölzpflanzungen den gewünschten Raumeindruck erzeugen (Bewusst geformte Hügel und Senken sind als gestaltet zu erkennen und hier nicht gemeint). Das Feinplanum wird traditionell mit Holzrechen in mehreren Übergängen hergestellt, anfallende Steine werden ausgelesen. Es ist zu empfehlen, immer von der Flächenmitte beginnend zu den Rändern hin zu arbeiten! Am Ende „hängt“ die Fläche in der Mitte ein wenig durch, was den Raumeindruck verstärkt. Kommt es auf den nicht so sehr an, kann eine Wiesenansaat den Schnittaufwand drastisch senken. Auf nährstoffreicheren, nicht zu trockenen Böden wachsen Wiesen jedoch so hoch, dass die Proportionen des Gartenraums empfindlich gestört werden. Sport, Spiel und Picknick sind dann nicht mehr möglich. Ein Kompromiss sind teilgemähte Flächen und immer begehbare Rasenwege, die in ausreichend großen Flächen ansprechende Muster bilden können (Schachbrett, organisch fließend, ...). Zu kleine Gärten sind nicht der rechte Platz für hohe Wiesen. Soll der Rasen ersetzt werden, dann besser durch eine insektenfreundliche, artenreiche Pflanzung.

Eine leicht „durchhängende" Rasenfläche verstärkt den Raumeindruck. Der Effekt wird durch ein Feinplanum der Ansaatfläche von der Mitte nach außen erreicht.

Gärten und Parks leben von Räumen, die an Offenflächen gebunden sind. Hohe Wiesen schränken die Flächennutzung ein. Auf Teilflächen begrenzte Rasenflächen und Rasenpfade schaffen Abhilfe.

Großen Wiesen ein Rasenmuster einzuschneiden, bedeutet mehr Biodiversität, einen ästhetischen Mehrwert (Kontrast Disziplin/Spontanität) und weniger Schnittaufwand (Le Jardin Plume, F).

8.1 Fülle und Leere

Vollgestellt ist ein Gartenraum nicht mehr als solcher erlebbar.

Fülle und Leere in guter Balance: Der Gehölzvorsprung verschafft dem Gartenraum Tiefe und gibt dem Sitzplatz einen wohnlichen Rahmen.

Die Fläche ohne einige Höhenakzente bietet so wenig Raum und Orientierung wie das undurchdringliche Gehölz. Schon ein einzelner Baum kann hinreichender Rauminhalt sein. Je nach Nutzungsanspruch muss auch Raum für Menschen bleiben. Die in der Reihenfolge ihres Einkaufs kreuz und quer über die noch freie Rasenfläche gepflanzten Gehölze verhindern den Kontrast von Fülle und Leere in erlebbaren, den Überblick sichernden grünen Räumen. Auch von der begehbaren Rasenfläche bleibt so nichts übrig. Fülle weckt die Sehnsucht nach Leere und umgekehrt. Erst die Balance mal locker, mal dichter gestellter Bäume und Sträucher schafft Aufenthalts- und Erlebnisräume. Lücken sind unverzichtbar, weil sie Orientierung ermöglichen. Ein Text ohne Leerzeichen und Absätze ist unlesbar. Zugleich warten größere Lücken darauf, in Szene gesetzt zu werden. Hier können attraktive Einzelbäume, Kleinarchitekturen (Pergola, Pavillon), Skulpturen und Ausblicke integriert werden. Große leere Flächen werden ungern betreten. Man vermisst den Schatten spendenden, Raum füllenden Solitärbaum und sucht dann eher nach Geborgenheit verheißenden Nischen am Rande. Mit dem Wechsel von Fülle und Leere ist zugleich ein ökologisch vielfältigeres Lebensraumangebot verbunden, als es Wald oder Wiese allein bieten können. Wenn eine Strauchschicht fehlt, kann sich unter hochstämmigen Bäumen ein beeindruckender Stammraum bilden, für den der Begriff des für tiefschattige Altbuchenbestände typischen „Hallenwaldes“ steht. Indes sind lichtkronige Baumarten für eine beabsichtigte Unterpflanzung mit Waldstauden im „Woodland Garden“ deutlich besser geeignet. Auch für die Nutzung des Freiraums ist der Wechsel von Fülle und Leere wichtig. Selbst auf Gartenschauen grenzt nicht eine Attraktion an die andere. Das Publikum wäre rasch überfordert. Ausgleichende, schlicht grüne und der Entspannung dienende Räume und Rasenflächen lassen es zu, intensiv Erlebtes gedanklich zu verarbeiten.

Praxistipp

Den Garten „ausspannen"

Garten- und Freiraumpotenziale bleiben ungenutzt, wenn sich alle Aktivitäten auf einen Ort – häufig die gebäudenahe Terrasse – konzentrieren. Der oft größere Rest des Gartens bleibt leer und bietet offensichtlich nichts, was das Entdecken lohnt.

Den Gartenraum auszuspannen heißt, ihn bis in die entfernten Ecken mit Leben zu erfüllen und zu nutzen. Ein dort platzierter Pavillon gibt Anlass, die Gartengrenze aufzusuchen, von der sich neue Perspektiven öffnen.

Auch das Potenzial wenig begangener Ecken kann erschlossen, der Garten vollständig genutzt und damit „ausgespannt“ werden. Die Begehung vor Ort, insbesondere entlang der Gartengrenzen, vermittelt die besten Anregungen für die Einordnung von Wegen und Blickzielen. Mithin formen sich Blickachsen, die von höheren Pflanzen freizuhalten sind. Sowohl der Blick über den Gartenzaun als auch zurück zum meist dominierenden Gebäude erschließt überraschende Perspektiven, die Wünsche wecken. Häufig können bislang leere Ecken durch einen Zweitsitzplatz mit eigener Aufenthaltsqualität aufgewertet und in die Gartennutzung einbezogen werden. Der Weg dorthin ist zu Fuß immer länger als nur mit den Augen. Somit verändert sich der Garten, insbesondere scheint er an Größe gewonnen zu haben. Gehölzpflanzungen verbergen die neu entstandenen Räume so, dass sie entdeckt werden können. Wege übernehmen die Führung.

8.2 Gerichtete und ungerichtete Räume

Quadrat und Kreis haben keine Richtung, sie ruhen in sich. Entsprechende Flächen im Freiraum laden zum Verweilen ein, insbesondere dann, wenn sie Rückendeckung bietende grüne Wände, Sitzmöbel und ansprechende Blickziele aufweisen. Je schmaler ein Rechteck, desto deutlicher seine Dynamik und Richtung. Deshalb fordern schmale Heckenwege und Laubengänge eher zum Weitergehen als zum Verweilen auf. Sitznischen im Heckengang gehen ebenso wie die in Alleen längs zur Wegerichtung platzierten Bänke in Opposition, indem das Blickfeld von hier einen quer zur Allee liegenden, ungerichteten Raum erfasst, der sich dem Weitergehen verschließt. Allein an diesem Beispiel wird deutlich, wie Raumwahrnehmung durch eine veränderte Blickrichtung, Wege-

Gerichtete, schmale Räume fordern zum Weitergehen auf. Am Ende sollten sie ein Ziel haben (Kloster Neuzelle, D).

Gartenräume mit annähernd quadratischer Grundfläche ruhen in sich, weil sie keine Richtung haben. Damit verfügen sie über die wichtigste Voraussetzung für die Einordnung von Sitz- und Verweilplätzen (Le Jardin Plume, F).

führung und Möblierung differenziert, sogar gegensätzlich gestaltet werden kann.

Auch schmale „Handtuchgärten" sind gerichtete Räume, die ungegliedert weder Aufenthaltsqualität noch unterschiedlich nutzbare Flächen bieten. Hier ist es wichtig, nach Möglichkeiten der Quergliederung zu suchen, die dem lang gestreckten Rechteck die Dynamik nehmen. Mit geeigneten, insbesondere Platz sparenden Raumwänden entsteht eine Folge von richtungslosen Teilräumen mit Aufenthaltsqualität, die vielfältige Nutzungen und Gestaltungsthemen zulassen. Quer gestellte, seitlich einen Durchgang offen lassende Heckenwände, Mauern oder Rankgerüste brechen den Durchblick über die gesamte, hier eher unerfreuliche Länge und sorgen zugleich für Überraschungen.

8.3 Gärten portionieren

„Dieser Wechsel der Räume hob die Stimmung. Man bekam Lust, zu träumen und an die Zukunft zu denken."

Boris Pasternak, Doktor Schiwago

Ein nicht portionierter Gartenraum bietet wenig Überraschendes, wenig Aufenthaltsqualität und scheint kleiner als er tatsächlich ist.

Ein sofort und vollständig überschaubarer Gartenraum weckt weder Neugier noch Lust, ihn zu betreten. Der Betrachter hat alles gesehen und wendet sich wieder um, wenn es gerade niemanden stört. Insbesondere die kleinen Gärten profitieren von ihrer Aufgliederung in nacheinander erlebbare Teilräume (Raumfolgen). Indes stößt der Vorschlag, einen kleinen Garten aufzuteilen, gewöhnlich auf Skepsis und die Befürchtung, ihn noch weiter zu verkleinern. Diese Bedenken sind leicht auszuräumen. Ob Nahrung, Kleidung oder Geld: Wer wenig davon hat, muss streng einteilen. Warum also nicht auch „wenig Garten" portionieren, um mehr davon zu haben? Sogar das „streng" darf man wörtlich nehmen. Denn je kleiner die Gärten sind, desto sinnvoller ist es, einer Platz sparenden, geradlinigen, gern auch symmetrischen Raumaufteilung und Wegeführung den Vorzug zu geben. Langweilig ist das nicht, stellt sich doch bald der spannende Gegensatz zwischen dem Gebauten (Wege, Beete, Mauern, Gebäudewände, ...) und dem heranwachsenden Grün ein. Im Fall einer symmetrischen Wegeführung, häufig mit einer zentralen Wege- und Blickachse, sorgt ein aus der Reihe tanzendes Element für die nötige Spannung. Das kann ein Gehölz oder eine Skulptur sein, die außerhalb

Eine Folge von Räumen birgt neue Perspektiven und lässt innehalten – ein wichtiges Mittel, um selbst aus kleinen Gärten scheinbar große zu zaubern (Schlossgärten Arcen, NL).

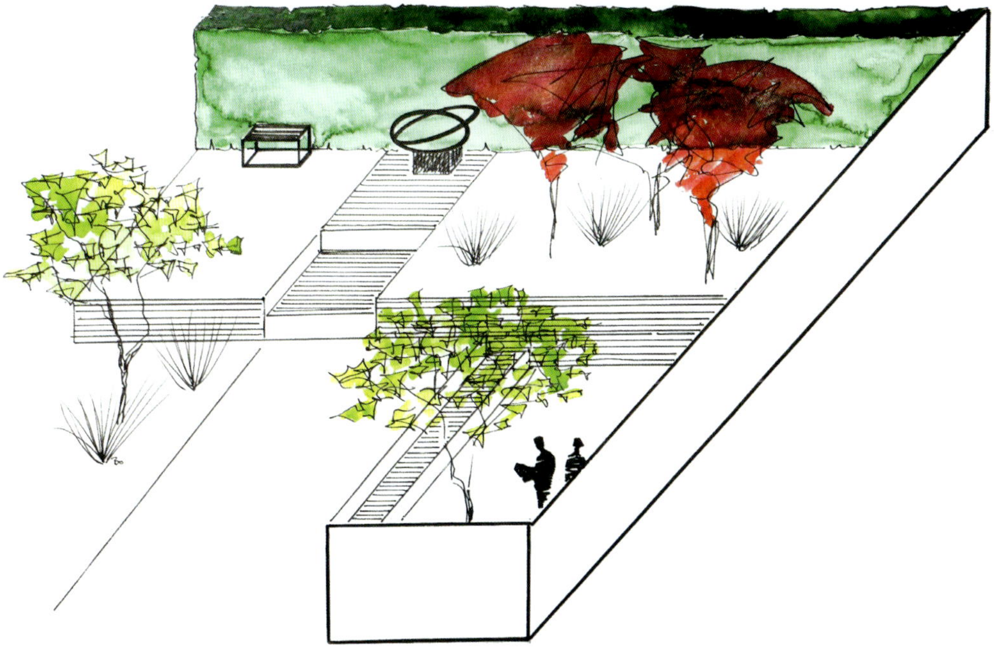

Selbst geringe Höhenunterschiede von wenigen Dezimetern geben Teilräumen eine besondere Aufenthaltsqualität.

der Symmetrieachsen platziert werden. Die Portionierung kleiner Gärten motiviert dazu, diese Zimmer für Zimmer zu entdecken. Das braucht mehr Zuwendung und Zeit, vor allem dann, wenn Neugier geweckt und Überraschendes geboten wird. Nach der Raumaufteilung wird der kleine Garten wesentlich größer erlebt als zuvor, obwohl sich die Maße nicht verändert haben.

Formhecken können auf 10 cm bis 15 cm Breite geschnitten werden und begrünte Rankgitter benötigen noch weniger Platz. Damit sind auch im kleinen Garten grüne Raumwände möglich.

Höhengestaffelte Ebenen werden auch ohne trennende Sichtschutzwände, Schnitthecken oder Rankgerüste als Teilräume wahrgenommen. Ein bis drei Stufenhöhen nach oben oder unten reichen aus, um dieses Phänomen zu nutzen. Ein wohnliches Raumgefühl stellt sich mit einigen kahlfüßigen, breitkronigen Großsträuchern oder malerischen, mehrstämmigen Kleinbäumen ein, die die Teilräume verbinden und überschirmen.

8.4 Gehölze als Raumbildner

Gehölze als Raumbildner. **Von oben:** Schnitthecke, Baumwand, Baumreihe, Solitär, Allee, Rasterpflanzung, unvollständiges Raster (Säulen), Baumdreieck. **Mitte:** gleichartiges Baummassiv, lichter Hain, Baumtor. **Unten:** Baumpaar, Wandbegrünung, begrünte Pergola.

Auch ein von Gebäudewänden gerahmter Gartenhof kann ein grüner Raum werden. Dafür stehen Platz sparende Klettergehölze, begrünte Pergolen oder geschnittene Wandschirme (→ S. 311) zur Verfügung.

In den meisten Gärten werden keine hohen Mauern errichtet. Um ein Raumgefühl zu schaffen, werden hier Gehölze gebraucht. Formhecken und die deutlich höheren Baumwände (→ S. 287) gehören zu den wichtigsten Raumbildnern. Die Vielfalt der geeigneten Gehölze ermöglicht unterschiedliche Zielhöhen, Texturen und Farben. Vorzüge sind neben dem geringen Flächenverbrauch die durch den regelmäßigen Schnitt festzuschreibenden Heckenhöhen. Damit bleiben auch Raumproportionen gewahrt. Frei wachsende Hecken (→ S. 250) sind schwieriger zu planen, wenn sie aus mehr als nur einer Gehölzart bestehen sollen. Hier sind unterschiedliche Wuchshöhen und -formen ebenso zu berücksichtigen wie die Kräfteverhältnisse zwischen den Arten.

Für kleinere Gärten scheinen Gehölzgruppen (→ S. 232) kein geeignetes Gestaltungsmittel zu sein. Dennoch gibt es sowohl für große als auch kleinere Räume die passenden Bäume. Schon beim Einkauf muss auf die Stammhöhe auch kleinkroniger Bäume geachtet werden, will man die Fläche darunter nutzen. Baumreihen und mehrreihige Alleen können Räume begrenzen oder gliedern.

Im Inneren der Allee entsteht ein starker Raumeindruck, wenn sich die Kronen der Bäume berühren. Das gilt auch für abstandsgleiche Rasterpflanzungen (Baumblöcke). Dachförmig geschnitten, entsteht eine „Baumpergola" (→ S. 319).

Gebaute Pergolen und Laubengänge – durch Klettergehölze komplettiert – gliedern oder begrenzen Räume und sind selbst Raum.

Gerade Schnitthecken und begrünte Pergolen zeigen: So wichtig das Raumerlebnis ist, so wenig ist es auf große Bäume angewiesen. Anders ist es im großen Maßstab der öffentlichen Grünanlagen, insbesondere der Landschaftsparks. Hier sind große Bäume in freier oder formaler Anordnung (Allee, Baumblock, kreisförmiger Baumzirkel, ...) in geeigneten Arten und Lieferqualitäten unentbehrliche Mittel der Raumbildung und -gliederung.

Im Baummassiv rücken mehrere Bäume eng zusammen. Das wirkt besonders wuchtig, wenn alle Bäume der gleichen Art angehören.

Mehr Vielfalt bietet eine aus verschiedenen Baumarten komponierte Dichtpflanzung. Die Schwierigkeit liegt darin, dass Wuchshöhen und -formen sich ebenso ergänzen müssen wie Farben und Texturen. Andernfalls kann es verwirrend werden: Während die Bäume um ihre durch die Konkurrenz bedrohte Stellung ringen, verliert das Publikum den Überblick.

Rücken die Bäume in spannungsvoll ungleichen Abständen auseinander, entsteht ein Hain. Der Birkenhain ist insofern ein treffendes Beispiel, da er einladende Lockerheit auch in den Baumkronen widerspiegelt.

Ein Baumdreieck auf gleichseitigem Grundriss ist gut geeignet, um ein mittiges Objekt – zum Beispiel einen Brunnen oder eine Skulptur – hervorzuheben und zu rahmen. Häufig reichen hierfür drei gut ausgewählte Bäume aus und es muss nicht immer ein voller Baumkreis sein. Spannungsvoller ist eine Dreieckskomposition in ungleichen Abständen. Die kann in Pflanzungen Ordnung stiften, aber auch – etwa über Wege oder Einzelflächen hinweg – Verbindungen schaffen.

Einzeln gepflanzte Solitärbäume oder -sträucher (→ S. 206) bilden Räume nicht, geben diesen aber einen – gelegentlich den einzigen – Inhalt. Als „Vordergrundbäume" vertiefen sie den Raumeindruck. An anderer Stelle akzentuieren sie Gebäudeecken, Kuppen oder Situationswechsel im Wegeverlauf (Grenzpunkte). Solche Grenzpunkte sind auch durch ein von zwei artgleichen Bäumen gebildetes „Baumtor" hervorzuheben (→ S. 232). Je nach Umfeld können Großbäume oder kleine Buchskugeln maßgerecht sein. Von Wegen unabhängig, schließt ein „Baumpaar" (→ S. 232) ein wichtiges Objekt ein (Bank, Kapelle, Skulptur, Mahnmal, ...).

Daneben stellen Sträucher und Bäume – im Bedarfsfall auch geschnitten – ein wichtiges Korrektiv dar. Sie verstellen Sichten blickdicht oder transparent und rahmen Blickachsen ein (Baumfenster, Heckenfenster). Durchbrochene Gehölzpflanzungen oder hochstämmige, licht gestellte Bäume schaffen Raumöffnungen, die über den kurzen Rasen auch ohne gebauten Weg zum Weitergehen einladen.

Dichte Laubmassen, die auch durch buschige und bis zum Boden reichende Gehölze entstehen, erzeugen tiefe Schatten. Vorsprünge und Einzüge in Hecken sorgen für ein lebendiges Schattenmuster. Formschnittgehölze mit harten Konturen und Abstand haltenden Lücken bringen Rhythmus in den Schatten.

Gehölzstrukturen sind langlebig und retten den verwilderten Garten über die Zeit. Für eine Sanierung liefern sie wertvolle Ansätze.

3.5 Die Stockwerk-Strategie

Ob Wald im Großen oder Wiese im Kleinen – natürliche Vegetation ist oft geschichtet. Das kann auch eine interessante gestalterische Anregung sein. Wenn es gelingt, die verschiedenen Stockwerke einer Pflanzung mit den jeweils passenden Pflanzen geeigneter Wuchshöhe und Wuchsform zu besetzen, wird höchstmögliche Artenvielfalt auf gleicher Grundfläche möglich. Das liegt daran, dass die potenziellen Konkurrenten sich nicht auf gleicher Höhe begegnen und versuchen, sich gegenseitig zu verdrängen. Die Planung in Stockwerken wird noch einmal anspruchsvoller, wenn ästhetische Kriterien – zum Beispiel Farbigkeit und Blühzeiten – hinzukommen. Im Gegensatz zu den unteren Stockwerken im Waldbau wird hier nicht die nachwachsende Generation für die obere Baumschicht etabliert.

Mit einer Stockwerkpflanzung wird die größtmögliche Artenvielfalt auf vergleichbarer Grundfläche erreicht. **Von unten nach oben:** **B** = Bodendecke; **N** = räumliche Nebenstrukturen (die Bodendecke überragende Stauden, Kleingehölze, Steine); **H** = räumliche Hauptstrukturen (Strauchschicht, Skulpturen...); **Ü** = übergeordnete Raumstruktur (untere und obere Baumschicht oder Gebäude).

Landschaftsgärtnerisches Ziel ist es, die entsprechend ihrer Wuchsform und -größe ausgewählten Gehölze in Stockwerke einzuordnen, aus denen sie auch nach vielen Jahren nicht herauswachsen. In artenreichen Gehölzpflanzungen ergibt sich häufig der zusätzliche Vorteil, dass auch die Wurzeln Bodenschichten mit entsprechenden Nährstoff- und Wasserreserven in unterschiedlicher Tiefe vielfältiger nutzen können. Tief-, Flach- und Herzwurzler treffen im Boden nicht konkurrierend aufeinander. So steht allen mehr Wurzelraum zur Verfügung.

Ziel der Pflanzplanung in verschiedenen Raumebenen (Stockwerkpflanzung) ist, solche Dickichte zu vermeiden, die wenig Vielfalt bieten.

Längst nicht in allen Situationen sind auch alle Stockwerke vertreten. Sie insgesamt zu bedenken, ist dennoch nützlich. So sind Schlussfolgerungen für nötige Ergänzungen oder das Weglassen von Stockwerken möglich. Die Baumschicht stellt das oberste Stockwerk dar und schließt die untere Baumschicht mit den nachdrängenden Jungbäumen ein. Diese übergeordnete Raumstruktur kann auch durch höhere Gebäude vertreten sein. Nach unten folgt die Strauchschicht, geprägt insbesondere durch unübersehbare Großsträucher mit bis zu 5 m Wuchshöhe (Hasel u. a.).

Die Strauchschicht ist die für uns maßgebliche, räumliche Hauptstruktur. Warum? Längst sind wir nicht mehr so ausdauernd zu Fuß unterwegs wie unsere Vorfahren. Aber immer noch müssen wir auf den Weg achten. Das Blickfeld nach oben ist stark eingeschränkt, solange wir den Kopf nicht heben. Umso wichtiger ist es, dieses Stockwerk nicht mit blickdichten Sträuchern zu verstellen. Ob mit oder ohne Baumschicht darüber, im Blickbereich brauchen wir Gestaltungs-, Pflanz- und Erlebnisraum, keine Dickichte. Sparsam eingesetzt können Sträucher die Pflanzung am Boden ergänzen und räumlich akzentuieren. An richtiger Stelle lenken sie den Blick und inszenieren räumliche Tiefe. Die Pflanzung am Boden (Krautschicht) beinhaltet die eigentliche Bodendecke und darüber hinausragende Einzel- und Gruppenstauden sowie Kleinsträucher, die zu den höheren Großsträuchern darüber vermitteln (räumliche Nebenstruktur). Vor Blütenstauden, Gräsern und Farnen sind ausreichend große Steine, auch geschnittene Gehölzkuben oder -kugeln für diese Aufgabe geeignet, weil deren prägnante Konturen zuerst wahrgenommen werden. Somit ist das wuchshöchste Stockwerk (Baumschicht) nicht immer das ranghöchste. („Woodland Garden“ → S. 341)

Nachhaltige Pflanzplanung: Verschiedene Wuchsformen und Wuchshöhen verteilen sich so auf unterschiedliche Stockwerke, dass sie sich arttypisch entwickeln und nicht in Konkurrenz geraten können.

3.6 Aber bitte mit Durchblick!

Einblicke, Durchblicke in angrenzende Räume und Ausblicke sind Interaktionslinien und Kommunikationswege nach innen und außen im Netzwerk Garten.

Vie sehr Wege mit Ein-, Aus- und Durchblicken erknüpft sind, wird schnell daran deutlich, dass ie oft genug an Blickpunkte führen, an denen s etwas zu sehen gibt (Blickpunkte sind Bebachtungsstandorte). Während Durchblicke in len Grenzen des Gartens oder Parks bleiben, rschließen interessante Ausblicke meist beondere Blickziele in der Ferne (Turm, Einzelaum, Bauwerk ...).

ollen bestimmte Perspektiven erlebt werden, ind sie gewöhnlich durch Wege zu erreichen. /or Ort erhalten sie einen den Blickwinkel begrenzenden Rahmen. Dafür gibt es in großen arks das „Baumfenster“, in kleinen Gärten die ücke in der Schnitthecke (Heckenfenster“), m Rankgerüst oder in der Mauer. Anderenorts ibernimmt ein aufgestellter Bilderrahmen die unktion. Solche gerahmten Durchblicke mahen aufmerksam und neugierig auf etwas, das Iervorhebung verdient, aber sonst möglicherveise übersehen wird.

Hecken unter Augenhöhe erlauben Einblicke – etwa in den Vorgarten – oder Ausblicke, wenn es sich lohnt – etwa bei Öffnungen in die angrenzende Landschaft. Hier muss nicht mit störenden Einblicken gerechnet werden, aber die „geborgte Landschaft“ gibt dem Garten eine besondere Perspektive und Erlebnisqualität. Erhebungen können Einblicke in den eigenen Garten und Ausblicke in die Ferne bieten. Sie werden immer gern erklommen. Lohnt sich

Durchblicke – hier durch ein „Baumfenster“ gerahmt – sollten immer ein Blickziel haben (Ilmpark Weimar, D).

Durchblicke eröffnen neue Raumperspektiven.

Das Baumfenster kann im kleinen Garten platzsparend durch ein Heckenfenster ersetzt werden (Bois des Moutiers, F).

Manchmal genügt es für Ein- oder Durchblicke, an passender Stelle die unteren blickdichten Äste zu entfernen.

das nicht, ist die Enttäuschung spürbar. Dann besser bepflanzen! Durchblicke vernetzen angrenzende Gartenräume miteinander. Schräg zur Blickachse gestaffelte oder sich quer deckende Heckenriegel verwehren im Bedarfsfall den Durchblick, nicht den Durchgang. Wenn erwünscht, werden Einblicke in den Vorgarten durch eine niedrige Hecke ermöglicht. Unangenehm ist der Einblick von oben, etwa aus Fenstern oder von dem höhergelegenen Weg oder Nachbargrundstück auf einen Sitzplatz

Kleine Raumöffnungen sorgen für überraschende Einblicke (Erfurter Garten- und Ausstellungs-GmbH, D).

Die gezielte Anordnung bodenschlüssiger und kahlfüßiger, durchgängiger Gehölze kann Besucher auch ohne Wege über den Rasen leiten. Wird dieser Durchgang nur gelegentlich benutzt, nimmt der Rasen keinen Schaden.

Die Entfernung eines einzigen Gehölzes (links) kann neue Blickbeziehungen eröffnen (rechts).

darunter. Eine dicht begrünte Pergola bildet eine undurchschaubare Raumdecke, die verlässlich gegen Neugier von oben schützt.

Freie Ausblicke in die Landschaft oder ästhetisch ansprechende Blickziele in einer gestalteten Grünfläche müssen keine Wegeziele sein, können jedoch für einen AHA-Effekt sorgen und das Naturerlebnis der Beobachter bereichern. Das Blickziel ist unverzichtbar und verbessert die Aufenthaltsqualität im Grünen maßgeblich. Von erstaunlich vielen Bänken aus

Geborgte Landschaft: Attraktive Ausblicke erweitern den Garten (Dornburg, Stiftung Thüringer Schlösser und Gärten, D).

gibt es nichts zu sehen. Wer nicht zu müde oder in ein spannendes Gespräch vertieft ist, erhebt sich rasch wieder. Bänke sind mehr als nur Ruhemöbel. Hier gibt es ausreichend Zeit, um neben bereichernden Ausblicken die Details der Umgebung wahrzunehmen. Die Umfeldgestaltung ist entsprechend wichtig.

Nicht jedes Wegeziel bedarf auch befestigter Wege. Auch über stets kurz gehaltenen Rasen darf gegangen werden, wenn es nicht zu häufig geschieht. Den nötigen Anreiz liefern locker gestellte, hochstämmige Bäume und kahlfüßige Großsträucher oder ganz offene Partien, die von dichten, bis zum Boden reichenden Gehölzen seitlich begrenzt werden. Die inszenierten Raumöffnungen wecken nicht nur Neugier, sie führen auch, ohne auf gebaute Wege angewiesen zu sein. Im besten Fall lockt ein erkennbares Ziel, sei es eine Sitzgelegenheit oder eine Skulptur. Das funktioniert mindestens in Hausgärten sehr gut, wo ein Übermaß an Wegen die Rasen- und andere Vegetationsflächen unnötig zerschneidet.

Im Beziehungsgeflecht zwischen Wegen und funktionalen oder künstlerisch gestalteten Blickzielen können Bäume selbst zum „Hingucker“ werden. Das kann ein Baum sein, der durch sein Alter, die daraus resultierende Größe und markante Wuchsform die Wegeplanung bestimmt. Für Neupflanzungen werden weithin sichtbare Säulenbäume (Säulen-Eiche *Quercus robur* 'Fastigiata Koster' u. a.) oder Überhänge (wie Katsura-Baum *Cercidiphyllum japonicum* 'Pendulum') ebenso gern verwendet wie Gehölze mit roten oder silbergrauen Blättern, Blütenschmuck und Herbstfärbung. Gelegentlich passt es besser, alternativ zum Baum eine Skulptur einzusetzen.

8.7 Im Zentrum der Blickachsen

In formal-symmetrisch gestalteten Gärten, einschließlich denen des Barock, sind Blick- und Wegeachsen identisch (Landgut Holzdorf, Weimar, D).

Wege in Parks und Gärten sind mehr als die Verbindung von A nach B und mehr als ein Mittel der Flächengliederung. Wer sich in einer Wegeachse, insbesondere im Schnittpunkt von Wegen mit Blickzielen rundum, befindet, fühlt sich darüber hinaus in den Freiraum integriert. Die Blickachse, in der ich stehe, gehört mir! Der Weg, den wir gehen, und das, was wir sehen, lässt uns zu einem Teil des gestalteten Wege- und Blicknetzes werden. Das gilt insbesondere auch für die Schnittpunkte von Sicht- und Wegeachsen. Dieser Effekt des „Aufgehobenseins“ kann in jedem gut gestalteten Garten oder öffentlichen Freiraum erreicht werden. Sind wir es, die – von Wegen geleitet – Blickziele entdecken oder geraten wir in den Fokus dieser Interaktion? Immerhin fühlen wir uns an

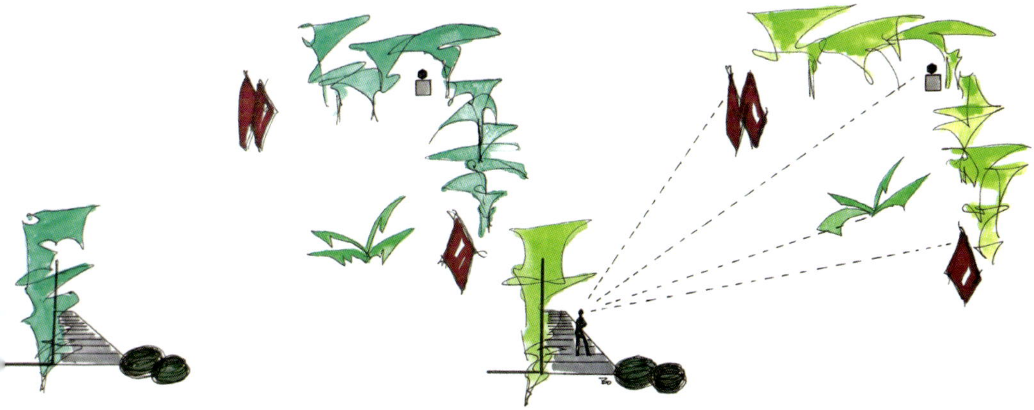

Blickbeziehungen werden erst aktiv, wenn wir ihr Netzwerk betreten und das Gefühl erleben, darin eingebunden zu sein.

;esichts eines attraktiven Baumes oder einer ugenfälligen Skulptur häufig aufgefordert, nnezuhalten, um die Szenerie bewusster wahrunehmen.

Vährend im formalen, gewöhnlich axial-symnetrischen Garten die Wege- und Blickziele eckungsgleich sind, schwingen im frei getalteten Landschaftsgarten die Wege um ;eradlinige Blickachsen, die sie wiederholt kreuen. Eine Öffnung im Gehölzbestand (Baumenster) kann die Sichtlinie und das Blickziel am nde rahmen. Das Blickziel kann im Einzelfall uf der Achse verschoben werden, also auf den etrachter zurücken.

)ass die die Sichtachsen schneidenden Wegeunkte auch Blickpunkte sind, muss entdeckt, ann aber auch mit einer hilfreichen Auforderung verbunden werden. In den Parks er Klassik-Stiftung Weimar etwa geben in den oden eingesenkte Plaketten den Hinweis: Hebe deinen Blick und verweile!". Schon in der andschaft wird klar: Der vermeintlich nicht küreste, gekrümmte Weg hat Gründe. So werden Hindernisse umgangen, beschwerliche Anstiege und feuchte Senken vermieden, Waldränder und Flurgrenzen verfolgt. Im gestalteten Garten kann auch ein nachträglich gepflanzter Baum sowohl das die abweichende Wegeführung begründende Hindernis als auch attraktives Blickziel sein, von dem neue Perspektiven – auch im Rückblick – erschlossen werden. Immer noch schwingen Wege in neu entstehenden Parks, aber Sichtachsen und Blickziele sind ihnen häufig abhandengekommen. Gedankenlos oder zeitgemäß? Welche Anziehungskraft selbst von einer „inoffiziellen" Blickachse ausgehen kann, verdeutlicht der Blick durch das „Heilige Schlüsselloch" in Rom. Es befindet sich in der Tür, hinter der das Priorat auf dem Aventin-Hügel liegt. Die anderthalb Kilometer lange, von einem dunklen Laubengang umfasste Blicklinie endet an der meist hellstrahlenden Kuppel des Petersdoms.

Blickziel oder Weg – was war zuerst? Die Antwort ist noch nicht gefunden. Die Wegeführung wird vorhandene qualitätvolle Blickziele einbeziehen, neue Perspektiven eröffnen, Anstiege suchen oder bequem Höhenlinien folgen. Die danach zu planenden und zu möblierenden Verweil- und Blickpunkte verlangen nach Blickzielen. Der Blick ins Leere und Belanglose ist nicht erfüllend. Eine Chance wird zur Enttäuschung. Oft genug wäre es nötig, fernab am Bürotisch geplante Wege nach ihrer Absteckung im Gelände zu korrigieren. Viele Bauvorhaben bieten dafür keine Spielräume.

Anders ist es in privaten Gärten. Hier steht der besten Lösung, den Freiraum selbst zu „ergehen“, nichts im Wege. Das zwischen 1917 und 1941 entwickelte Landgut Holzdorf (Thüringen) eröffnet dem Blick eine besondere Situation Der Besitzer, Dr. Otto Krebs, war Sammle bedeutender Plastiken und Skulpturen. Dami waren die Blickziele in großer Zahl bereits vo der Gartenplanung vorhanden und musste berücksichtigt werden. Folgerichtig hat de Gartenarchitekt Franz Wirtz in dem forma len Teil des Parkes ein dichtes Netz parallel laufender und sich kreuzender Wege- und Sicht achsen geschaffen, das alle Objekte Augen un Füßen interessierter Besucher wirkungsvoll er schloss.

Im Landschaftspark und in frei gestalteten Gärten schwingen Wege um die Blickachse. Im Weitergehen erschließen sich wechselnde Perspektiven (Park an der Ilm in Weimar, D).

n reifen Bestandsgärten stellt eine anfangs lurchgeführte Raumanalyse eine unentbehr- iche Grundlage für eine bessere Neu- oder Jmgestaltung dar. So können verwachsene 3lickachsen wieder freigelegt, neue entdeckt ınd Neupflanzungen vermieden werden, die vichtige Blickziele verstellen.

Vege- und Sichtachsen, Wegeziele, Blickziele ınd Blickhindernisse mögen gelegentlich als ine über das Ziel hinausschießende Liebhaberei ıbgetan werden. Ein tieferes Verständnis sieht n diesen Gestaltungsmitteln nicht mehr (und ıicht weniger) als etwas folgerichtig Gedachtes ınd konsequent Umgesetztes, das wesentlich u einem bewusst und positiv erlebbaren Frei- aum beiträgt.

Die noch Unentschlossen seien an die ökologische Bedeutung erinnert, die Sichtachsen haben. Eine strukturreiche, halboffene Landschaft ist nicht nur „schön", sondern vielmehr auch durch ihre große Biotop- und Artenvielfalt von naturschutzfachlichem Wert. So sind auch Blickachsen nicht nur ein ästhetisches Instrument. Der entstehende Offenraum ist mit seinen Säumen neuer Lebensraum, gegensätzlich zum angrenzenden dichten Bestand.

Wo stets begehbarer und Raumverhältnisse ganzjährig sichernder Rasen nicht zwingend erforderlich ist, wird eine Wiese die ökologisch wertvollere und damit bessere Bodenbegrünung sein.

3.8 Ein Haus, ein Garten

Der Blick durch die Räume und Fenster des Hauses in den Garten oder in die Landschaft verbindet Haus und Freiraum so eng, wie es nur möglich ist. Dafür werden im besten Fall Haus und Garten zusammen gedacht, entworfen und geplant. Ein bekanntes Beispiel ist die ehemalige Villa des Malers Max Liebermann am Wannsee in Berlin, heute als Museum für die Öffentlichkeit zugänglich. Hier ist es das Foyer, das den Blick auf See oder Garten gestattet. Aus dem Garten kann der Blick durch das Haus hindurch auf den See gehen.

Auch die attraktivere Gestaltung eines Innenhofes kann eine Blickbeziehung nach draußen und umgekehrt eröffnen. Nun darf auch das Hoftor offenbleiben oder großflächig verglast werden. Häuser am Hang bieten die einmalige Gelegenheit, jedes Stockwerk mit dem Freiraum zu verbinden – sei es der attraktive Terrassenblick auf die gestaltete Hangpflanzung oder der Steg, der den in den Hang integrierten Sitzplatz

Im Idealfall können Haus und Garten zusammen geplant werden. Aus dem Haus führende Blickachsen, große Fenster und barrierefreie Übergänge in den Garten vermitteln das Gefühl, im Garten zu wohnen (Parco de Serralves, P).

Greifen die draußen verwendeten Pflanzen die Physiognomie der für die Innenraumbegrünung eingesetzten auf, wird die Zusammengehörigkeit von Haus und Garten deutlich (BUGA 2021 Erfurt, D).

erschließt. Ein sehenswertes Beispiel ist das als Museum öffentlich zugängliche Wohnhaus von Konrad Adenauer in Bad Honnef-Rhöndorf.

Moderne Fenstergläser und Dämmtechniken erlauben auch den energiesparenden, im Sommer angenehm schattigen Blick nach Norden, wenn dort die sehenswerte Landschaft ist. Ein angebauter Wintergarten kann als Wind- und Kältepuffer dienen und den Ausblick optimieren.

Über den Durchblick hinaus gibt es mehr Möglichkeiten, Verbindungen zwischen Innen- und Außenraum herzustellen. Da sind die Baustoffe, die sich wiederholen, und im Idealfall der Weg oder die Terrasse, die sich nach Draußen fortsetzen.

Die in Wintergärten verwendeten Pflanzen können im Außenraum durch frostharte, in Blattform und -färbung ähnliche Arten ergänzt werden. Diese Verbindung nach Draußen erschließt sich sofort, wenn es sich um die gleichen Arten handelt. Beispiele sind *Aucuba japonica* und die mittlerweile an vielen Orten winterharte Zimmer-Aralie *Fatsia japonica*.

3.9 Die große Diagonale

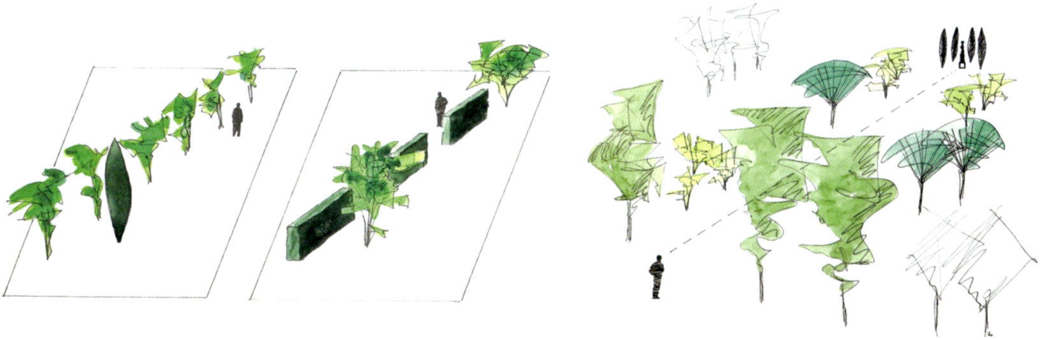

Die Diagonale erschließt die größte Raumtiefe eines Gartens. Sie kann durch eine gepflanzte Reihe dargestellt (links) oder als Blickachse frei gehalten werden (rechts).

Links und rechts der Diagonale können besonders viele Teilräume entstehen, die Gärten erlebnisreicher machen und größer erscheinen lassen.

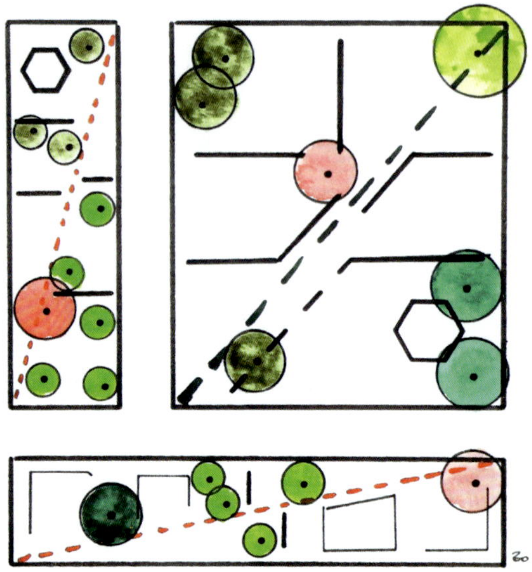

Die Tiefenwirkung der Diagonale ist in breit rechteckigen Gärten (rechts) am größten. In schmalen „Handtuchgärten“ entstehen Teilräume mit Aufenthaltsqualität durch Quergliederungen (links und unten).

Ob „lange“ oder „große“ Diagonale – die diagonale Linie erschließt die größte Raumtiefe und ist deshalb ein wichtiges Gestaltungswerkzeug. Auch im kleinen Garten ist die Diagonale lang und „groß“ und nicht weniger bedeutsam. Gewöhnlich ist es nicht sinnvoll, auf die Diagonale einen Weg zu legen. Die Diagonale ist eine Hilfslinie, die – in eine Sichtachse verwandelt – dem Raum nicht nur mehr Tiefe verleiht. Links und rechts der Diagonalen können mehr Teilräume unterschiedlicher Größe, Inhalte und Nutzungen untergebracht werden, als es entlang einer mittigen, Gartenflächen halbierenden Achse möglich ist. Aufgrund der zahlreichen, beidseitig wechselnden Eindrücke mit jeweils gebotener Aufenthaltsqualität, wird das interessierte Publikum auf- und festgehalten: Alles wird scheinbar größer. Dieser Eindruck wird durch weitere Ein- und Durchblicke verstärkt.

Die Diagonale ist immer dort ein guter Ansatz der Raumgliederung, wo eine frontal-mittige Achse – etwa aus repräsentativen Gründen – nicht zwingend erforderlich und genügend Fläche vorhanden ist. Wenngleich die Diagonale in schmalen Gärten nur wenig länger als eine der Grundstücksseiten ist, kann sie als asymmetrische Hilfslinie für die hier erforderliche Querstaffelung und damit zu erreichende Raumqualität noch nützlich sein.

Die diagonale Hilfslinie beinhaltet mindestens zwei Möglichkeiten der Umsetzung:

1. Konzeption als offene Sichtachse innerhalb dichter oder halboffener Gehölzbestände.
2. Bepflanzte Diagonale in offenen Freiräumen, die den Blick auf langem Weg in die Tiefe leitet und die Perspektive erweitert.

Der von Fürst Pückler geschaffene Muskauer Park zeigt diese Vorgehensweise beispielhaft. Der gesamte Park (830 ha) wird von diagonalen Sichtachsen erschlossen, gipfelnd in der „Großen Diagonale“ über die gesamte Anlage hinweg.

Ein die Raum-/Grundstücksgrenzen tangierender Rundweg, verbunden mit einer geschickten Gehölzanordnung, macht alle Diagonalen in beiden Richtungen sichtbar und kann darüber hinaus einsehbare Teilräume und Raumnischen erschließen. Diese „große Umgehung“ vervielfacht die Zahl möglicher Sichtbeziehungen, vergleichbar den „großen Umfahrungen“, die historische Herrensitze und Landschaftsparks häufig aufwiesen.

8.10 Wege nach Nirgendwo

Hier geht der Blick ins Leere, während das Pflanzenband konsequent über den Weg hinaus fortgeführt wurde.

Eine vergleichbare Situation besser gelöst: Beet und rotblättrige Banane setzen dem Weg ein Ziel und geben dem Blick in den Park einen Vordergrund (Fürstlich Greizer Park, D).

Krümmt sich ein Weg, geht der Blick zunächst doch geradeaus und ins Leere. Deshalb ist es sinnvoll, dort ein Blickziel zu positionieren (markantes Gehölz, Skulptur).

Wege, die enden, brauchen ein Ziel, wie jedes Satzende seinen Punkt. Geht der Blick nicht in Marschrichtung, kann es gefährlich werden. Dass nicht nur die Füße, vielmehr noch die Augen ein Ziel haben wollen, wird in Gärten und öffentlichen Grünanlagen häufig nicht bedacht. Gern findet das Auge etwas, an dem es sich festhalten kann, wenn der Weg sich abwendet. Wege- und Blickachsen, die im Nirgendwo enden, lassen Fragen offen und Gestaltungspotenzial ungenutzt. Wegeführung ohne Ziel steht für Perspektivlosigkeit und lässt nach eigenen Pfaden suchen. Ein Weg, der sich über einen anderen Weg hinaus nicht fortsetzt, sollte wenigstens einen angemessenen, zufriedenstellenden Schlusspunkt wie eine Skulptur, Pflanzung oder einen Brunnen erhalten.

Blick und Weg gehen provokativ gegen die Wand. Sonst eher merkwürdig, wird hier symbolisch und gelungen auf die ehemalige Berliner Mauer verwiesen (Mauerpark Berlin, D).

Der Rundumblick aus Fußgängerperspektive liefert sowohl im vorhandenen Bestand, als auch im Planungsprozess die besten Ideen. Henning Boëtius schildert in seinem Lichtenberg-Roman, wie begrenzend die vor den Göttinger Wallanlagen des 18. Jahrhunderts abrupt endende Promenade wirkte. Die Öffnung des Walles eröffnete auch in den Köpfen neue Perspektiven: Alle strömten nun nach draußen, „statt sich wie sonst am Ende der Allee auf dem Absatz umzudrehen. Vorlesungen wurden versäumt, Schulden zurückgelassen."

Benutzen wir Wege, die die Gerade verlassen, geht der Blick zunächst doch weiter geradeaus. Hier braucht es ein Objekt, das entweder an der Wegekrümmung als Hindernis fungiert oder in der verlängerten Geraden ein Blickziel bietet (Baum, Skulptur, ...). Eine vergleichbare Situation bietet der eine Kuppe erklimmende Weg. Während der Wegeverlauf nicht mehr erkennbar ist, geht der Blick gen Himmel. Schon ein Einzelbaum wäre ein orientierendes Zeichen.

In der Gedenkstätte Berliner Mauerpark laufen Weg und Blick „gegen die Wand“. Deutlicher kann die frustrierende Situation des „Eingesperrtseins“ nicht demonstriert werden. Diesem abrupt endenden Weg fehlt das darauf hinweisende Zeichen nicht: Die Wand selbst ist hier das assoziative Symbol.

8.11 Gehölze für Perspektiven

Lassen aufeinanderfolgende Räume kleine Gärten im Ganzen größer erscheinen, bezieht sich die Perspektive auf den vor Augen liegenden Raum unterschiedlicher Ausdehnung. Das gilt auch für Ein-, Durch- und Ausblicke, die von Baum- oder Heckenfenstern flankiert werden. Was bedeutet die normale Perspektive? Über lange Strecken rücken parallele Linien (Bahngleise, Alleen) und Einzelobjekte scheinbar zusammen. Großes ist nah, Kleines weit entfernt. Kräftige Farben wie Gelb und Rot verblassen mit wachsender Entfernung. Richtig genutzt können geeignete Pflanzen lange Strecken augenscheinlich verkürzen und umgekehrt, ohne dass sich an der Streckenlänge selbst etwas geändert hat. Ob kleiner Garten oder öffentlicher Freiraum: Professionelle Pflanzenverwendung wird den Raumeindruck verbessern.

Der Wuchscharakter der Gehölze und besonders die Lieferqualitäten der Bäume beeinflussen die künftige Fußgängerperspektive. „Stammbüsche“ sind bis zum Boden beastet, wirken schwer, werden mit wachsendem Durchmesser immer imposanter, verwehren aber Durchblicke und schränken die Flächennutzung zunehmend ein. Abstand haltende kahlfüßige Großsträucher (wie die Felsenbirne *Amelanchier spicata*) und hochstämmige Bäume behindern Durchblicke sowie Flächennutzung kaum. Sollte der Standard-Hochstamm mit 2,2 m (Obstbäume 1,8 m) bis zum Kronenansatz im Einzelfall nicht genügend Blickfeld und Bewegungsraum bieten, sind von vielen Baumarten auch verlängerte Hochstämme bis 4,5 m in gewünschten Größen lieferbar. Anderenfalls werden die Stämme über mehrere Jahre von den unteren, störenden Ästen befreit (aufasten). Wenn sich die Krone am Stammende aufteilt und es keinen Leittrieb (Stammverlängerung) gibt, wird es mit dem nachträglichen Aufasten schwierig. Bei besonderen Kronenformen – Kugel, Überhänger – sitzt am Stammende häufig die Veredlungsstelle (Kopfveredlung), höher geht es also nicht.

Das „halb Verdeckte“ oder „halb Offene“ zwischen Vorder- und Hintergrund sorgt für die Neugier, das „Dahinter“ entdecken zu wollen. Weil Dahinterliegendes weiter entfernt ist, erscheint der Raum tiefer. Dazu trägt auch ein geeignetes, den Blick nicht verstellendes Objekt im Vordergrund (Vordergrundbaum, Skulptur, ...) wesentlich bei.

Ein Baum oder eine Skulptur im Vordergrund verleihen dem Gartenraum Tiefe.

Links und rechts der Blickachse mal vorrückende, mal zurücktretende Gehölzränder, Hecken, Schnitthecken oder Einzelgehölze bilden Kulissen und in die Tiefe gestaffelte Bildebenen, die nicht nur einen besonderen Raumeindruck vermitteln. Sie machen neugierig und locken, neue Perspektiven auch jenseits der Wege zu entdecken.

Neben dem „Dahinter" ist das „halb Durchsichtige" eine weitere Ausdrucksform des „halb Verdeckten". Typische Gestaltungsmittel sind transparente Baumkronen mit luftiger Textur, etwa die von Birken *Betula* und Lärchen *Larix*.

Gestaffelte Gehölzgruppen schaffen Bildebenen. Ob mit Bäumen oder Sträuchern im kleineren Garten: Raumtiefe und überraschende Durchblicke werden mehr (Ilmpark Weimar, D).

Mehr Perspektive durch „Halbverdecktes". Eine Möglichkeit ist das durch die regelmäßig auszulichtenden Bambushalme entstehende Stabgitter (Schlossgärten Arcen, NL).

Eine Birke lässt noch so viel Durchblick zu, dass sie auch in die Mitte einer Blickachse gerückt werden kann. Im kleinen Garten können gestaffelte, farbige Glastafeln eingesetzt werden. Darüber hinaus sind hier die halb durchsichtigen Stabgitter von Bedeutung – vertikale Stangen, die einen den angrenzenden Raum vertiefenden Vordergrund schaffen, ohne die Objekte dahinter völlig zu verbergen. Solche „Vergitterungen" werden in Malerei, Grafik und Fotografie gern genutzt, um Perspektiven zu steigern. Im einfachsten Fall sind das Holzstangen, denen die gewünschte, mit der Pflanzung korrespondierende Farbe gegeben werden kann. Tradition haben Bambusgruppen, deren Halme auch eine Farbwahl bieten: Grün, Gelb, Gelb und Grün, Schwarz. Zu dicht stehende Halme behindern den Durchblick zu stark und müssen entfernt werden. Im Wald sind es häufig die Stämme von Bäumen, die als Stabgitter wirken.

In reifen Gärten mit alten Bäumen ist es oft hilfreich, die Stämme von den unteren Ästen zu befreien und nur wenige Sträucher zu verwenden. Der entstehende, durch das Stabgitter der Stämme vertikal gegliederte Stammraum wird damit erlebbar und perspektivisch vertieft. Eine besondere Stimmung kann mit geeigneten Klettergehölzen entstehen, die die Stämme bedecken. Geeignete Immergrüne wie Efeu *Hedera* oder *Lonicera acuminata (L. henryi)* sind wertvolle Nist- und Schlafplätze für Vögel, Lebensraum für Insekten und Bienennährgehölze.

Und es gibt weitere Instrumente, die Blickachsen mehr Tiefe verleihen können. Davon sollten gerade die kurzen Achsen in kleinen Gärten profitieren, wenn Platz sparende Gestaltungsmittel (Kleinbäume, Sträucher, Formschnittgehölze, Rankgerüste, ...) in geeigneten Maßstäben verwendet werden.

Gehölze verändern Perspektiven

- Große Pflanzen, große Blätter (= grobe Textur) im Vordergrund, kleine Pflanzen mit kleinen Blättern (= feine Textur) im Hintergrund einsetzen, denn Großes ist gewöhnlich nah. Ein „Vordergrundbaum" mit diesen Merkmalen ist ein wichtiges Gestaltungsinstrument für mehr Raumtiefe.

- Im Hintergrund eingesetzt, rücken leuchtkräftige Farben auf uns zu und verkürzen den Gartenraum (Farbperspektive). Das gilt auch für Dunkles (wie Eibe *Taxus*, Apfeldorn *Crataegus × lavallei*), das deshalb für den Vordergrund steht, weil es sich mit wachsender Entfernung aufhellt (Luftperspektive).

Mehr Tiefe auch für kleine Gartenräume: Groß vorn, Klein hinten (rechts oben umgekehrt); Farbstark vorn, Farbschwach hinten (rechts unten umgekehrt).

- Alle prägnanten, klar begrenzten Konturen werden vorrangig wahrgenommen und stehen deshalb im Vordergrund besser, wenn dieser hervorgehoben werden soll. Konturstark sind formgeschnittene Gehölze, Kugelformen, Skulpturen und große Blätter. Dagegen vertiefen aufgelöste Konturen und feine Texturen ohne erkennbare Blattkonturen den Hintergrund.

Dunkles begrenzt den Garten insbesondere dann, wenn vertikal aufragende Säulenformen verwendet werden (hier Serbische Fichten *Picea omorika*).

- Im Gegensatz zum immer weit entfernten Horizont scheint alles Vertikale – Säulengehölze, Stangen, Anhöhen, ... – in den Vordergrund zu drängen. Da gehört es auch hin, wenn der angrenzende Raum optisch erweitert werden soll.
- Trotz gleichbleibender Abstände scheinen sich Einzelpflanzen mit wachsender Entfernung zu verdichten. So gepflanzt, entsteht dieser Eindruck einer gesteigerten Perspektive auch auf kürzeren Strecken.
- Ein Durchblick, der sich in Blickrichtung verengt, vertieft Perspektive und Raum, und das selbst in kleineren Gärten mithilfe eines sich verjüngenden Hecken- oder Mauergangs. Soll die vermeintlich zugewonnene Wege- und Blicklänge nicht wieder eingebüßt werden, darf das Blickziel am Ende nicht zu groß, nicht zu farbig, nicht zu dunkel, nicht reflektierend und nicht zu konturenstark sein (Perspektivumkehr). Größennormierte Möbel täuschen größere Entfernungen vor, wenn sie am Wegende in verkleinerter Ausgabe platziert werden (Kindertisch und -stühle). Deutlich unter Lebensgröße, haben Skulpturen den gleichen Effekt.

- Wer sich nicht daran stört, dass Spiegel sauber gehalten werden müssen, wird sie gern für die optische Erweiterung kurzer Wege nutzen, die eigentlich an der Gartengrenze enden. Erscheint das eigene Gesicht im Spiegel, geht die Illusion verloren.
  Deshalb: Spiegel ein wenig aus der Wege- und Blickachse drehen und stets für das gute Aussehen des gespiegelten Bildes sorgen! Gewöhnlich ist das eine geeignete Pflanzung, in die auch eine Skulptur einbezogen werden kann. Also – wenngleich erst auf den zweiten (Spiegel-)Blick – auch hier eine gepflanzte Perspektive!

Spiegel verdoppeln das Gesehene,und erweitern den Gartenraum scheinbar über Grundstücksgrenzen hinweg. Sieht man sich selbst gespiegelt, geht die Illusion verloren (rechts).

Die dargestellten Wirkmechanismen beruhen nicht auf Zauberei und gutem Willen, sondern vielmehr auf Gesetzmäßigkeiten der sinnlichen Wahrnehmung. Sie sind komplex und nicht selten im Widerstreit zwischen vermeintlichem „Nah“ und „Fern“. Sie sind auch dann wirksam, wenn sie in der Planung nicht bedacht wurden. Werden sie nicht beachtet, können nachträgliche, aufwendige Korrekturen notwendig werden.

9 Performance der Solitäre

„Solitäre“ stehen immer einzeln; seien es solitär lebende Bienen, ein einzeln gefasster Edelstein oder der einzeln gestellte Baum. Aufmerksamkeit ist ihm sicher. Ein Solitärgehölz vermag einem Freiraum wesentlichen und unverwechselbaren Inhalt zu geben.

In der Landschaft begegnen wir Einzelpflanzen eher selten, etwa auf Extremstandorten. Man kennt Kiefern und Birken, die trotz widrigster Bedingungen einsam auf Felsen ausharren. Andere Einzelgehölze hatten die Chance, im Schutz eines großen Steins oder ähnlicher Nischenstandorte zu keimen und aufzuwachsen. Aber auf allen hinreichend komfortablen Standorten sind Pflanzen bestrebt, sich zu mehren und Gruppen zu bilden. In der intensiv genutzten Kulturlandschaft verdankt der Einzelbaum sein Dasein gewöhnlich einer gezielten Anpflanzung, etwa als Grenz- oder Schattenbaum. Angesichts der beobachteten Klimaerwärmung gewinnen Schattenbäume an Bedeutung. Auch Weidevieh profitiert von Schattenspendern.

Mag die Landschaft für die Gestaltung mit Solitärgehölzen zahlreiche Anregungen bereithalten, geht ihre Verwendung in Gärten und Parks jedoch deutlich weiter.

Im Baumschulbetrieb ist der Solitär eine Lieferqualität und die Bezeichnung für „im extra weiten Stand“ kultivierte und charakteristisch ausgeformte größere Gehölze. Das sagt noch nichts über ihre künftige Verwendung aus, ist aber die beste Voraussetzung für eine repräsentative Stellung.

Pflanzen sind bestrebt, Gruppen zu bilden. Einzelbäume wurden in der Regel gezielt gepflanzt: Grenzbäume, Schattenspender, Versammlungsorte (Winter-Linde *Tilia cordata*).

Auf Extremstandorten können Pflanzengruppen selten Fuß fassen. Einzelne Gehölze schaffen es und bilden häufig bizarre Formen aus (Wald-Kiefer *Pinus sylvestris*).

9.1 Wer die Wahl hat

Das Gehölzsortiment ist kaum überschaubar und vieles davon kann problemlos auch in Einzelstellung verwendet werden. Selbst ein schlichter heimischer Weißdorn kann im Freistand zu einem herausragend schönen Gehölz heranwachsen. Da ein einzeln platziertes Objekt – ob Gehölz, Stein oder Skulptur – bei hinreichender Größe stets Aufmerksamkeit erregt, wird es zugleich im Rang erhöht und dominiert die Umgebung. Dieser herausgehobenen Position entsprechend wird dann doch bevorzugt auf das Besondere zurückgegriffen. Man möchte sichergehen, dass sich das Hinschauen lohnt. Dafür kann es viele Gründe geben: Blütenschmuck, Fruchtschmuck, Blattform und

Auch heimische und eher als schlicht empfundene Holunder, Weißdorne, Elsbeeren oder Wildrosen haben im Freistand die Chance, sich arttypisch und ansprechend zu entwickeln (Schwarzer Holunder *Sambucus nigra*).

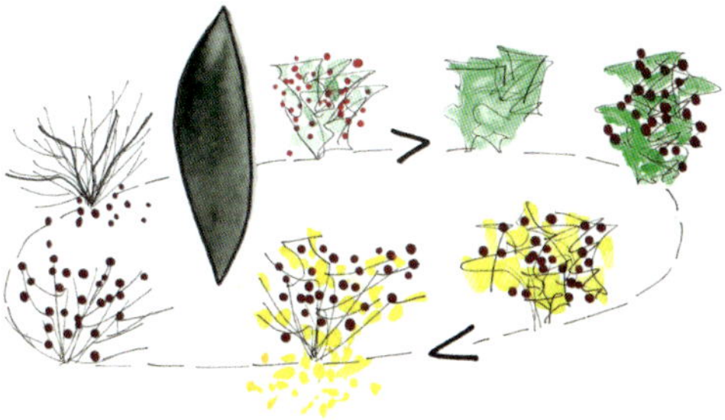

In Einzelstellung werden „Ereignisgehölze" bevorzugt, die sich mit den Jahreszeiten abwechslungsreich verwandeln. Diese ganzjährig gleich aussehende Eibe *Taxus baccata* 'Fastigiata Robusta' verkörpert das Gegenteil und die stabile Mitte eines Pflanzbildes, das sich ringsum verändert.

Praxistipp

Ereignisbäume

Von besonderer Bedeutung sind die „Ereignisbäume" (→ S. 136), die bestenfalls in jeder Jahreszeit ein anderes, immer interessantes Gesicht zeigen. Gerade in Innenhöfen mit wenig Platz für Massenpflanzungen ist der wandelbare Ereignisbaum wichtiger als ein ganzjährig gleich aussehendes Einzelgehölz. Schließlich steht er für all das Grün, das hier nicht gepflanzt werden kann (Vertretungsgrün). Die Rosskastanie *Aesculus hippocastanum*, Kupfer-Felsenbirne *Amelanchier lamarckii* und viele Zieräpfel gehören zu solchen Ereignisbäumen.

Diese Wuchstypen sind „obligate Solitäre“. Sie entwickeln sich nur im Freistand art- oder sortentypisch. Oben: richtungsbewegte Formen. Unten: Horizontalform, Nadelbäume kahlen durch Seitendruck auf.

Herbstfärbung, abweichende Blattfärbung im Sommer oder auffällig gefärbte Wintertriebe.

Wenngleich ein ungehindert schön aufgewachsener heimischer Holunder *Sambucus nigra* überzeugt, wird es sich dennoch lohnen, über eine Steigerungsmöglichkeit nachzudenken. So weisen die Sorten 'Sampo' und 'Mammut' weitaus größere Blüten- und Fruchtstände auf. Bei 'Black Lace' stehen rosa Blütenstände über tief dunkelrotem Laub.

Dagegen zeigen immergrüne, insbesondere formgeschnittene Gehölze und Nadelbäume im Jahresverlauf keine auffälligen Veränderungen. Sie sind die Umkehr des Ereignisbaums und innerhalb einer artenreichen Staudenpflanzung mit ständig wechselnden Gesichtern der gegensätzlich wirkungssteigernde Ruhepol.

Bogenförmig überneigende und waagerecht ausgebreitete Gehölze können sich nur im Freistand entfalten. Sie sollten einzeln gestellt werden. In Hecken eingezwängt oder zu nah an Gebäuden und Wegen platziert, werden sie nicht standortgerecht verwendet und haben wenig Entwicklungs- und Wirkungschancen. Das gilt auch für Tannen, Fichten und Douglasien, die unter Seitendruck aufkahlen. Die nun nicht mehr bis zum Boden reichende typisch regelmäßige Kronenstufung lässt sie rasch unansehnlich werden.

Diese Vorüberlegungen sowie das Wissen über Wuchsbedingungen und das Wuchspotential des Gehölzes (Endgröße, -breite, -form) machen den Weg frei, um Auswahlkriterien für Solitärgehölze zu formulieren, die dem eigenen Anliegen gerecht werden.

Auswahlkriterien für Solitärgehölze

- Favoriten, mit denen wichtige Ereignisse verbunden werden (Sohn-/Tochter-Baum, persönliche Erinnerungen, ...)
- Bezug zum Umfeld (Hausbaum, ...)
- Jahreszeitliche Veränderungen (immergrün oder Ereignisbaum)
- Farbigkeit (Blüten, Früchte, Herbstfärbung, farbiges Sommerlaub, Grüntöne)
- Zielhöhe/-breite
- Eignung für Formschnitt oder andere, maßreduzierende Schnittmaßnahmen (Auslagenschnitt (→ S. 35), Schirmschnitt, Pollarding/Kropfschnitt (→ S. 37)
- Sonderformen (Säule, Horizontalform, Überhänger)

Die bis zum Boden reichenden Zweigfahnen typischer Nadelbäume (Fichten, Tannen, Douglasie) bleiben nur im Freistand erhalten. Kiefern kahlen immer auf und können im Garten unterpflanzt werden (links Wald-Kiefer *Pinus sylvestris*, rechts Fichte *Picea abies*).

Entspricht die künftige Größe des Solitärgehölzes nicht dem zu besetzenden Raum, sind Konflikte vorprogrammiert. Nötige Schnittmaßnahmen können bedauerlich oder ein Gewinn sein, sie verändern in jedem Fall das typische Wuchsbild des Gehölzes. Darüber hinaus lässt Großes die Umgebung klein aussehen und umgekehrt.

Auch die Entfernung, aus der das Solitärgehölz betrachtet wird, ist von Bedeutung. Für die Parkwiese braucht es Solitärbäume mit Fernwirkung, zu denen aufgrund ihrer wuchtigen Größe und Rotfärbung die Blutbuche gehört. Das attraktive Stammmuster eines Schlangenhaut-Ahorns erschließt sich dagegen nur aus der Nähe. Solche Gehölze mit Nahwirkung gehören an den Hauseingang oder in die Nähe eines Sitzplatzes. Einige Gehölze verbinden Nah- und Fernwirkung: Während die Farbigkeit von Strauch-, Beet- oder Kletterrosen weithin wirkt, können Schönheit und Duft der Einzelblüten zeitgleich, aber erst beim Nähertreten entdeckt werden. Häufig verteilen sich Nah- und Fernwirkung auf verschiedene Jahreszeiten, etwa beim Tulpenbaum *Liriodendron tulipifera*. Die im Herbst goldgelb leuchtenden Blätter sind unübersehbar, dagegen werden die gelbgrünen Blüten im Mai/Juni zwischen den interessant geschnittenen Blättern nur von denen gefunden, die darum wissen.

Eine blühende Strauchrose vereint Nah- und Fernwirkung zeitgleich. Damit die Menschen Schönheit und Duft der Blüten aus der Nähe erleben und sich daran erfreuen können, ist die Pflanzung am Wegrand empfehlenswert (Europa-Rosarium Sangerhausen, D).

Große Räume im Grünen verlangen Solitärgehölze mit Fernwirkung. Sie sollten eine überragende Höhe, besondere Form oder Farbe haben (links Blutbuche *Fagus sylvatica* 'Atropurpurea', rechts Hänge-Buche *Fagus sylvatica* 'Pendula').

Ist die Wunschliste fertig, kann nach passenden Gehölzen gesucht werden. Baumschulbetriebe, Staudengärtnereien und Pflanzenhandel können auf Basis solcher konkreten Informationen bedarfsgerechter und zielgenauer beraten. Auch wenn am Ende ein überraschend anderes Gehölz steht, wäre diese Erkenntnis ohne die vorherigen Recherchen kaum möglich gewesen.

Die Besonderheit des Gewürzstrauches *Calycanthus floridus* liegt allein in der Farbe, Form und dem Duft der Blüten, die nur aus der Nähe wahrgenommen werden können.

9.2 Auch anders ist solitär

Innerhalb einer als uniform wahrgenommenen Gruppe hat das „Andere“ Aussicht, schnell isoliert zu sein und – obwohl nicht außenstehend – zum Solitär zu werden. Das kann ein provokativ gegensätzlicher, andersfarbiger Baum sein – ob silbergrau unter durchweg rotlaubigen oder grün unter sonst silbergrauen Gehölzen. Je deutlicher der Figur-Grund-Kontrast, desto besser die Wirkung: Die silbergraue Birne *Pyrus salicifolia* wird vor einer dunklen Eibenhecke auf größere Entfernung sogar besser als abweichend wahrgenommen, als völlig freistehend. Mehr Spannung wird aufgebaut, wenn das gegensätzliche Gehölz der Gruppe gegenüber platziert wird. Beide Seiten dürfen sich damit gestärkt fühlen, etwa wenn die weiß blühende Vogelkirsche *Prunus avium* in eine spannungsvoll gegensätzliche und die Wirkung beider Seiten steigernde Beziehung zu einer düsteren Fichtengruppe gestellt wird. Im kleinen Garten kann Vergleichbares zum Beispiel mit kleineren Zierkirschen oder Zieräpfeln und formgeschnittenen oder niedrigen Eiben, etwa *Taxus baccata* 'Repandens' erreicht werden.

Aus einem gleichartigen Gruppengehölz ein besonderes Einzelstück werden zu lassen, ist in einer aufgelockerten Baumgruppe (Hain) auch nachträglich einfach. Hier ist Platz für eine Grenzziehung zwischen den Bäumen mit dem Ziel, einen Baum auszuschließen. Der wird nun zum Außenseiter und Solitär, wenngleich er sich äußerlich von den Bäumen der Gruppe nicht unterscheidet. Als möglichst formal-geometrische, Disziplin einfordernde Begrenzung sind sichtbare Kanten, niedrige Einfassungshecken oder Sitzmauern geeignet.

Auch der aus einer geradlinigen Baumreihe, seitlich aus der Anonymität heraustretende Baum wird zum auffälligen Solitär. Die Umkehrung funktioniert ebenfalls. Um einen Baum trotz nicht allzu weit entfernter Nachbarbäume als Solitär herauszustellen, genügt es, ihm eine besondere Fassung zu geben. Das können ein Mauerring mit Sitzauflagen oder eine höhere Schnitthecke sein. Noch besser ist es, wenn dieser Baum in eine meist noch zu schaffende Sichtachse integriert werden kann.

Auch „anders“ ist solitär: Wenngleich nicht einzeln gestellt, kann ein von der Gruppe abweichender Baum als Solitär erscheinen.

Dieser rotblättrige Fächer-Ahorn *Acer palmatum* fällt vor dem Gehölzbestand durch seine abweichende Färbung so auf, dass er als Einzelgehölz in den Vordergrund tritt.

9.3 Hochstamm, Stammbusch oder mehrstämmig

Sollen Sichtbeziehungen freigehalten werden, ist ein höherer Stamm wichtig, entweder so geliefert, oder durch schrittweises Aufasten erreichbar. Eine durch Beseitigung der Seitenäste angehobene Krone wirkt zugleich wirkt leichter und geplante Unterpflanzungen erhalten mehr Licht. Mehrstämmiger Wuchs verleiht einem Solitärbaum ein malerisches Aussehen und ist für einige Arten, etwa die Traubenkirsche *Prunus padus*, den Katsura-Baum *Cercidiphyllum japonicum*, die Flügelnuss *Pterocarya fraxinifolia*, Eisenholz *Parrotia persica*, kleine Ahorne, wie Zimt-Ahorn *Acer griseum*, Schlangenhaut-Ahorn *A. pensylvanicum*, Fächer-Ahorn *A. palmataum*, oder den Trompetenbaum *Catalpa*, wuchstypisch. Einige eher einzelstämmige Bäume scheinen mehrstämmig eine bessere Figur zu machen. Dazu gehören Ebereschen *Sorbus aucuparia*, Birken *Betula*, Zierkirschen *Prunus*, Zieräpfel *Malus*, Weißdorne *Crataegus* und ihre Verwandten. Es ist handelsüblich, bei den unter dieser Bezeichnung angebotenen „mehrstämmigen Solitärgehölzen" die Liefergröße und den Gesamtumfang der Einzelstämme anzugeben. Nicht alle Gehölze sind mehrstämmig zu bekommen. Stattdessen setzt man dann mehrere zusammen in ein Pflanzloch. Die identischen Gehölze wachsen zu einer, als einheitlich wahrgenommenen Krone zusammen. Aufgrund der Dichtpflanzung stehen sie miteinander im Wettbewerb und breiten sich entsprechend schneller nach oben aus. Damit wird die räumliche Wirkung dieses Solitärs schneller erreicht.

Von links: Als „Stammbusch" bestellt, verwehrt der Solitärbaum den Durchblick und wird gewöhnlich zu breit. Das Gegenstück ist der „Hochstamm", der meist auch „extra hoch" geliefert werden kann. Der mehrstämmige Solitär ist vielseitig einsetzbar.

Das Gegenstück zum Hochstamm ist der Stammbusch, dessen Äste bis zum Boden reichen. Anders als bei Hochstämmen, kann die Fläche unter den Kronen nicht genutzt werden und Durchblicke sind nicht möglich, was im Einzelfall erwünscht sein kann. Stetes Breitenwachstum verändert Raumproportionen völlig und führt in kleineren Gärten zu Platzproblemen. In großen Räumen können sich dagegen im Freistand sehr eindrucksvolle Baumgestalten herausbilden, was insbesondere für Linden, Buchen und Platanen gilt. Nachträgliches, über Jahre verteiltes Aufasten ist aber in der Regel möglich. So geliftet wirken die Kronen zugleich leichter.

9.4 Dominanz im Zentrum

Freiräume brauchen Inhalte, die sich einfügen oder dominieren, ohne ihn beispielsweise durch wahlloses Zupflanzen zu verstellen. Inhalte und Gestaltungsthemen orientieren sich vorrangig an den Bedürfnissen derer, die am Garten teilhaben. Für sie kann auch ein mittig angeordneter, vielleicht schon vorhandener Baum zum wesentlichen Rauminhalt und Treffpunkt avancieren. Seine zentrale Stellung und Größe dominieren den Raum. Gewöhnlich werden an dieser Stelle breitkronige Schirmbäume bevorzugt, die Geborgenheit und Schatten bieten. Große Schirmbäume sind der Trompetenbaum *Catalpa* und der Nussbaum *Juglans regia*, der deutlich kleiner bleibende Blasenbaum *Koelreuteria*, der Judasbaum *Cercis candensis* 'Forest Pansy' (rotlaubig) und der Haselstrauch. Rundherum ist genügend Platz vorzuhalten, denn jeder Einzelbaum braucht einen Wirkungsraum. Umso wichtiger ist die Auswahl einer Baumart in angemessener Größe. Der enge Innenhof braucht den kleinen oder schlanken (oder formgeschnittenen) Solitärbaum, der sich hier wegen des sonst fehlenden Grüns besonderer Beachtung erfreut. Benötigt die Mitte Raum (Spiel-, Sport-, Party-Rasen), kann der Solitärbaum in Randnähe eingeordnet werden. Aufgrund seiner Größe beherrscht er auch vom Rand aus die Szene.

Dass der zentrale Solitärbaum immer groß sein muss und deshalb für kleine Gärten keine

In der Mitte (links) oder erhöht (rechts) platziert, ist die Dominanz des Solitärbaums gesichert.

Die Endgröße des Solitärbaums sollte den Proportionen des Freiraums angemessen sein. Auch kleinere Gehölze passen, wenn sie durch ihre Färbung, eine dazu gestellte Bank, eine Skulptur oder einen Stein darunter mehr Bedeutung erhalten.

Wenn viele Besucher regelmäßig den Raum füllen, kann es sinnvoll sein, den zentralen Solitär- und Schattenbaum an die Seite zu rücken.

Option ist, trifft glücklicherweise nicht zu. Es gibt eine hinreichende Anzahl kleinerer, deutlich unter der 10-m-Marke bleibender Bäume mit schirmender und schattierender Krone (Schirmbäume), unter denen man immer noch bequem sitzen kann: Tulpen-Magnolie *Magnolia × soulangeana*, Nelken-Kirschen *Prunus serrulata* ('Shirotae', 'Taihaku'), Blasenbaum *Koelreuteria*, Kleeulme *Ptelea*, Apfelbaum, Zierapfel *Malus hupehensis* u. v. a.

Im Bedarfsfall kann ein professioneller Erziehungsschnitt die Dimensionen begrenzen, ohne den typischen Habitus des Baumes zu beeinträchtigen. Die Bedeutung auch dieses Solitärgehölzes wird dadurch unterstrichen dass eine möglicherweise höhere Rahmenpflanzung respektvoll zurücktritt. Ein schweres Pflanzgefäß verleiht einem graziösen Gehölz mehr Gewicht und Wirkung, die es aus dem Gegensatz bezieht.

Alles Wichtige sollte ins „rechte Licht" gerückt und damit wahrnehmbar werden. Das gilt auch für den Solitärbaum, der an schattiger Stelle unter seinen Möglichkeiten bleibt. Indes kann ein Solitärgehölz eine schattige Lichtung aufhellen, wenn es weiß gezeichnete Blätter mitbringt: Sorten von Etagen-Hartriegel *Cornus controversa* 'Variegata' oder Spitz-Ahorn *Acer*

Dieser kleine Fächer-Ahorn *Acer palmatum* 'Dissectum Garnet' wird durch die gegensätzlich hellen und schweren Steine zum hochrangigen Solitär und Blickziel.

Alles Wichtige, auch ein Solitärgehölz, gehört ins Licht. Die Kugelform fällt obendrein ins Auge (Park Bendeleben, D).

ɔlatanoides 'Drummondii' sind Beispiele. Auf ɉiese Weise wird die wenig beachtete Schattenɛcke zur Überraschung.

Ɔas auf einer Erhebung platzierte Solitärgehölz ʒewinnt zusätzlich an Bedeutung, ebenso wie ɉie Erhebung selbst. Gewöhnlich ist das eine Kuppe, im formalen Garten kann es ein erɦöhtes Plateau sein. In jedem Fall sollte es ʂich lohnen, diesen neugierig machenden Ort ɑufzusuchen. Ein besonderes Erlebnis können ɉer Baum selbst, eine Skulptur oder eine Blickɔeziehung sein – im besten Fall alles zusammen. Ɜesonders große Einzelbäume oder solche mit ɔesonderer Form (Hängebuche, Hängeweide,

Dieser Weißbunte Spitz-Ahorn *Acer platanoides* 'Drummondii' kann durch nächtliche Beleuchtung noch gewinnen.

Nächtliche Spot-Beleuchtung kann ausgewählte Solitärgehölze in einem ganz anderen Licht „erscheinen“ lassen.

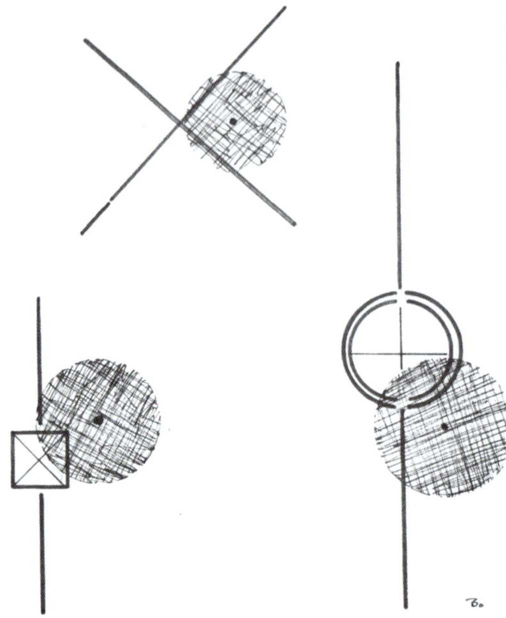

Ein aus der Mitte gerücktes Solitärgehölz erzeugt Spannung. Reizvoll ist vor allem der Bruch mit der Symmetrie.

Säulen-Pappel) und Farbigkeit (Blutbuche, Silber-Pappel) sind so präsent, dass sie der Erhebung nicht bedürfen. An einem Säulenbaum läuft der Blick von der Spitze nach unten. In historischen Landschaftsparks sind sie deshalb gern als „Zeigerbäume“ verwendet worden, die auf eine Besonderheit am Stammfuß – etwa eine Skulptur – hinweisen.

Der Einzelbaum im Schnittpunkt mehrerer Sicht- oder Wegeachsen wird zum dominierenden Zentrum. Ist die geometrische Mitte – etwa durch ein Wegekreuz – vorgezeichnet und wird der Solitärbaum nicht wie gewöhnlich dort platziert, sondern daneben gerückt, wird die Symmetrie gebrochen. Das Ergebnis ist ein spannungsvoller Gegensatz zwischen Disziplin und Spontanität, Gebautem und Gewachsenem.

Praxistipp

Mehr Präsenz durch Beziehungen

Ein Einzelgehölz kann nur in ausreichender, dem jeweiligen Raum entsprechender Größe bestimmend sein. Ist es zu klein, wirkt es eher zufällig oder störend, wobei in einem Pflanzgefäß das aparte Zwerggehölz als Solitär völlig überzeugen kann. Was tun, wenn sich ein gewünschtes und geeignetes Solitärgehölz an konkreter Stelle als zu klein erweist, um ausreichend präsent zu sein? Es wird sofort wichtiger, wenn wir es in Beziehung setzen zu einem Gebäude, einer Skulptur, einer Bank, einem schweren Gesteinsblock, einer Wasserfläche, einer Weg- oder Beetkante. Zudem können wir den kleinen Baum mit einer „Linie" – Steinreihe, Kante, Höhenlinie, niedrige Schnitthecke – unterstreichen. Alternativ kann dieses allein nicht genügende Gehölz mehrfach und in ungleichen, spannungsvollen Abständen über die Fläche gepflanzt (Streupflanzung) werden. Indes geht damit die Wirkung des Solitärbaums verloren und es braucht eine neue Dominante, die das Gestreute zusammenhält (Gehölz, Stele, Skulptur).

Die vertikal aufragende Säulenpappel steht in Beziehung zur waagerechten Fassadengliederung des Gebäudes und verweist zugleich auf die am Stammfuß zusammenlaufenden Wege (Zeigerbaum).

Die Beziehung zwischen Solitärbaum und Gebäude ist immer spannend, weil sich mit der Baumauswahl sowohl Wiederkehrendes als auch Gegensätzliches (Formen, Farben, Texturen) herausstellen lässt.

9.5 Vordergrundbaum

Wer, über das Rednerpult gebeugt, die gleich benötigten Unterlagen noch einmal durchgeht, ist im Aufblicken oft überrascht, wie groß der Saal plötzlich erscheint. Der Blickwechsel vom Vordergrundobjekt hin zum Ende des Einsehbaren verleiht jedem Raum und jedem Bild Tiefe. Das ist auch Aufgabe des Vordergrundbaums, der im kleinen Garten ebenso eine Skulptur oder ein Strauch sein kann.

Selbstverständlich wird der Vordergrundbaum nicht den Blick zu einem lohnenden Ziel verstellen, sondern diesen vielmehr links oder rechts flankieren. Das Gehölz in der Mitte muss entweder überschaubar oder ein Baum mit extrahohem Stamm und Kronenansatz oder eine schlanke Säule sein. Auch hier darf mindestens eine Ausnahme gelten: Die in die Mitte der Blickachse gestellte Birke ist so transparent und windspielig, dass sie die Funktion eines luftig bewegten, leichten Vorhangs erfüllen kann, der einen halboffenen Blick auf das „Dahinter" ermöglicht.

Im Straßenverkehr gilt „rechts vor links" und wir lesen von links nach rechts. Auch ist es

Ein Objekt im Vordergrund – hier ein Baum – gibt dem Gartenraum Tiefe. Weil Nahes größer ist, betonen große Blätter Nähe und Perspektive (Lehrpark FH Erfurt, D).

Damit die Sicht unverstellt bleibt, ist es bisweilen nützlich, den Vordergrundbaum extra hoch aufzuasten (Pückler-Park Branitz, D).

nicht schmeichelhaft, jemanden „links liegen" zu lassen. Insofern verwundert es nicht, dass der Vordergrundbaum am rechten Bildrand als wichtiger wahrgenommen wird: Dort bleibt der Blick hängen, dort lohnt es sich, etwas Besonderes zu zeigen. Der Baum links ist nicht unnötig, aber eher der Auftakt für das, was kommt. Was kann kommen? Seitlich versetzt kann es jeweils einen weiteren Baum im Mittelgrund und Hintergrund geben. Das Auge ist gezwungen, die Seiten zu wechseln. Das verlängert die Blicklinie, was den Raum tiefer erscheinen lässt. Der Vordergrundbaum rechts lässt das ebenso zu. Obendrein wissen wir, dass auch das „links liegen Gelassene" ein Entwicklungspotenzial hat, das mit Vorurteilen aufräumen kann. Anders: Ist die kleine Eiche erst mächtig genug, wird sie auch von links das Geschehen unübersehbar dominieren.

Ein Baum im Hintergrund scheint näher zu sein und den einsehbaren Raum zu verkürzen, wenn er hoch, dunkel und säulenförmig ist. Auch große Blätter und starke Farben (Blätter, Blüten) wirken der alles verkleinernden Perspektive entgegen und rücken dem Auge näher (→ S. 199). Die gleichen Eigenschaften sorgen beim Baum im Vordergrund dafür, dass dieser schwergewichtig festliegt und die Perspektive laufen lässt. Um diese nicht auszubremsen, ist der Hintergrundbaum nun im Idealfall heller, leichter, offener strukturiert und kleinblättriger als der im Vordergrund. Er steht also für das Entfernte, das den Raum Erweiternde. Auch die Farben sollten sich nicht vordrängeln, was den Verzicht auf intensive Rot- und Gelbtöne im Hintergrund bedeutet (Farbperspektive).

Während über den Vordergrundbaum links der Blick eher hinweggeht, bleibt er rechts hängen. Im Gegensatz zur Abbildung links begrenzen rechts dunkle Schwarzkiefern Pinus nigra den Raum.

Nicht nur durch grobe Textur (große Blätter), sondern auch Farbe (intensiv rot- oder gelblaubig) kann der Vordergrundbaum Raum und Perspektive betonen. Vor allem dann, wenn der Hintergrund auf starke Farben verzichtet.

Aus der Hecke in den Gartenraum vorspringende Gehölze schaffen Raumnischen, die besonders ausgestaltet werden können. Hier ist der Vordergrundbaum „Vorposten“, der den Raumnischen Tiefe gibt.

Der größere Einzelbaum mit den größeren, am besten auch dunkleren Blättern betont den Vordergrund. Aus dem Hintergrund erscheint er näher und verkürzt den Garten.

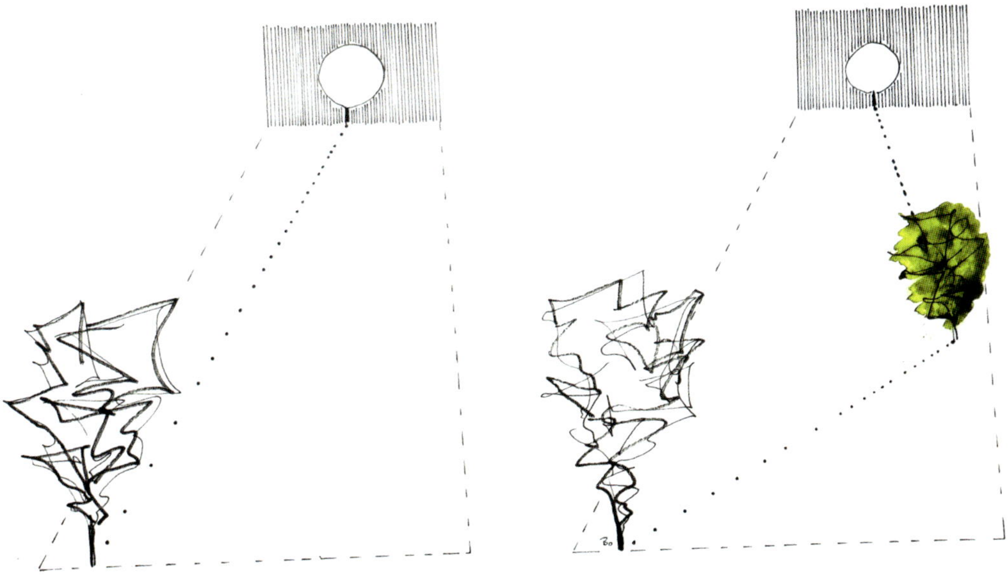

Ein zwischen Vorder- und Hintergrundbaum in den Mittelgrund gestelltes Gehölz verlängert die Blicklinie, lässt das Auge innehalten und den Raum tiefer erscheinen.

Seitliche Vorsprünge und Einzüge staffeln den Raum und schaffen Nischen, die als eigenständige Räume erlebt und ausgestaltet werden können. Hier kann sich ein lebhaftes Wechselspiel von Licht und Schatten entfalten. Die im Vergleich zur Geraden nun bedeutend längere Trennlinie zwischen Wiese/Rasen und Gehölzrahmen nutzt der an diesen Rändern höheren Biodiversität (Randbiotope). Die kann durch einen Wildstaudensaum zusätzlich gefördert werden. Vor der Heckennische postiert, trägt ein Einzelgehölz oder vergleichbares Objekt dazu bei, dass dieser Raum Tiefe erhält und die vollständige Einsicht schützend verwehrt. Ist er von besonderer Farbigkeit oder Form, setzt er ein Aufmerksamkeit einforderndes Zeichen.

9.6 Kanten, Ecken und Krümmen

Kanten gliedern Flächen (Flächenkanten) und begrenzen Raumwände (Raumkanten: Hecke, Waldrand, Gebäude). Wege- und Beetbegrenzungen stellen neben den Uferlinien oder Beckenrändern von Wasserflächen die auffälligsten Flächenkanten im Garten dar. Ein Solitärgehölz in der Nähe macht die Flächenkante auch räumlich sichtbar. Zugleich ist diese auch eine Linie, die das Solitärgehölz im Wortsinn unterstreicht und auch kleinere Solitärgehölze Platz sparend (!) zur Geltung bringen kann.

Sowohl rechtwinklige Ecken von Wegen, Gebäuden, Wasserbecken oder Belagsflächen als auch schwungvolle Krümmen von Pflanzbändern, Wasserläufen oder Wegen sind Richtungsänderungen, die eine enge Beziehung zu Solitärgehölzen haben können. Während der Einzelbaum in der Nachbarschaft von Gebäuden und Plätzen sowohl diesen als auch sich selbst mehr Bedeutung verschafft, stellt er für Wegeecken und Wegekrümmen das wichtige, die Richtungsänderung begründende Hindernis dar. Vom Wegeknick abgerückt, wirkt das Einzelgehölz (oder eine Skulptur) weiterhin als begrenzendes Blickziel, wenn es in der Wege- und Blickachse bleibt. Dynamisch schwingende Pflanzbänder, Wege oder Bäche werden zwi schen Solitärgehölzen eingespannt. Das be gründet ihr Ausweichen und einen reizvoller Gegensatz zwischen der fließenden und der sta tischen Form. Kugelige Sträucher, auch Steine oder Säulengehölze, verstärken den Gegensatz zur bewegten Linie.

Anders der Weg, der keinem Hindernis aus weicht und vielmehr jenseits der kürzeren Ge raden sein Ziel sucht, etwa den Solitärbaum ir zumutbarer Gehentfernung. Das ist ein Umweg der sich lohnen muss. Dieser Baum könnte de einzige Schattenspender weit und breit sein, de zudem eine Sitzgelegenheit oder einen Pavillor

Der Einzelbaum akzentuiert die Ecke des Wasserbeckens. Beide zusammen werden besser wahrgenommen als einzeln (Park der HS Weihenstephan-Triesdorf, D).

Links stellt der – auch nachträglich gepflanzte – Solitärbaum ein Hindernis dar, dass die Wegekrümmung begründet. Dagegen sucht der Weg den Baum oben (rot), weil er ein lohnendes Ziel verheißt (Aussicht, Bank, Skulptur u. Ä.)

Weithin sichtbar, markiert die Säulen-Pappel die Straßenkrümmung.

nit Fernblick, ein Denkmal oder eine Skulptur ɔereithält. Zunächst wird es der Baum selbst ein, der ein hohes Alter mit entsprechendem ;tammumfang und charaktervoller Krone ver- ɔindet, gar noch einer selten gepflanzten Art

Der rotblättrige und deshalb abweichend andere (einzelne) Baum weist auf die Straßenkrümmung hin.

angehört oder durch farbiges Laub auf sich aufmerksam macht (Blut-Buche *Fagus sylvatica* 'Atropurpurea', Silber-Pappel *Populus alba* 'Nivea').

Raumwände – Rahmenpflanzungen, Hecken, Mauern und Gebäudewände – bilden Raumkanten. Die Grenzlinie zwischen Fläche und Raumwand ist für die Pflanzung von Solitärgehölzen gut geeignet.

Solitärgehölze an Raumkanten

- Monotone Gehölz- und Mauerwände verlangen nach einer gliedernden Akzentuierung.
- Eine vielfarbige Saumpflanzung mit Blütenstauden kann höhere Solitärgehölze gebrauchen, um zur noch höheren Rahmenpflanzung zu vermitteln oder – lockerwüchsig und luftig – einen spannungsvollen Gegensatz zu einer Schnitthecke herzustellen.
- Die Einzelstellung verlockt zum Herantreten, wobei interessante Details sichtbar werden (Schlangenhaut-Ahorne u. a.).

Die Wirkung ist nur sicher, wenn das Solitärgehölz sich deutlich genug vom Hintergrund abhebt. Hierfür spielen Farben einschließlich unterschiedlicher Grüntöne eine entscheidende Rolle (Figur-Grund-Kontrast).
Alle in diesen Beziehungen vernetzten Solitäre oder vergleichbare Objekte (Steine, Skulpturen, ...) können vorhanden und in die Planung einbezogen worden sein. Häufiger sind sie Teil der Planung selbst. Bei guter Umsetzung vermitteln sie den Anschein, schon immer dagewesen zu sein.

9.7 Grenzpunkte

Wenn sich im Wegeverlauf die Situation verändert und eine Neuorientierung verlangt, ist ein Grenzpunkt erreicht. Ändern können sich – auch überraschend – die Raumsituation, Lichtverhältnisse, die Wegebeschaffenheit, das Relief, das Vegetationsbild und Vergleichbares. Grenzpunkte finden sich dort, wo ein Treppenaufstieg wartet, die dunkle und kühle Gasse sich zu einem sonnenüberstrahlten Platz oder der schattige Wald sich zur Lichtung öffnet oder wir vor einem Tor oder einer Brücke stehen. Mit diesem Situationswechsel ist häufig auch ein Belagswechsel verbunden. Stets dient es der Sicherheit, im Wegeverlauf nicht sofort erkennbare Abstiege durch ein augenfälliges Solitärgehölz oder Baumtor (d. h. links und rechts (→ S. 232) zu kennzeichnen. An Wegegabelungen oder -verästelungen kann eine Richtungsänderung nicht vermieden werden, deren drastischste Form die Umkehr ist. Mehr als nur Grenzpunkt, fordert eine Wegegabelung Entscheidungen ab. Intensiv gestaltete Gärten, die eine Folge von unterschiedlich bepflanzten und ausgestatteten grünen Teilräumen aufweisen, verfügen gleichzeitig über eine große Dichte solcher Situationswechsel, verbunden mit entsprechend hoher Erlebnisqualität.

Grenzpunkte gehören zu den wirkungsvollsten Pflanzorten für Solitärgehölze. Hier verweisen sie auf den anstehenden Situationswechsel und stimmen durch Form und Farbigkeit auf das ein, was folgt. Alternativ kann der immer gleiche ausreichend auffallende Einzelbaum wechselnde Raumsituationen miteinander vernetzen und Orientierung bieten.

Grenzpunkte sind mit einem Situationswechsel im Wegeverlauf verbunden: Treppe, Tor, Tür, Brücke, Wege-Einmündung. Ein Solitärbaum kann darauf aufmerksam machen.

Auffällig genug, markiert diese Silber-Pappel *Populus alba* 'Nivea' den Wegepunkt Wald-Wiese, der mit dem Wechsel von Hell und Dunkel verbunden ist (Schlosspark Ettersburg, D).

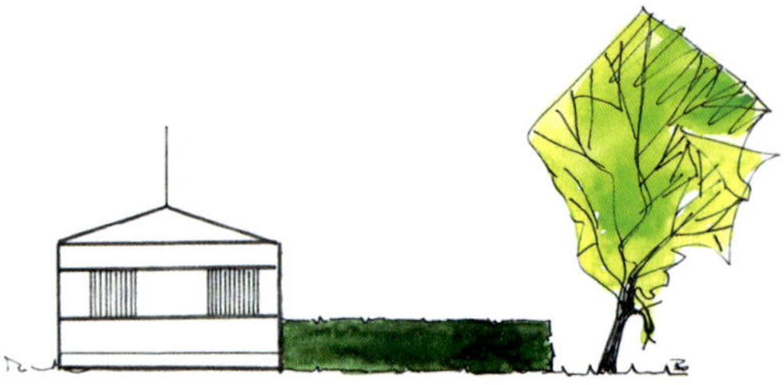

So wie ein Punkt das Satzende kennzeichnet, kann ein Solitärgehölz sonst unbegründet endenden Hecken oder Mauern einen überzeugenden Abschluss geben – alternativ auch eine Skulptur o. Ä.

Eng gepflanzt, wachsen mehrere artgleiche Bäume schneller in die Höhe und ihre Kronen als Dicht-/Bündelpflanzung zu einem vermeintlichen Einzelbaum zusammen, der hier die Wegegabel markiert (Park Villa Bergfried, Saalfeld, D).

Praxistipp

Schlusspunkte setzen

Die frei im Raum endende Mauer oder Hecke sowie das irgendwo im Rasen endende Blumenbeet verlangen eine Erklärung. Ein geeignetes Solitärgehölz liefert gern auch nachträglich die Begründung, warum Mauer, Hecke oder Pflanzung an der vorgesehenen Stelle enden, und ist so wichtig, wie der Punkt am Ende eines Satzes. Größe und Kronenform des Gehölzes sind sorgfältig auszuwählen. Eine formgeschnittene Kugel passender Größe kann am Ende eines Staudenbandes stehen, während der aufgelockerte Baum die geschnittene Hecke abschließt. Eine Skulptur oder ein Stein können an die Stelle des Solitärgehölzes treten.

9.8 Ihr Haus- und Hofbaum

Zum kleinen Gartenhaus können ein hochstämmiger Kleinbaum oder ein Großstrauch passen (Schwarzer Holunder *Sambucus nigra*). Aufasten schafft Bewegungsraum unter der Krone.

Großes Haus und viel Platz: Hier ist ein Nussbaum *Juglans regia* einer der besten Schattenspender – trocken und hitzefest..

Eine besondere Partnerschaft ist die, die das eigene Haus mit einem Baum verbindet. Schön, wenn er sich mit den Jahreszeiten verändert. Hausecke, Hauseingang oder der Hof sind mögliche Pflanzplätze, die jeweils eigene Anforderungen an den auszuwählenden Baum stellen.

Wenn kein Baum oder Großstrauch Platz hat, kann eine öfter blühende Kletterrose neben der Haustür Besucher begrüßen.

Ein großer Baum macht das Haus kleiner, vermittelt aber auch Geborgenheit. Ein kleiner Baum reicht jedoch aus, weil er im Kontext mit dem Gebäude wichtiger wird und auch in kleine Gärten passt. Wer sich um möglicherweise herabfallende Äste oder durch Herbstlaub verstopfte Dachrinnen sorgt, ist mit einem Kleinbaum ebenfalls auf der sicheren Seite. Nur große Gärten bieten Platz für Linden, Rosskastanien, Eichen und andere Großbäume.

Die Entscheidung für einen Baum mit freiem Wuchscharakter, einer Schnitt-, Säulen- oder

Alle hochstämmigen Obstarten sind aufgrund ihres Blüten- und Fruchtschmucks schöne Ereignisbäume. Kleinkronige Mirabellen, Aprikosen, Äpfel und Quitten auf schwachwüchsiger Unterlage passen auch in kleine Gärten.

Kaum zu übersehen, dass die Farbigkeit des Hauses für die Auswahl des Hausbaums ein wichtiges Kriterium war. Das Ergebnis überzeugt.

Kugelform unterschiedlicher Größe wird sich auch an der Kubatur des Hauses orientieren. Für das Flachdach ist ein Säulenbaum meist eine gute Wahl. Auch die Farbigkeit der Gebäudewände, von Fensterrahmen und Fensterläden ist für die Suche nach dem idealen Hausbaum bedeutsam. Gebäudefarben können in den Farben von Blüten, Belaubung oder Früchten wiederkehren oder gegensätzlich dazu stehen. Vieles kommt gut an, nur weiße Blüten vor einer weißen Fassade sind wenig wirkungsvoll.

Empfehlungen für kleinkronige, stadtklimataugliche Hausbäume in sonniger Lage bietet die Übersicht auf → S. 369.

Praxistipp

Grenzabstände und andere Einschränkungen

Der beste Pflanzplatz ist leider nicht immer der geeignete. Grund sind die zu Ver- und Entsorgungsleitungen und zu Nachbars Gartengrenze einzuhaltenden Abstände. Diese Grenzabstände sind im Nachbarrecht der Bundesländer zum Teil unterschiedlich geregelt. Für die dort aufgelisteten Großbäume beträgt er gewöhnlich 4 m. Meist beinhalten Bebauungspläne Vorschriften für die Verwendung von Baumarten. Es vermeidet Ärger, sich im Vorfeld darüber zu informieren. „Die Linde" wird oft genug als zu groß abgelehnt, weil die Verfasser der Vorschriften kleine Linden nicht kennen (Henry's Linde *Tilia henryana*, Winter-Linde *T. cordata* 'Rancho', 'Green Globe'). Hier kann es sich lohnen, einen fundierten Ausnahmeantrag zu stellen. Viele Großbäume lassen sich durch geeignete Schnittmaßnahmen verkleinern, wobei es nicht immer gelingt, die typische Wuchsform zu erhalten. Häufig läuft es auf Schirm- und Kropfbäume hinaus („Pollards" → S. 37). Auch ein kleinkroniger Baum wird zum Hindernis, wenn ein zu niedriger Stamm es gerade einmal Kindern gestattet, aufrecht darunter hinwegzugehen. So wird knapper Raum noch knapper. Deshalb ist es sinnvoll, beim Einkauf auf eine hinreichende Stammhöhe zu achten.

Unterirdisch verlaufende Ver- und Entsorgungsleitungen können aufgrund der auch hier einzuhaltenden Abstände Baumpflanzungen unmöglich machen, wenn es keine Ausweichmöglichkeiten gibt. Ihre Lage sollte rechtzeitig erfragt werden.

Ein Haus kann sich unter Bäumen verstecken. Das immer noch gut sichtbare historische Gutshaus in Breitungen (Südharz, D) gewinnt durch die frontal gestellte und von den unteren Ästen befreite mächtige Stiel-Eiche *Quercus robur*.

10 Noch mehr Bäume

In kleinen Gärten kann es schon schwierig sein, auch nur einen Baum unterzubringen. Mit der richtigen Arten- und Sortenwahl, ergänzt um geeignete Schnittmaßnahmen, ist es dennoch umsetzbar, wenigstens einen kleinkronigen Hausbaum zu pflanzen. Auch kleine Bäume gliedern Gärten ganzjährig. Selbst für Gruppenpflanzungen gibt es häufig mehr Platz als gedacht.

Die Auswahl der Baumarten prägt den Charakter und die Proportionen der Gartenräume – ein Effekt, der durch die Gruppierung gleicher Arten verstärkt wird. Gleichwohl ist nicht jede Baumgestalt für jede Form der Gruppierung gleich gut geeignet. Der wesentliche Unterschied liegt zwischen abstandsgleich gerasterten „Baumpaketen“, Reihen und Alleen und offenen, weniger disziplinierten Baumstellungen, wie sie ein Birkenhain beispielhaft verkörpert.

10.1 Zweierpack: Baumtor und Baumpaar

Gleichartige und gleichaltrige Bäume im Doppelpack setzen markante Zeichen. Das Baumpaar schließt Bemerkenswertes ein, das unsere Aufmerksamkeit verdient: eine Skulptur oder Kapelle, einen Pavillon, eine Bank und Ähnliches. Ohne solchen Inhalt gleicht das Baumpaar einem leeren Bilderrahmen. Ein Baumpaar, das ein entferntes Blickziel rahmt (Skulptur, Kirchturm, markante Erhebung), bildet ein „Baumfenster“. Wegeverlauf und Lage der Ruheplätze sorgen für die Führung dorthin. Säulengehölze – vom kleinen Säulenwacholder bis zur Säuleneiche – sind von besonderer Prägnanz und ufern auch ohne Schnitt seitlich nicht aus. Je nach verfügbarem Platz und Raum-

Das von einem Baumpaar gerahmte Objekt kann auch in der Ferne liegen.

Das Baumpaar schließt – auch abseits von Wegen – eine Skulptur, ein Denkmal oder eine Kleinarchitektur ein, um die Aufmerksamkeit darauf zu lenken (Bürgerschulbrunnen in Weimar, D).

situation kann die Aufgabe des Baumpaars auch durch zwei Buchs- oder Eibenkugeln, Pflanzgefäße, Säulen, Stelen oder Ähnliches übernommen werden.

Während ein Baumpaar das Wege- und Blickziel einschließt, ist bei einem „Baumtor" der Weg nicht zu Ende. Hier sind es zwei Bäume oder alternative Objekte, die auf einen Situationswechsel im Wegeverlauf aufmerksam machen. Typische Beispiele für solche Grenzpunkte sind Treppen, Brücken, Tore, Neigungswechsel im Straßenverlauf (Kuppen) oder die Einmündung eines Weges in einen Platz.

Alternativ zu jeweils zwei Bäumen, Pflanzgefäßen oder Säulen kommen formgeschnittene „Torbögen" in Betracht, deren lange Vorkultur in der Baumschule im Preis deutlich wird. Für Geduldige ist es kein Problem, die beiden Bäume am einfachen, später nicht mehr gebrauchten Bogengerüst selbst zu ziehen. Gekauft als noch biegsame, dünnstämmige Heister, haben sich Hainbuchen bewährt. Dunkelgrüne Eiben wachsen langsamer und rotblättrige Blutbuchen sind ein besonderer Hingucker. Den Gartenzugang rahmende Heckenflügel können die Bäume ebenso Platz sparend ersetzen wie ein Skulpturenpaar oder zwei von Kletter-Rosen überzogene Stabpyramiden.

Ein Baumtor ist im kleinen Maßstab auch mit zwei gleichrangigen Strauchgehölzen, Formschnittgehölzen, Leuchten oder Kübelpflanzen umsetzbar (Stotternheim/Thüringen, D).

Das Baumtor ist immer an Wege und Übergänge gebunden. Es signalisiert einen Situationswechsel im Wegeverlauf.

Dieses Baumtor ist – geöffneten Türflügeln vergleichbar – die schlüssige Fortsetzung der Schnitthecke.

10.2 Platz für Alleen

Beidseitig bepflanzte Straßen, Wege, Rasenbahnen oder Wasserwege sind aus Landschaften, Parks und Stadtgrün nicht wegzudenken. Alleebäume markieren Straßenverläufe auch über Kuppen hinweg, gliedern Räume und sind selbst Raum, wenn mächtige Kronen sich zu einem Dach zusammenschließen (Laubenallee).

Die Auswahl verschiedener, jeweils geeigneter Baumarten ist ein wichtiges Mittel der Rangordnung und Differenzierung von Straßen. Bei Verwendung großkroniger Bäume (Rot-Eiche *Quercus rubra*, Silber-Linde *Tilia tomentosa*, Platane *Platanus × hispanica*) in vergleichsweise niedriger Bebauung entstehen markante, hitzerobuste Grünstrukturen von stadtklimatischer Bedeutung. Denn über ihren ästhetischen Wert hinaus sind Alleebäume als Schattenspender zunehmend unverzichtbar. Selbst in Wäldern ist die gleichartige Allee als orientierender und zur

Diese Linden-Allee steht nicht genau „auf Linie", wurde zum Teil mehrstämmig gepflanzt und beeindruckt zudem durch ihr Alter (Landgut Iwan Turgenjew, Region Orjol, RUS).

Alleen begleiten Wege und Straßen. Sie gliedern große Freiräume und Gärten. Artgleich, formgleich, altersgleich und abstandsgleich, wirkt diese Allee disziplinierend.

Platzsparende Alleen für Gärten können mit Säulengehölzen (oben), Kugelbäumen (Mitte) oder einer Baumpergola (unten) umgesetzt werden.

Formgeschnittene Eiben-Allee. Der düstere Charakter wird durch weite Abstände gemildert. Dazu könnte auch eine dazu gestellte Strauchrose beitragen.

Diese idyllisch anmutende, mehrstämmige Allee ist aus einer „durchgegangenen“, Jahrzehnte nicht geschnittenen Hecke nach Beseitigung der unteren Äste hervorgegangen (Kornelkirsche *Cornus mas*).

Die Echte Pavie *Aesculus pavia* ist ein rot blühender und herbstfärbender Strauch. Auf einen Stamm veredelt (Kopfveredlung) entsteht der perfekte kleinkronige Alleebaum (Schlossgärten Arcen, NL)!

Waldrandkulisse gegensätzlicher Wegbegleiter gut geeignet. Alleen verbinden und führen zu repräsentativen Bauten. Gelegentlich müssen die Bäume auf der Innenseite wandförmig beschnitten werden. Die entstehende „Fächerallee" hält den Blick auf das Zielgebäude offen.

Die gewohnten, meist Straßen einschließenden Alleen sind für kleine Gärten nicht geeignet. Aber es gibt Alternativen.

Garten-Alleen

Säulengehölze können den Garten gliedern oder auf den Hauseingang zuführen. Der Platzbedarf ist gering, die Schattenwirkung indes eher mäßig. Säulenreihen und -alleen wirken würdig und disziplinierend, was nicht jeder Situation angemessen ist. Säulen-Wacholder bleiben unter 5 m Wuchshöhe und können anderenfalls einfach oben auf eine Höhe eingekürzt werden. Beispiele sind *Juniperus communis* 'Hibernica' (graugrün), Raketen-Wacholder *Juniperus scopulorum* 'Skyrocket' oder 'Blue Arrow' (blaugrau). Die Säulen-Eibe *Taxus baccata* 'Fastigiata Robusta' passt aufgrund ihres sehr dunklen Grüns nicht überall.
Bei den folgenden Bäumen mit richtigem Stamm sollte beim Einkauf auf eine Stammhöhe von mindestens 2,20 m geachtet werden. So muss niemand den Kopf einziehen.

- Dachförmig geschnitten, bilden hochstämmige Bäume eine Laubenallee im Kleinformat, baugleich der formgeschnittenen Baumpergola
- Kleinbäume mit Kugel- oder schmalen Kronen kommen ohne Schnitt aus (Kugel-Amberbaum*Liquidambar styraciflua* 'Gumball' (orange Herbstfärbung), Säulen-Eberesche *Sorbus aucuparia* 'Fastigiata' (dunkelgrün, weiß blühend, rote Beeren, orange Herbstfärbung), Blumen-Esche *Fraxinus ornus* 'Obelisk' (weiß blühend, orange Herbstfärbung), Hainbuche *Carpinus betulus* 'Fastigiata Monument' (hellgrün, gelbe Herbstfärbung). Die rot blühende Pavie (Kastanie) *Aesculus pavia* wächst strauchig und ist – auf Hochstamm veredelt – der perfekte und besondere Alleebaum für kleine Gärten.
- Waagerechte, ohne Schnitt dachförmig zusammenschließende Kronen sind eine weitere Option. Erste Wahl ist die Sachalin-Kirsche *Prunus sargentii* 'Accolade' mit rosafarbenen Blüten vor den Blättern und prächtig oranger Herbstfärbung.

Abstands, art- und sortengleich, erhält die Allee formalen Architekturcharakter, insbesondere bei Verwendung massivkroniger, dunkler Bäume mit dichter, schwerer Textur. Für kleine Gärten sind kleinkronige Kugel- oder formgeschnittene Bäume gut geeignet.

Werden die Bäume der gegenüberliegenden Straßenseite auf Lücke gepflanzt, entsteht eine wechselständige Allee, die deutlich lockerer wirkt. Noch freier und beschaulicher wird es, wenn die Bäume mehrstämmig verwendet auch mal neben der Geraden stehen oder Bäume mit heller, aufgelockerter Krone ausgewählt werden.

Gemischte Artenvielfalt: Das Bild ist verwirrend. Später geraten die schwächer wachsenden Bäume unter Druck und können sich nicht optimal entwickeln. Besser artgleich gruppieren!

Die Idee der Landschaftsallee ist auch im Garten mit passend proportionierten Gehölzen, begleitenden Blütenstauden und Staudengräsern ansprechend in Szene zu setzen.

Die gegenständige Allee kugeliger, dunkelgrüner Ahorne und die Allee mehrstämmiger Birken in variierten Abständen verkörpern den größtmöglichen Gegensatz zueinander.

Die frei gruppierte, verschiedenartige Landschaftsallee ist an unseren Straßen kaum noch anzutreffen, weil sie breite Randstreifen benötigt. Die Umsetzung mit niedrigeren Sträuchern und Kleinbäumen ist in vielen Gärten umsetzbar und trägt zur Artenvielfalt bei.

Praxistipp

Perspektivallee

Die Länge einer Allee wird durch ihre perspektivische Verjüngung deutlich. Mit wachsender Entfernung rücken die Bäume links und rechts scheinbar zusammen. Bei einer kurzen Allee im kleinen Garten wird dieser Effekt nicht sichtbar, kann aber mit dem Trick der „Perspektivallee" auch hier erreicht werden. Das vermeintliche Zusammenrücken langer Alleen wird auch in der kurzen Gartenallee sichtbar, wenn sie am Anfang – etwa am Gartentor – breiter ist als am Ende. Wie groß der Unterschied sein muss, ist nur durch Ausprobieren herauszubekommen. Dabei markieren leicht zu manövrierende Stangen die späteren Baumstandorte. Zudem lassen sich die Pflanzabstände zum Alleeende hin verringern. Der Gartenraum erscheint nun tiefer, als er ist.

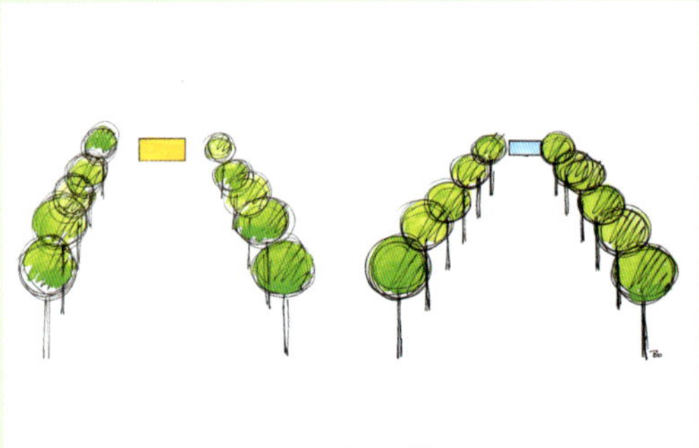

Die am Ende zusammenrückende Perspektivallee verleiht kurzen Strecken mehr Tiefe (links). Es müssen nicht immer Bäume sein: Die Umsetzung im Garten gelingt mit Hecken ob frei oder geschnitten ebenso (rechts, Landgut Holzdorf/Weimar, D).

Praxistipp

Reife Alleen

Jahrzehnte und Jahrhunderte gehen an keiner Allee spurlos vorüber. Alter und Stürme hinterlassen Lücken und bruchgefährdete Stämme müssen eingekürzt werden. Aufgelöste und windschiefe Kronen machen die Individualität der Bäume sichtbar. Der Gegensatz zur strengen Aufreihung der Bäume wächst – ein starker Eindruck, den die jugendliche Allee noch nicht vermitteln kann. Die Schließung entstandener Lücken durch Nachpflanzungen ist gut gemeint. Indes können sich die nachgepflanzten Bäume durch den Schatten und Wurzeldruck der Altbäume nicht optimal entwickeln. Gleichartigkeit und Gleichaltrigkeit – zwei wesentliche Merkmale einer Allee gehen verloren. Deshalb besser den Anblick und Schatten der alten Allee genießen und ihre Leistung für Vögel, Insekten und Fledermäuse respektieren, solange es geht. Später folgt die schrittweise Kompletterneuerung der nicht mehr zu haltenden Bäume.

10.3 Baumreihen

Eine Baumreihe benötigt im Vergleich zur mindestens zweireihigen Allee deutlich weniger Platz. Sie kann auch unabhängig von Straßen oder Wegen fast überall gepflanzt werden, ob mächtige Silber-Linden *Tilia tomentosa* oder Platanen *Platanus × hispanica* oder als Säulenreihe im kleinen Raum. Sie können gerade oder die Richtung ändernd einzig deshalb in den leeren Raum hineingeplant werden, um ihn zu gliedern. Darüber hinaus verbinden Baumreihen Gebäude und Orte miteinander, führen auf ein besonderes Ziel hin (Skulptur, Kleinarchitektur, ...) oder heben lineare Flächenstrukturen (Wege-, Graben-, Beetränder) oder Reliefkanten räumlich hervor.

Varianten der Baumreihe von links oben nach rechts unten: Die disziplinierenden, dunklen Kugel- und Säulenreihen erfahren durch ungleiche Abstände eine erste Lockerung und enden gegensätzlich in einer malerisch mehrstämmigen, locker- und hellkronigen Gehölzreihe.

Eine Horizontale bildend, kann die Baumreihe spannungsvoller Gegensatz zu vertikal aufragenden Gebäuden oder Säulenbäumen sein. Um die Zusammengehörigkeit der Reihe deutlich zu machen und ihre Wirkung zu stärken, sollten Bäume gleicher Art und gleichen Alters verwendet werden. Dagegen kann der Pflanzabstand in der Reihe bei Beachtung art- und sortengerechter Mindestabstände variieren, etwa um Durchblicke offen zu lassen oder sich in Richtung eines Ziels zu verdichten. Zudem beleben aus der Pflanzung herausgerückte Einzelbäume, insbesondere mit abweichender Farbigkeit und Kronenform wie ein „Ohrstecker" die gleichförmige Reihe.

Praxistipp

Baumreihen für die Artenvielfalt

Stadtklimageeignete, hitzefeste und Trockenheit tolerierende Baumarten und -sorten sind auch für Baumreihen und Alleen wichtig. Um Ausfallrisiken zu begrenzen, ist Artenvielfalt nützlich und stellt nebenher einen Beitrag zur Biodiversität dar. Die Mischung verschiedenster Bäume ist der Sache eher abträglich, und das nicht nur, weil sie den erfassbaren Rhythmus guter Gestaltung über Bord wirft und ein heilloses Durcheinander verursacht. Vielmehr produziert die unmittelbare Nachbarschaft und Konfrontation von Bäumen unterschiedlicher Wuchskraft und -form den freien Wettbewerb und mit ihm Verlierer, die nicht mithalten können. Artenvielfalt kann auch in als geordnet wahrnehmbaren und überlebenskräftigeren Gruppen mit bedarfsgerechten Pflanzabständen praktiziert werden, ergänzt um verschiedene, insbesondere noch zu erprobende, leicht auszutauschende Einzelbäume. Aus der Reihe gerückt, wird ihre Eigenart deutlicher.

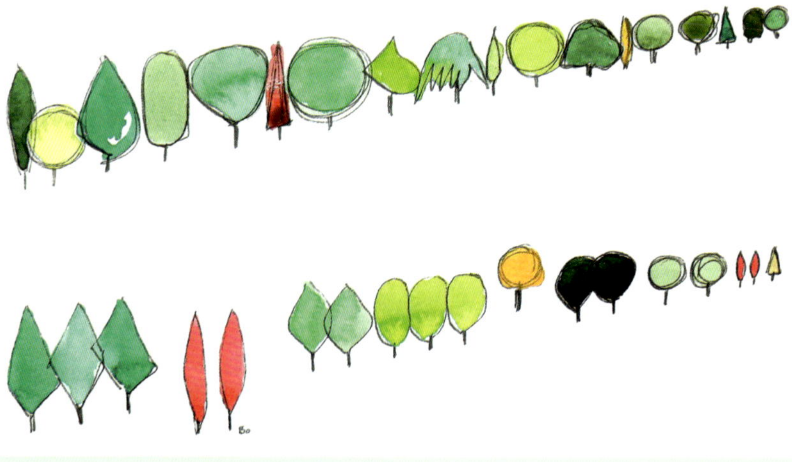

Baumreihen und -alleen sind gewöhnlich art- und altersgleich. Dem Wunsch nach Vielfalt kann durch die Gruppierung verschiedener Arten entsprochen werden. Wo möglich, machen aus der Reihe gerückte Einzelbäume oder Gruppen abweichender Form und Farbe das Pflanzbild kontrastreicher und lebendiger.

Praxistipp

Spalierreihen und -alleen

„Spalierbäume“ sind in senkrechter Fläche gezogene Gehölze, die als begrünte Rankgerüste ein geeignetes Mittel zur Bildung und Gliederung von Freiräumen darstellen. Beide kommen mit sehr wenig Platz aus. Indes tragen sich die Spalierbäume mit ihrem Erstarken selbst. Was bleibt, ist der regelmäßig nötige Formschnitt, der gern erbracht wird, um dafür etwas ganz Besonderes zu haben. Neben der Hainbuche *Carpinus* werden Feld-Ahorn *Acer campestre* , Zieräpfel *Malus* , Amberbaum *Liquidambar*, Platanen *Platanus* und Linden *Tilia* häufiger angeboten. Die Birne *Pyrus salicifolia* weckt mit silbergrauen, schmalen Blättern besondere Aufmerksamkeit. Die Spalierreihe benötigt als Begrenzung zum Straßenraum nur sehr wenig Platz. In doppelter Reihe entsteht eine kleine Allee für kleine Gärten. Die ist von besonderer Intimität, wenn die Spaliergehölze bis zum Boden reichen. Etwas höhere oder aufgeastete Stämme wirken leichter und lassen den Bodenbereich für Unterpflanzungen – etwa mit Blütenstauden – offen.

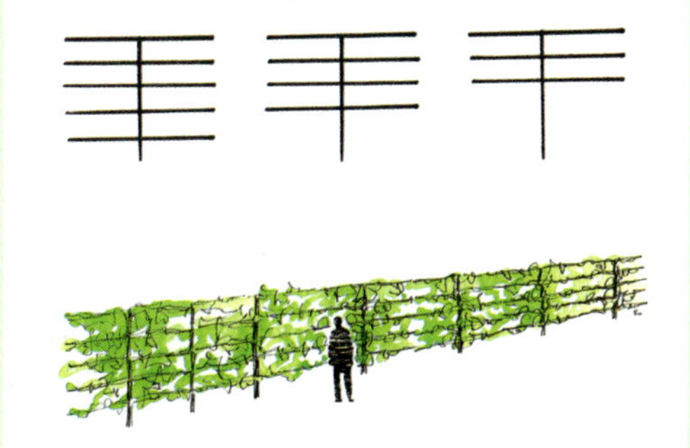

Einige Baumarten werden in Spalierform angeboten. Sie sparen Platz und können als Reihe oder Allee verwendet werden. In Vorgärten schützen sie vor unerwünschten Einblicken.

Für diese raumgliedernde, durch Form und Färbung sehr markante Spalierreihe wurden Blut-Buchen *Fagus sylvatica* 'Atropurpurea' verwendet.

Baumspaliere als platzsparende Raumwände können unterpflanzt werden, zudem Äpfel und Birnen liefern

10.4 Bäume im Paket

Baumpakete oder Baumblöcke sind abstandsgleiche Rasterpflanzungen gleichartiger und gleichaltriger Bäume, gewöhnlich auf viereckiger Grundfläche, so dass ein paketförmiger Kubus entsteht. Obwohl in jede Richtung erweiterbar, lassen sich Rhythmus und Struktur eher durch eine Abfolge räumlich getrennter Blöcke erreichen. Die regelmäßig architektonisch wirkende Anordnung wird durch kompakt kugelkronige Bäume (Kugel-Ahorn *Acer campestre* 'Nanum', Kugel-Eschen u. a.) oder solche mit massiver Krone (Berg-Ahorn, Rosskastanie) unterstrichen, die aber mehr Platz benötigen. Dach- oder kastenförmig geschnitten, bleibt der Baumblock niedriger und ist für die Vorpflanzung frei zu haltender Fassaden und als Schattenspender für kleine Gärten geeignet. Hierfür werden meist Linden *Tilia × europaea (T. × vulgaris)* verwendet. Das Kronendach einiger mehrstämmig gezogener Felsenbirnen *Amelanchier lamarckii* ist auch ohne Formschnitt perfekt für kleine Gärten. Die süßen Früchte lohnen den Griff nach oben.

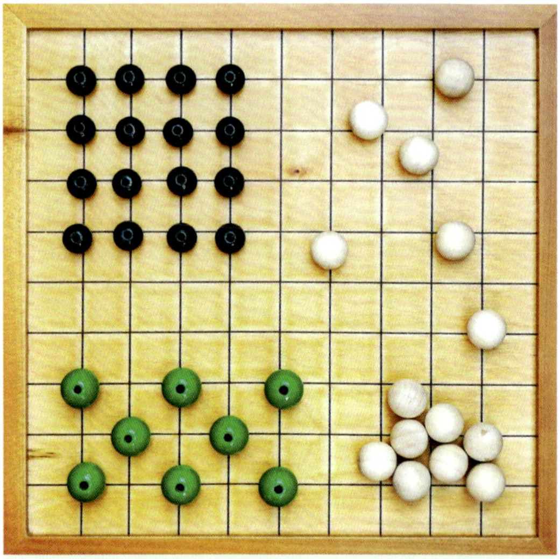

Die abstandsgleiche, dunkle Rasterpflanzung (Baumblock, schwarz) hat einen architektonischen Charakter, der durch die 5er-Stellung im „Quincunx" (grün) gemildert wird. Der lockeren Hainpflanzung (weiß, rechts oben) steht das dichtgedrängte Baummassiv (weiß, rechts unten) gegenüber.

Baumarten mit unregelmäßiger, aufgelockerter Krone (Hänge-Birke *Betula pendula* 'Dalecarlica', Silber-Ahorn *Acer saccharinum* 'Wieri', ...) in regelmäßig strengem Raster zu pflanzen, wird ihrem Charakter nicht gerecht. Es wird empfohlen, das Raster aufzulockern. Dafür bleiben einige der Pflanzplätze unbesetzt.

Der regelmäßige Baumblock fällt in einer frei gestalteten Umgebung auf und wird hier als Hinweis auf das Gebäude verwendet.

Der aufwändige Kopfschnitt der im Raster (Baumblock) gepflanzten Eschen lässt im sommerlichen Grün einen blicklenkenden flachen Kubus entstehen. Der kann als Schattendach und Pendant zu Gebäuden genutzt werden.

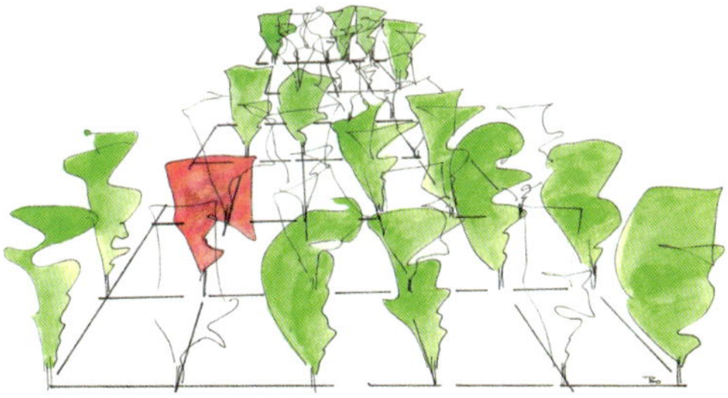

Das regelmäßige Raster des Baumblocks wird durch Kugel- oder Kastenformen unterstrichen. Birken passen nicht so recht ins Schema. Das Problem ist gelöst, wenn einige Rasterpunkte unbepflanzt bleiben.

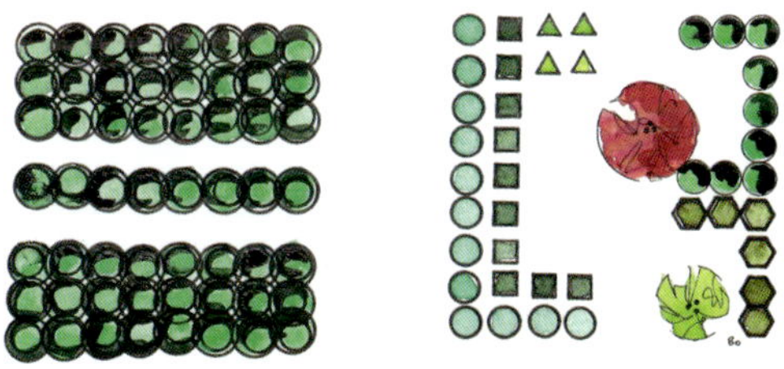

Rechts das Ergebnis einer Überlegung, wie gleichförmige Baumpflanzungen vielfältiger gestaltet werden können. Durch verschiedene, aber erfassbare Pflanzeneinheiten gibt es mehr Artenvielfalt, Orientierung und Erlebnisqualität.

Praxistipp

Quincunx

Der schon in der antiken Gartenkunst verwendete Fünfer-Verband (Kreuzstellung, Quincunx, „die Fünf auf dem Würfel“) wirkt auf den ersten Blick natürlicher, denn erst der Blick „um die Ecke“ lässt durchlaufende Reihen erkennen. Durch die typische Pflanzung auf Lücke entstehen Diagonalreihen. Zudem erhalten die Bäume mehr Licht. Deshalb wird diese Pflanzform für Obstgärten bevorzug. Sie ist schon aus ältesten Klostergärten bekannt. Rückt im einzeln gestellten Quincunx eine Skulptur oder ein Brunnen an die Stelle des mittelständigen Baumes, bieten die Eckbäume Schatten und einen würdigen Rahmen.

Im Quincunx gruppieren sich vier Bäume um einen in der Mitte. Der Mittenbaum kann durch einen Brunnen, eine Skulptur oder ein Denkmal ersetzt werden (Kutna Hora/ Kuttenberg, CZ).

10.5 Baumkreis und Baumdreieck

Die Landschaftsgärtnerei ist reich an verschiedensten Begriffen, von denen nicht alle etwas anderes meinen. So ist ein Kreis von Bäumen nicht nur ein „Baumkreis“, sondern eben auch ein „Baumzirkel“, eine „Baumrotunde“, ein „Baumrondell“ oder ein „Baumring“. In jedem Fall entsteht ein eigenständiger Raum auf kreisförmigem Grundriss, der einen Sitzplatz oder einen Pavillon in bevorzugter Lage – gewöhnlich mit Ausblick – umschließt. Je nach Abstand und Charakter der Bäume ist der Raumeindruck ein anderer. Säulengehölze machen aus größerer Entfernung auf den besonderen Ort aufmerksam. Einmal angekommen, fühlt man sich aber eher unbehaglich, wenn Sichtdeckung und Schatten fehlen.

Abweichungen aus der geometrischen Mitte können einen reizvollen Gegensatz zur kreisförmigen Umpflanzung schaffen. Im Einzelfall rückt der Mittelakzent ganz nach draußen (rechts).

Im Kreis unbesetzt bleibende Pflanzplätze oder variierte Baumabstände öffnen den Raum und sorgen dafür, dass Blickachsen unverstellt bleiben. Dichter gepflanzte Bäume bieten dort Rückendeckung, wo sie gebraucht wird. Ein leerer Kreismittelpunkt ist der geeignete Ort, um eine Skulptur, einen Brunnen oder ein Pflanz-

Alte, mehrstämmige Sommer-Linden *Tilia platyphyllos* wurden als schattierender und eine Erhebung akzentuierender Baumkreis gepflanzt (Schlosspark Altenstein, D).

gefäß aufzustellen. Geht der Blick darüber hinweg in die Ferne, gibt es eine die Perspektive steigernde Wechselbeziehung zwischen Vorder- und Hintergrund. Es kann spannend sein, die Symmetrie zu brechen und das zentrale Objekt ein wenig aus der Mitte zu rücken oder gar neben den Baumkreis zu stellen.

Der Baumkreis gestattet viele Variationen. Er kann mehrreihig, spiralig oder als Baumpergola dachförmig geschnitten sein. Wird der Baumkreis auf drei Bäume reduziert, die sich in gleichem Abstand gegenüberstehen, bleibt ein gleichseitiges, in sich ruhendes Baumdreieck übrig. Das passt auch in kleine Gärten, um

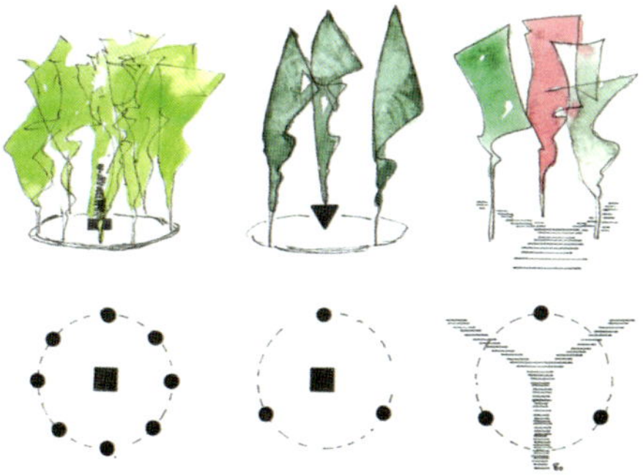

Gewöhnlich umschließt ein Baumkreis, der gelegentlich auf ein Baumdreieck reduziert werden kann, ein zentrales Objekt: Baum, Skulptur, Brunnen, Wegekreuz.

dort einen Brunnen oder eine Skulptur mit Sitzgelegenheiten zu umschließen.

Reicht der Platz selbst für kleine Bäume nicht aus, braucht es nur einige Stangen, die oben mit dicken Seilen verbunden und mit schlingenden Klettergehölzen (→ S. 299) begrünt werden.

10.6 Artenreiche Dichtpflanzung

Ein mächtiges Buchenmassiv kann im Freistand sehr beeindrucken. Die Planung ist einfach, denn zwischen gleichartigen Bäumen sind weder ästhetische Beziehungen noch unterschiedliche Wuchsformen zu koordinieren. Die dichte Baumgruppe wächst zu einer Einheit zusammen (Clump). Neben der Buche *Fagus sylvatica* werden auch andere, ähnlich dichte und dunkle Baumarten gern verwendet, um eine Fernwirkung zu erzielen, wie Berg-Ahorn *Acer pseudoplatanus*, Rosskastanie *Aesculus hippocastanum*, Fichten *Picea abies*, Douglasie *Pseudotsuga menziesii*. Der Vorteil der Dichtpflanzung liegt im Wettbewerb, der die Bäume in die Höhe drängt und damit eine schnellere räumliche Wirkung garantiert. Sie ist ein typisches Merkmal klassischer Landschaftsparks. In kleinen Gärten ist dafür kein Platz.

Luftige, Abstand fordernde Birken *Betula pendula* in einen gebauten Rahmen eingezwängt sind ein ungewöhnlicher Gegensatz (Tate Gallery London, GB).

Dichtpflanzungen einer Art – auch als Bündelpflanzungen bezeichnet – wachsen schneller in die Höhe und zu einem beeindruckenden Solitärgehölz heran (Buche *Fagus sylvatica* im Park Altenstein, D).

Eine Baumgruppe aus mehreren Arten zusammenzufügen, ist deutlich schwieriger und bedarf gründlicher Gehölzkenntnisse. Neben

Die Komposition artverschiedener Gehölzgruppen erfordert gute Pflanzenkenntnisse, so dass die Dimensionen und Farben der beteiligten Arten aufeinander abgestimmt werden können (Fürstlich Greizer Park, D).

ästhetischen Wechselbeziehungen – Kronenformen, Farben, Blattwerk – sind Zuwachsleistungen und Lichtansprüche der benachbarten Arten zu bedenken, die sich in eine Dichtpflanzung fügen müssen. Soll die Zusammengehörigkeit einer artenreichen Gruppe verdeutlicht werden, wird die Dichtpflanzung empfohlen. Eine ausschließlich klein bleibende, Bäume und Sträucher umfassende Gehölzgruppe ist auch für kleine Gärten eine Option. Neben den ästhetischen Effekten kann in einer geschichteten Stockwerkpflanzung (→ S. 257) eine größtmögliche Artenvielfalt erreicht werden.

10.7 Sehnsuchtsort Baumhain

Der Baumhain ist das Gegenstück zum kompakten, oft düsteren, gelegentlich undurchdringlichen, im Märchen gar bedrohlichen Wald. Durch die typisch weite und unregelmäßige Anordnung der Einzelbäume hat er einen lichten, offenen Charakter. Flächen unter hochstämmigen, lichtdurchlässigen Bäumen können als Spiel- oder Liegewiese im Streuschatten der Baumkronen genutzt werden. Die natürlich anmutende Hainpflanzung ist das genaue Gegenteil zum streng aufgereihten, disziplinierenden Baumblock. Sie bietet Schutz und Schatten, ohne den Blick einzuengen. Die Verwendung gleicher Baumarten ist Voraussetzung, um den

Der locker gestellte Baumhain (rechts) ist das Gegenstück zum disziplinierten und disziplinierenden Baumblock. Abweichende Details (hier rot) machen jedes Pflanzbild lebendiger.

Hain trotz weiter Abstände als zusammengehörig wahrzunehmen. Lichtkronige Bäume unterstreichen die Savannen-Anmutung (Eichen *Quercus*, Birken *Betula*, Wald-Kiefern *Pinus sylvestris*, Lärchen *Larix*, Robinien *Robinia pseudoacacia* und Gleditschien *Gleditsia triacanthos* in dornenlosen Sorten). Malerisch wirken mehrstämmige Bäume (wie Flügelnuss *Pterocarya* , Katsura/Kuchenbaum) *Cercidiphyllum* oder solche mit breiter Schirmkrone (wie Trompetenbaum *Catalpa*, Eschen-Ahorn *Acer negundo*). Gerade mehrstämmige Bäume schränken den Blick ein, was das „Halbverdeckte" und damit den Raumeffekt, das Geheime und die Neugier verstärkt. Eine Steigerung zum Düsteren und Mystischen vermitteln die in Bachauen anzutreffenden Erlenhaine *Alnus glutinosa*. Grund dafür sind die dunkelgrünen Blätter und schwarzborkigen Stämme. Wegen ihrer Höhe und Bindung an grundwassernahe Standorte oder Bachufer kommt die Erle für kleinere Gärten gewöhnlich nicht in Betracht. Eine Alternative ist die etwas kleiner bleibende Schwarz-Birke *Betula nigra*. Ihr goldgelbes Herbstlaub steht in schönem Gegensatz zu den dunklen Stämmen.

Ein besonderer „Kick" ist die Hinzunahme eines provokativ „falschen" Baums mit andersartiger Farbigkeit, Form oder Textur, der am besten in die Nähe gerückt wird, damit sich zwischen der Gruppe und ihrem Gegenspieler eine Beziehung einstellen kann.

Hainpflanzungen sind nicht auf den Park beschränkt und mit niedrigen, am besten schirmkronigen Gehölzen auch im Garten gut möglich. Alternativ zum Essigbaum *Rhus typhina* im Bild sind auch Felsenbirne *Amelanchier lamarckii* oder Zimt-Ahorn *Acer griseum* gut geeignet.

Wenngleich wir Hainpflanzungen fast ausschließlich in öffentlichen Freiräumen sehen, steht ihrer Verwendung im Garten mit den jeweils richtigen Gehölzen kaum etwas im Wege. In Frage kommen Großsträucher, mehrstämmig und schirmförmig gezogen, wie zum Beispiel Felsenbirne *Amelanchier lamarckii* oder Hasel *Corylus avellana* (Haselhain → S. 356), Higan-Kirsche *Prunus × subhirtella* 'Fukubana', Zieräpfel *Malus*, Baumoleander × *Chitalpa tashkentensis*, Aralie *Aralia elata* und Zimt-Ahorn *Acer griseum*. Die kahlfüßige Aralie wächst kaum 4 m hoch und ist hervorragend geeignet, Staudenpflanzungen Struktur und Höhenakzente zu geben. Die weißen Blütenschirme sind Bienenmagnete und mit allen Farben kompatibel.

Der Birkenhain ist ein Begriff. Artgleiche Bäume sorgen trotz weiter Abstände für den Zusammenhalt der Gruppe.

Für eine Araliengruppe ist auch im kleinsten Garten Platz. Unterpflanzungen mit Blütenstauden sind willkommen und harmonieren mit den weißen Blütenschirmen.

11 Die Kunst der freien Hecke

Die Hecke ist – im Gegensatz zum flächig aufwachsenden Gebüsch – eine lineare Pflanzung und deutlich länger als breit. Das Wort lässt sich bis zum althochdeutschen „hegga“, dem niederländischen „heg“ und dem englischen „hedge“ zurückverfolgen. Die Hecke diente zunächst der Ein*hegung* des Nutzgartens und hier spielt auch der *Hage*dorn (Weißdorn, *Crataegus*) von alters her eine Rolle. Heute nutzen wir Hecken – frei wachsend oder in Form geschnitten – als Sicht- und Wetterschutz, insbesondere zur Fassung und Gliederung von Freiräumen im privaten und öffentlichen Grün.

11.1 Die freie Hecke

Artgleiche Hecken sind einfach zu realisieren, weil verschiedene Wuchshöhen und -formen nicht berücksichtigt werden müssen. Die Wirkung ist oft nur auf die Blühzeit beschränkt (Belgischer Spierstrauch *Spiraea × vanhouttei*).

Die Landschaft liefert Vorbilder für artenreiche Hecken. Der Ausbreitungsdrang der Gehölze führt zur Bildung von Gruppen, die auch als ästhetisch gut, weil strukturgebend empfunden werden.

Die von regelmäßigem Formschnitt befreite Hecke stellen wir uns lebendig und vielfältig vor – artenreich, ästhetisch und ökologisch wertvoll. Dazu können auch Obstgehölze beitragen, unter anderem Maibeere *Lonicera kamtschatica*, Hasel *Corylus avellana* 'Wunder von Bollweiler' u. a., Aronie *Aronia melanocarpa*, Felsenbirne *Amelanchier lamarckii* und „Vitaminrosen" mit inhaltsreichen Hagebutten. Bekannt geworden sind die „Pillnitzer Vitaminrosen", etwa 'PiRo3'. 'Hansen' ist mit 6 m Kronendurchmesser eine klein bleibende Sorte des Nussbaums *Juglans regia*, die gelegentlich in eine Hecke integriert werden kann. Die Kornelkirsche *Cornus mas* lie-

Die Kunst der freien Hecke beachtet schon bei der Planung Rangordnung, Rhythmus, jahreszeitliche Wirkung und die Abstimmung der Wuchsformen. So können sich die verschiedenen Gehölze arttypisch entwickeln.

fert mit der Sorte 'Jolico' größere und vitaminreichere Früchte als die Ausgangsart. Die Beerntung wird schwierig, wenn das Gehölz inmitten der Hecke steht, zumal reife Früchte auf den Boden fallen. Die Fruchtsorten des Sanddorns *Hippophae rhamnoides* (z. B. 'Leikora') gedeihen nur auf Sand- und Kiesböden gut. Sie benötigen einen Pollenspender, etwa die Sorte 'Pollmix'. Sanddorn kann sich über Gebühr ausbreiten, deshalb sollten die Wurzelsprosse kontrolliert werden. Schlehen *Prunus spinosa* breiten sich stark aus, sodass die Früchte besser in der Landschaft als im eigenen Garten gesammelt werden.

Planung und Pflege einer vielfältigen Hecke sind anspruchsvoll und erfordern grundlegende Gehölzkenntnisse. Es gilt über Blühfarben und -zeiten hinaus die Wuchsgrößen und -formen der künftigen benachbarten Arten vorausschauend zu berücksichtigen.

„Frei" bedeutet auch, in gleichen Abständen pflanzen zu können. Dabei können die Wuchseigenarten der verwendeten Gehölze am besten berücksichtigt werden.

Um das gute Verhältnis zum Gartennachbarn nicht zu trüben, sind länderspezifisch geregelte Pflanzabstände zur Grundstücksgrenze zu beachten. Die Heckenpflanzung auf der gemeinsamen Grundstücksgrenze nach nachbarschaftlicher Abstimmung spart Platz. Entsteht irgendwann der Wunsch, diese Hecke zu beseitigen, müssen wiederum beide Nachbarn zustimmen. Im Verlauf der Heckenlinie gilt es, das Verhältnis verschiedener Gehölzarten zueinander zu ordnen. In der Musik sind das verschiedene Stimmen entlang der Notenzeile und die BACHsche „Kunst der Fuge" liegt nahe. Denn: Es soll sich fügen, von Groß zu Klein, kahlfüßig aufragend zu bodenschlüssig. So geplant entsteht eine ästhetisch ansprechende, ablesbare Komposition aus pflanzlichen Farben, Formen und Strukturen.

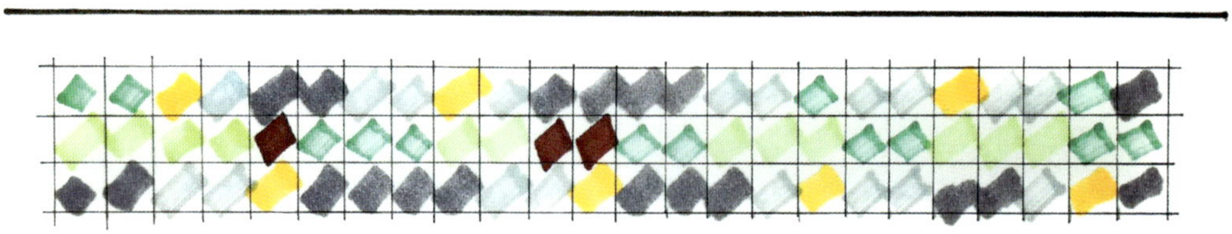

„Freie Hecke" bedeutet nicht nur, auf den Formschnitt zu verzichten. Im Gegensatz zu einem Pflanzschema (oben) darf auch eine freiere Anordnung der Gehölze (unten) darunter verstanden werden.

11.2 Vielfalt planen und pflegen

Erwartungen an die Hecke sind verschieden: Raumbildung, Wind- und Sichtschutz, die wenigstens optische Ausblendung von Lärmquellen, Hintergrund für Staudenpflanzungen oder Obsthecke. Entsprechend unterschiedlich wird die Pflanzenauswahl sein. Noch wichtiger ist die langfristige Entwicklung der Hecke hin zu einem Pflanzbild, das unsere Erwartungen erfüllt. Neben einer vorausschauenden Planung bedarf es der kompetenten Entwicklungspflege, die in den Jahren nach der Pflanzung pflegend und korrigierend eingreift. Die nachstehend beschriebenen Planungsstrategien geben den späteren Aufwand für die Heckenpflege vor.

11.2.1 Ausdünnen

Im „Entnahmeprinzip" wird anfangs dicht gepflanzt, etwa im Abstand von 1 m × 1 m oder mit größerem Reihenabstand, wenn auf langen Strecken eine maschinelle Pflege vorgesehen ist. So wird die Hecke rasch höher und dichter. Zu dicht Gewachsenes wird schrittweise entnommen, um aussichtsreicheren Zukunftsgehölzen Entwicklungsraum zu geben. Das ist die auch in der Forstwirtschaft in verschiedenen Formen angewandte Strategie – vom Kahlschlag bis zur Einzelentnahme. Durch Verwendung verjüngungsfähiger Gehölze, die wieder austreiben, nachdem sie „auf den Stock" gesetzt, d. h. über dem Boden abgeschnitten wurden (Coppicing), kann eine vielschichtige Hecke mit ökologischem Mehrwert entstehen. Leider wird das Ausdünnen zu oft vergessen, so dass am Ende ein Dickicht entsteht, in dem die

Anfängliche Dichtpflanzung schließt die Hecke schnell. Nach Jahren muss ausgedünnt werden, damit sich die verbleibenden Gehölze arttypisch entwickeln können (Entnahmeprinzip).

konkurrenzschwächeren Gehölze untergehen. Diese Situation ist unschön und schränkt die Artenvielfalt ein. Solche Hecken bedürfen einer kompletten Erneuerung, dann mit einem effektiveren Planungsansatz, der weitgehend ohne die nachträgliche Entfernung zu dicht gewachsener Gehölze auskommt.

11.2.2 Lücken pflanzen

Pflanzung auf Endabstand bedeutet, dass Lücken für den Zuwachs und die Zielgröße der verwendeten Gehölze verbleiben. Damit werden Kosten für eine dichtere Pflanzung gespart. Indes lässt die Wirkung der Hecke auf sich warten. Pflanzung auf Endabstand ist bei hüfthohen, eher raumgliedernden als raumbildenden Strauchhecken ohne Wirkungseinbußen möglich, weil sie bereits im zweiten oder dritten Jahr ihre Zielgröße erreichen (Mahonie *Mahonia aquifolium*, Bartblume *Caryopteris × clandonensis*, Japanischer Spierstrauch *Spiraea japonica* in Sorten u. a.). Anders ist es bei Großsträuchern und Bäumen, die deutlich mehr Zeit brauchen, um in die geplante und erreichbare Größe hineinzuwachsen. Pflanzung auf Endabstand bedeutet hier, Jahre und Jahrzehnte mit Lücken, das heißt eingeschränktem Sicht- und Wetterschutz, leben zu müssen. Deshalb wird empfohlen, mit größeren Lieferqualitäten zu beginnen. Die sind teurer, aber aufgrund des geringeren Pflanzenbedarfs insgesamt können die Kosten überschaubar bleiben. Weil diese Gehölze mit genügend Entwicklungsraum ohne Seitendruck aufwachsen, bescheren sie uns später arttypische, ästhetisch ansprechende Wuchsformen.

Kurzlebige Zwischensaaten (Malven, Sonnenblumen, ...) oder ausdauernde und hochwüchsige Staudenpflanzungen können bei Bedarf die Lücken vorläufig schließen (Chinaschilf *Miscanthus* sinensis 'Große Fontäne', Stauden-Sonnenblume *Helianthus microcephalus, H. orgyalis*, Becherpflanze *Silphium perfoliatum* u. a.)

Bis hüfthohe Kleinsträucher wie *Spiraea japonica* werden dicht gepflanzt, sonst bleiben Lücken (oben). Pflanzung auf Endabstand: Größere Gehölze wachsen nach Jahren in vorgehaltene Lücken hinein (unten).

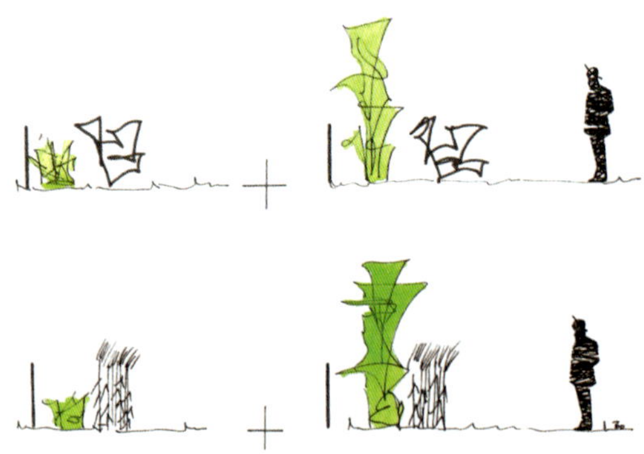

Oben: Eine raschwüchsige Schirmhecke gibt schnelle Deckung und den davor gepflanzten Gehölzen Schutz. Unten: Hochstauden wachsen schnell und attraktiv für den schnellen Sichtschutz heran. Dahinter wächst die preisgünstig kleiner gepflanzte Gehölzhecke langsamer auf.

Diese Großstauden müssen sich im Frühling neu zur vorjährigen Höhe aufbauen, so dass bis zum Sommer Durchblicke bleiben. Wem das missfällt, pflanzt eine ganzjährig blickdichte Schirmhecke in die zweite Reihe. Verwendet werden schnellwüchsige und kostengünstige Gehölze, die den langsamer wachsenden, wertvolleren und in größerem Abstand „auf Zuwachs" davor gepflanzten Gehölzen Schutz bieten. Geeignet sind etwa Haselsträucher *Corylus avellana*, Liguster *Ligustrum vulgare*, Traubenkirschen *Prunus padus*, Eberesche *Sorbus aucuparia* oder die Bastard-Zypresse x *Cuprocyparis leylandii*.

Eine interessante Alternative ist die Pflanzung hoher Blütenstauden und Staudengräser vor die Gehölzhecke. Dieser Hochstaudensaum bringt eine schnelle Raumwirkung. Jetzt stehen die wertvolleren Gehölze dahinter. Sie haben mehr Zeit, über den Staudensaum hinaus zu wachsen und können kleiner und kostengünstiger gekauft werden.

11.2.3 Hecken aus Bausteinen

Hecken-Bausteine sparen Planungsaufwand. Hierfür werden zueinander passende, sich in Standorteignung, Wuchsform und Ästhetik ergänzende Gehölze in Gruppen (Module, Bausteine) zusammengestellt. In freiem Rhythmus wiederkehrend, können die Einzelgruppen in ihren Stückzahlen variieren und durch einige Bäume miteinander verbunden werden, um

Wiederkehrende Heckenmodule vereinfachen die Pflanzplanung wesentlich. In unterschiedlichen Abständen darüber gestellte Kleinbäume stellen die verbindende Rangordnung her.

die Rangordnung über Alles herzustellen und die Verbindung zwischen den Modulen sichtbar zu machen. Möglicherweise sind einmal entwickelte Heckenmodule auch anderenorts einsetzbar, wenn die Wuchsbedingungen und Gestaltungsansätze übereinstimmen. Die modulare Heckenplanung entspricht dem Typus der freien Hecke sehr gut, zumal es keine regelmäßigen Pflanzabstände gibt.

Praxistipp

*Strauch-Stauden-*Hecke

Die klassische Strauchhecke gewinnt durch Einbeziehung von Blütenstauden und Gräsern an Erlebnisqualität und Vielfalt. Die Zwischenpflanzung kommt ohne den für Staudenvorpflanzungen oder Krautsäume im Vorfeld der Hecke benötigten Platz aus. Zwischen Gehölz- und Staudenfarben und gegensätzlichen Blattformen können spannungsvolle Kontraste entstehen. Die Wuchsformen der auszuwählenden Sträucher und Stauden sollten aufeinander abgestimmt sein. Sowohl an der Sprossbasis aufkahlende Stauden (hohe Herbst-Astern *Aster novae-angliae* in vielen Sorten, Duftnessel *Agastache*, Ehrenpreis *Veronica longifolia* u. a.) als

Eine Strauch-Stauden-Hecke kann besonders artenreich gestaltet werden. Wuchshöhen, kahlfüßige und bodenschlüssige Pflanzen müssen ebenso abgestimmt werden wie artunterschiedliche Schnittmaßnahmen (Lehr- und Versuchszentrum Gartenbau Erfurt, D).

auch kahlfüßige Sträucher brauchen eine deckende Vor- oder Unterpflanzung mit buschigen Stauden. Nach dem Staudenrückschnitt im Vorfrühling gibt es für einige Wochen Lücken, die mit blühenden Zwiebel- und Knollenstauden in gewünschten Farben gut geschlossen werden können.

12.4 Stockwerke für den Heckenfrieden

Es ist nachhaltig und lohnenswert, verschiedene Gehölze nicht ausschließlich nach ästhetischen Kriterien, sondern auch nach ihrer Wuchsform und -höhe so auszuwählen und anzuordnen, dass sie nicht in Konkurrenz geraten. Das anderenfalls entstehende Dickicht bedeutet nicht nur ein Pflegeproblem. Fehlen Rangordnung und Rhythmus, ist das Ergebnis ästhetisch unbefriedigend. Die im Dickicht fehlende Schichtung schränkt zudem das Lebensraumangebot und die Artenvielfalt für Vögel, Insekten und andere Lebewesen ein.

Ziel ist es, den verwendeten Gehölzen in unterschiedlichen Wuchsebenen ausreichend Entwicklungsraum zu geben und ohne die bei Dichtpflanzungen erforderlichen und aufwändigen Durchforstungen auszukommen. Füllsträucher als Zwischenlösung sollten vermieden werden. Sie verursachen zusätzliche Kosten und fallen später den geplant konkurrenzkräftigeren Gehölzen zum Opfer.

Entsprechend wichtig ist es, in Stockwerken zu denken und zu planen. Der bodenschlüssige Klein- oder Mittelstrauch gehört an den Rand, der kahlfüßige Großstrauch oder hochstämmige Baum eher in die Mitte und nur gelegentlich als raumstaffelnder Vorposten an den Gehölzrand. Dieses Stapeln stellt Rangordnung her, vermeidet Konkurrenz auf gleicher Ebene und erlaubt mehr Vielfalt auf gleicher Grundfläche. Um die jeweils geeigneten Ober- und Untermieter zu finden, müssen die Wuchsform und Endgröße der auszuwählenden Gehölze vorausschauend recherchiert werden. Maßstäblich skizzierte Gestaltprofile der einzelnen Arten sind der Baukasten für die Planung in Stock-

Das Ziel der Stockwerkspflanzung ist es, die spätere Entnahme zu dicht gewachsener Gehölze einzusparen. Das ist möglich, wenn die späteren Wuchshöhen und -formen der benachbarten Arten und Sorten aufeinander abgestimmt werden (Höhere Bundes- und Forschungsanstalt für Gartenbau Wien, AT).

werken, die das Zusammenfügen der Heckengehölze wesentlich vereinfachen.

Zu Ausläufer- und Gebüschbildung aus Wurzelschösslingen/-sprossen neigende Sträucher (Schlehe *Prunus spinosa*, Sanddorn *Hippophae*, ...) sind ungeeignet, weil sie jedes Heckenkonzept durcheinanderbringen. Wer bodenschlüssige Sträucher hochschneidet, um darunter graben zu können, wird gelegentlich mit zahlreichen Schösslingen aus verletzten Wurzeln und somit erheblicher Mehrarbeit konfrontiert (Essigbaum, *Rhus typhina*, Flieder *Syringa vulgaris* Schneebeere *Symphoricarpos albus*, ...).

Praxistipp

Untermieter

Bei sommergrünen Hecken wird der Boden im Winter sichtbar. Auch dieses unterste Stockwerk in das Pflanzkonzept einzubeziehen, lohnt sich insbesondere dann, wenn die Hecke gut sichtbar an einen Weg grenzt. Sind die Sträucher noch kahl, gelangen frühblühende Geophyten hier zu voller Wirkung. Dazu gehören unter anderem Winterling *Eranthis*, Schneestolz *Chionodoxa forbesii*, Blaustern *Scilla*, Hohler Lerchensporn *Corydalis cava* und Balkan-Windröschen *Anemone blanda*. Auch das wintergrüne Duft-Veilchen *Viola odorata* in Blau, Weiß, Rot oder Gelb ist empfehlenswert. Auf nicht zu trockenen Böden bildet die Kriechende Gemswurz *Doronicum pardalianches* – eine alte Zier- und Heilpflanze mit knollig verdickten Wurzeln – langlebige, ebenfalls wintergrüne Flächen. Der Italienische Aronstab *Arum italicum* 'Marmoratum' erfreut durch frischgrüne Blätter mit auffallend weißer Zeichnung.

Unter winterkahlen Laubgehölzhecken sind Knollen- oder Zwiebelstauden wichtige Frühlingsboten (Hohler Lerchensporn *Corydalis cava*).

Die Kriechende Gemswurz *Doronicum pardalianches* ist die ideale Bodendeckstaude unter sommergrünen Hecken. Sie ist nur im Winter grün und zieht über Sommer ein.

Praxistipp

Wohin mit den Pflanzengeschenken?

Von pflanzenbegeisterten Gartenbesitzern werden häufig Pflanzenwünsche geäußert, bereits erworbene oder als Geschenk erhaltene und im Topf harrende Pflanzen präsentiert, im schlimmsten Fall auch schon mal hier und da gepflanzt, ohne Vorstellungen zur Gestalt und späteren Dimension dieser Gehölze zu haben. Gern werden Pflanzen im Gartenmarkt ohne Zielvorstellungen allein nach ihrer momentanen Attraktivität erworben. Um den Pflanzen längerfristig Entfaltungsmöglichkeiten an der jeweils richtigen Stelle zu sichern und spätere Enttäuschungen zu vermeiden, ist nun gerade noch Zeit, das Erworbene genauer unter die Lupe zu nehmen. In solchen Fällen lohnt sich eine professionelle Beratung. Eigenschaften und Gestaltungspotenziale der Gehölze werden vor Ort besprochen und bestmögliche Pflanzplätze ausgewählt. Wichtig ist auch das jahreszeitliche Erscheinungsbild und der zu erwartende Zuwachs der Gehölze. Skizzierte Gestaltprofile schaffen Klarheit und zeigen Verwendungsmöglichkeiten des Vorhandenen auf. Oftmals kann danach gleich ausgestellt und gepflanzt oder gezielt ausgetauscht und nachbestellt werden. Ein Pflanzplan ist nicht mehr nötig.

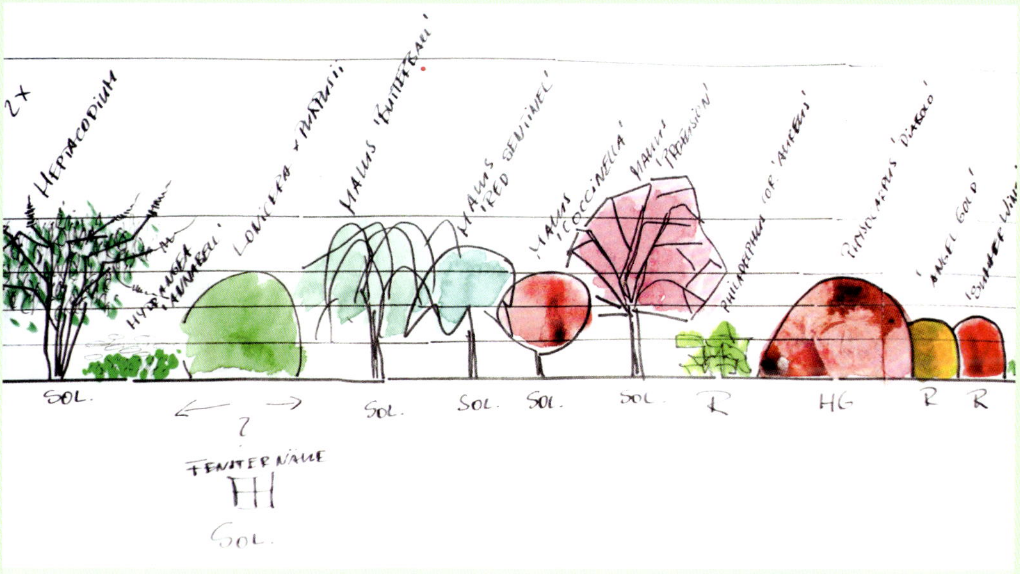

Maßstäbliche Gestaltskizzen der zur Verwendung vorgesehen Heckengehölze helfen, die jeweils passenden Nachbarn, Ober- und Untermieter zu finden. Maßstab sind die Baumschulkatalogen zu entnehmenden Endgrößen der Gehölze.

11.3 Planungsschritte

Die Funktionen der künftigen Hecke gehören neben ihrer möglichen Höhe und Breite zu den ersten Vorgaben, die im Vorfeld klar beantwortet werden sollten. Ist für Bäume überhaupt Platz? Sind eine Vorpflanzung oder ein Krautsaum vorgesehen? Grenzt die Hecke gartenseitig an einen Weg, Platz oder an eine Rasenfläche? Ebenso sind Boden- und Klimabedingungen vor der Gehölzauswahl zu klären, denn nicht alles wächst überall.

Gewöhnlich ist es sinnvoll, die Hecke nicht mehr als dreireihig zu pflanzen. Mehr macht die Hecke kaum dichter und erlebnisreicher, raubt Gartenraum und erschwert die Pflege erheblich. Differenzierte Pflanzabstände machen die Hecke lebendiger und können Gehölzen unterschiedlicher Form und Wuchshöhe bessere Entwicklungschancen einräumen. Sicher erleichtert Reihenpflanzung die maschinelle Pflege bis zum Dichtschluss der Hecke. Aber wie hilfreich ist die Mahd zwischen den Junggehölzen wirklich? Das vermeintlich „ordentliche" Aussehen lässt eine schnittfeste, aber auch dichte Grasnarbe entstehen. Hier bleiben die Niederschläge hängen, was insbesondere dort, wo es wenig regnet, für die Heckenpflanzung eine fatale Konkurrenz bedeutet („grünes Leichentuch"). Ein lockerer, ohne Mahd entstehender Spontanbewuchs ist häufig schon ab August trocken und beschattet den Boden, ohne ihm Wasser zu entziehen. Das ist auch für Insekten und Vögel die bessere Lösung.

Je länger die Hecke, desto mehr verlangt sie nach einem gliedernden, ablesbaren Rhythmus.

Rhythmus sorgt für erfassbare Strukturen. Rhythmus ist Ausdruck pulsierenden Lebens (→ S. 157). Deshalb sollten gleiche Gehölzarten gruppiert – große auch einzeln – in freiem Rhythmus wiederkehren. Kleinere Gehölze müssen zahlreicher verwendet werden als die am Ende größeren Pflanzen. Nur so bekommen sie ausreichend Gewicht. Dünne Stimmen funktionieren nur im Chor! Ein einzelner, rand-

Die Vielfalt der freien Hecke bedarf orientierender Muster, um erfassbar zu sein. Dazu gehört die Zusammenfassung gleicher Arten in wiederkehrenden Gruppen (Rhythmus). Kleinsträucher erhalten in größeren Gruppen mehr Gewicht. Einige Kleinbäume stellen die Rangordnung her.

Die zahlreiche Verwendung ausgewählter Blütengehölze und/oder Herbstfärber beschert der Hecke farbstarke Wochen (Aspektpflanzung).

Gewöhnlich wird man eine artenreiche Hecke von oben planen. Auf die Kleinbäume der übergeordneten oberen Etage folgt die Besetzung des mittleren und unteren Stockwerks.

ständiger und damit gut sichtbarer Strauch oder Kleinbaum kann der provokant auffällige Hingucker sein, wenn er auch durch Form, Größe und Farbe hervortritt. Ist jedes Gehölz nur einmal vertreten, wirkt die Pflanzung chaotisch.

Es beeindruckt immer, wenn in bestimmten Zeitabschnitten (Aspekten) wenige Farben das Heckenbild dominieren.

Dafür geeignete, bevorzugt durch Blüten- oder Fruchtschmuck, farbiges Sommerlaub, Herbstfarben oder farbige Wintertriebe hervortretende Gehölze werden zu Aspektbildnern, wenn sie in hinreichender Stückzahl eingeplant werden.

Erfahrungsgemäß ist es sinnvoll, die größten, das Gerüst bildenden Bäume und Sträucher zuerst zu planen, auszustellen und zu pflanzen. Nur vor der Pflanzung der niedrigeren Gruppensträucher bleibt Platz, die dominierenden Gerüstbildner in die beste Position zu rücken und zu drehen. Denn die größer gelieferten Gehölze haben häufig eine attraktivere Seite (das „Gesicht“), und die sieht der Betrachter lieber als ihre Rückseite.

11.4 Die Ränder

Die Heckenränder grenzen an Wege, Rasenflächen oder Vorpflanzungen. Wird die Hecke breiter, ist das Konfliktpotenzial groß genug, um der Randgestaltung hinreichend Aufmerksamkeit zu widmen.

Randständige, kahlfüßige, straff aufragende Sträucher (wie Klappernuss *Staphylea*, Deutzie *Deutzia scabra*, Haselstrauch *Corylus avellana*) und Hochstämme bilden einen im Profil offenen Gehölz-/Heckenrand. Ein Breitenwachstum ist hier kaum zu erwarten, aber oft ist eine Unter-

Der geschlossene Gehölz-/Heckenrand (links, Grundriss und Profil) erlaubt nur bei regelmäßigem Schnitt eine Vorpflanzung. Der im Profil offene (kahlfüßige) Gehölzrand (rechts) bietet dafür gute Möglichkeiten.

pflanzung mit Stauden oder am besten immergrünen Kleinsträuchern (wie *Mahonie Mahonia aquifolium* 'Apollo', Strauch-Efeu *Hedera helix* 'Arborescens', Immergrüner Spndelstrauch *Euonymus fortunei* 'Vegetus', Lorbeerkirsche *Prunus laurocerasus* 'Piri', David's Schneeball *Viburnum davidii*) sinnvoll. Dann ist der Boden trotz geringem Platzbedarf geschlossen. Diese Hecke wird auch nach Jahren und Jahrzehnten nicht störend in einen unmittelbar vorbeiführenden Weg hineinragen.

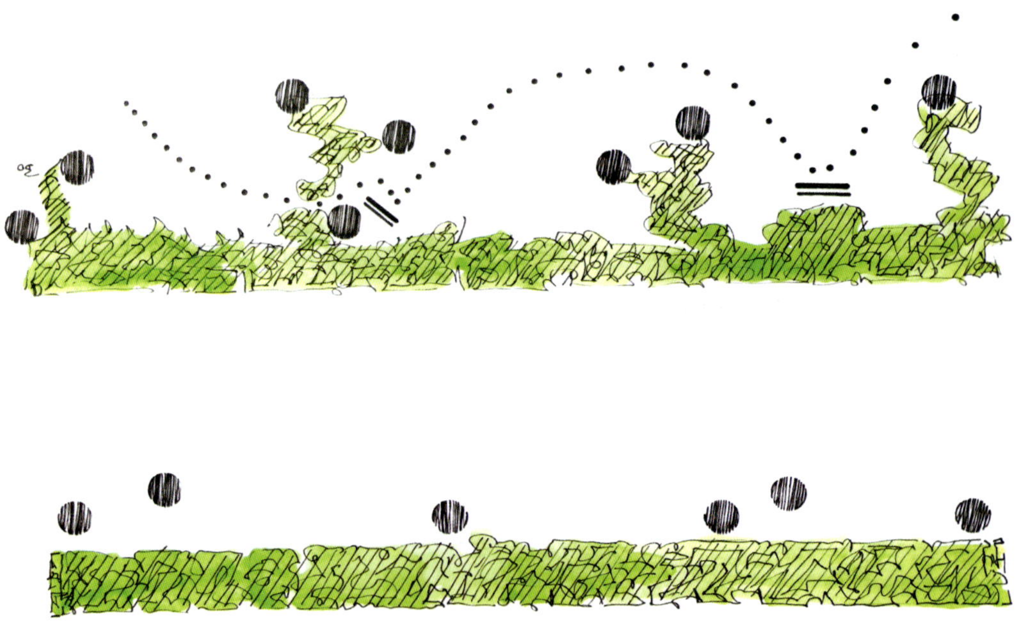

Der im Grundriss offen gegliederte Gehölzrand schafft unterschiedlich auszugestaltende Raumnischen (oben). Die geschlossene, insbesondere geradlinig geschnittene Kante profitiert vom Reiz gegensätzlich lockerer Blütensträucher oder -stauden.

Praxistipp

Randprobleme

Oft genug wird nicht darauf geachtet, dass überneigende und breitwachsende Gehölze ausreichend Abstand zu Wegrändern haben. Sehr bald wird der Durchgang verengt, so dass alles, was zu viel ist, der Schere zum Opfer fällt. Rodungen und Ersatzpflanzungen erfolgen meist nicht.

Sind die Randgehölze hoch genug, können sie so weit aufgeschnitten werden, dass Vorübereilende nicht den Kopf einziehen müssen. Die nunmehr offenliegende Grundfläche ist eine – auch im Wortsinn – naheliegende Pflanzfläche für immergrüne Bodendecker und ihre Aufwertung durch farbenfrohe Frühjahrsgeophyten (ausdauernde Zwiebel- und Knollenstauden). Der regelmäßige und aufwändige Wandschnitt entfällt.

Kahlfüßig offene und kompakt unterpflanzte Gehölze sparen Platz und behindern Fußgänger nicht. Bodenschlüssig geschlossene Randsträucher müssen aufwändig zurückgeschnitten werden.

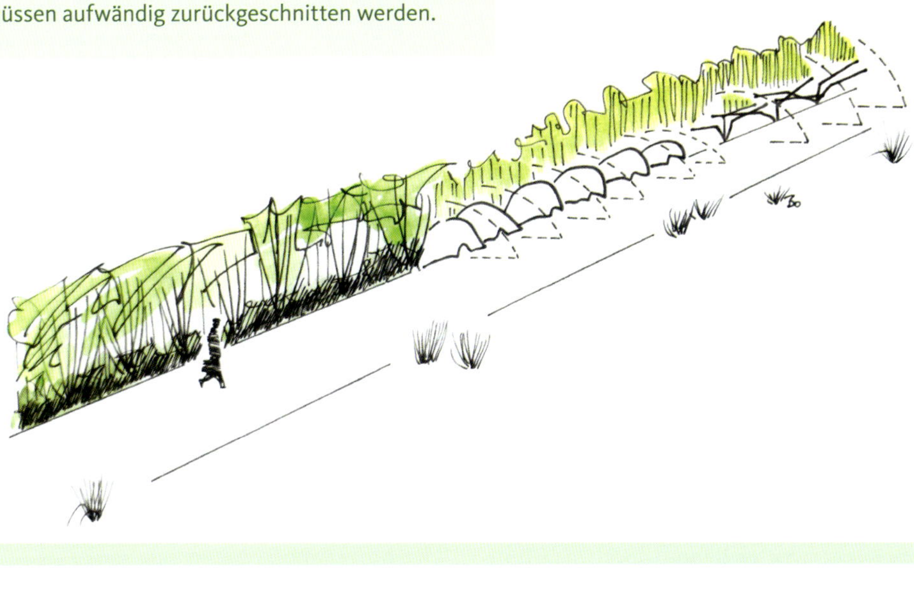

Schieben sich bodenschlüssige Gehölze in den Weg, wird meist ein aufwändiger, regelmäßiger Wandschnitt vorgenommen (oben). Die bessere Lösung: einmalig aufasten und unterpflanzen (unten).

Randständige Bäume mit Astschleppe und überneigende (Belgischer Spierstrauch *Spiraea × vanhottei*, Schaumspiere *Holodiscus discolor*, Wechselblättriger Sommerflieder *Buddleja alternifolia*, ...) oder breitwüchsig buschige Sträucher (*Rhododendron × catawbiense*, ...) bilden einen im Profil geschlossenen Gehölz-/Heckenrand mit klarem Abschluss zu Rasenflächen, wachsen aber in Wege und Staudenflächen immer weiter hinein.

Vor- und Zwischenpflanzungen werden „überrollt", Wege eingeengt. Der in Form eines Gehölzmantels oder Staudensaums geschlossene Gehölzrand kann gegensätzlich artenreich gestaltet werden, die umschlossene Gehölzgruppe nur wenige Arten enthält. Ist die Vielfalt der Gehölzgruppe größer, dürfte eine gleichförmige Randpflanzung die Vielfalt besser zusammenhalten. Vor den Gehölzrand gestellte Einzelgehölze machen die Situation in jedem Fall lebendiger.

Vorsprünge und Einzüge bilden einen im Grundriss offenen Gehölz-/Heckenrand, schaffen unterschiedlich auszugestaltende Raumnischen und – im Vergleich zur kurzen Geraden – längere Heckenränder, die insbesondere durch Vor- und Unterpflanzungen von Mantelgehölzen oder Staudensäumen neben mehr Erlebnisqualität auch eine größere Artenvielfalt bedeuten (→ Abb. S. 262).

Gut, wenn in den Gartenraum ragenden Heckenvorsprünge einen Schlussakzent – ähnlich dem Punkt am Satzende – erhalten. Ein hier verorteter Kleinbaum kann gleichzeitig den nötigen Abstand zur Grundstücksgrenze einhalten, die an diesem Punkt weiter entfernt ist. Auch Gehölze mit besonderem Wuchscharakter (z. B. Japanischer Schneeball *Viburnum plicatum* 'Mariesii': Horizontalform) oder nur aus der Nähe erlebbaren Details (z. B. Schlangenhaut-Ahorn *Acer pensylvanicum*: Stamm-Muster) wird niemand in eine Hecke einzwängen wollen. Vor die Hecke gerückt, erhalten sie die ihnen gebührende Aufmerksamkeit und wirken gleichzeitig als gliedernde Einzelelemente und Rhythmusgeber.

Der geschlossene Gehölzrand bildet einen klaren Abschluss zum großflächigen Rasen. Kleine Rasenflächen, Vorpflanzungen und Wege werden eingeengt. Alternativen sind ein offener Gehölzrand oder Schnitthecken.

Platz fordernde Horizontalformen oder Bogensträucher wird man nicht in eine Hecke zwingen. Sie kommen besser zur Geltung, wenn sie vor die Hecke gestellt werden.

Praxistipp

Schleiervegetation

Stockwerksübergreifend können sich schleierartig über die Hecke legende Klettergehölze das Heckenbild bereichern. Dabei sollten die Trägergehölze durch zu wuchskräftige Kletterer keinen Schaden nehmen, weiterhin gut sichtbar und weitgehend unbelastet bleiben. Rankgehölze sind geeignet, weil sie sich oberflächig in den Mantel der Trägergehölze „einhängen“. Dazu gehören moderat wachsende, robuste *Clematis* wie die Italienische Waldrebe *C. viticella* in vielen Sorten, Mongolische Waldrebe *C. tangutica* und Jackman's Waldrebe *C.* × *jackmanii*. Auch der nur schwach rankende Wilde Wein *Parthenocissus quinquefolia* mit roter Herbstfärbung schon im September ist empfehlenswert. Ähnlich tief gefingert sind die Blätter der Ussuri-Rebe *Ampelopsis glandulosa* var. *brevipedunculata*. Die Farbe der an vollsonnigen Standorten reichlich gebildeten Beeren mit porzellanartig anmutender Oberfläche schwankt zwischen Türkis und Blau. Sie wächst kräftig und braucht hohe Hecken. Das gilt auch für die Ufer-Rebe *Vitis riparia*, deren flächige Blätter recht grob wirken. Dieser Eindruck wird durch die hellgrüne Färbung gemildert. Die Herbstfärbung ist gelb.

Rankende oder langtriebige Klettergehölze (Spreizklimmer) hängen sich in die Heckengehölze ein. Als Schleiervegetation stellen sie eine Bereicherung der Hecke dar, wenn Kletter- und Heckenhöhe passen: Wilder Wein *Parthenocissus quinquefolia* (links, 10 m), Rose 'Kiftsgate' (rechts, 10 m).

12 Hecken in Form

Schnitthecken gliedern historische Anlagen und säumen Gärten. Sie sind seit Jahrhunderten Teil einer professionellen Gartenkultur – anders als der Formenvielfalt egalisierende und fast alternativlose Rundschnitt, wenn das Gepflanzte in unerwartete Dimensionen zu wachsen droht. Ob Platz sparende Einfriedung, Intimität schaffender Gerüstbildner in öffentlichen Freiräumen, zur Seite geklappt oder an die Fassade gelehnt – ihr vielfältiges Anwendungsspektrum hat die zudem jetzt maschinell und einfacher pflegbare Schnitthecke lebendig gehalten. Dabei ist das Potenzial einsetzbarer Gehölzarten jenseits von Liguster, Hainbuche und Lebensbaum noch nie ausgeschöpft worden.

Solche „Schnittmuster“ dienen vorrangig der Präsentation und sind für eine Flächennutzung wenig geeignet (Palacio de Frontera Lissabon, PT).

Formschnitthecken haben eine lange Tradition in den der Disziplin und Symmetrie huldigenden Barockgärten. Sie sind auch heute noch sowohl in Gärten als auch im öffentlichen Grün unverzichtbar (Barockgarten Großsedlitz, D).

12.1 Schnitthecken im Freiraum

Eine Hecke ist gewöhnlich länger als breit, im Gegensatz zu flächig aufwachsenden Gebüschen aus Sträuchern oder auf Grenzstandorten bizarr verkrüppelten, niedrig bleibenden Bäumen (Kratt, z. B. Eichenkratt). Den Schnitt tolerierende Gehölzarten erlauben es, Hecken vielfältige Formen zu geben. Die können sowohl zweckbestimmt als auch ästhetisch ambitioniert sein. In allen Fällen braucht es die jeweils geeigneten, nach Eignungskriterien auszuwählenden Gehölze.

Unterschiedliche Heckenhöhen schaffen oder gliedern Räume, gestatten oder verwehren Einblicke (Russischer Garten Weimar-Belvedere, D).

Sommergrüne Hecken öffnen den Gartenraum nach dem Laubfall (Landgut Holzdorf/Weimar, D).

Schnitthecken vermitteln platzsparend Aufenthaltsqualität. Ihre formdiszipliniert prägnanten Kanten finden in lockerwüchsigen Pflanzungen reizvolle Gegenspieler (ega-Park Erfurt, D)..

Hecken über Augenhöhe bilden Raumwände. Die Proportionen der entstehenden Räume orientieren sich an menschlichen Maßstäben und werden im Verhältnis zur überschaubaren Grundfläche als angemessen und wohnlich, zu leer oder zu eng empfunden. Die den Körpermaßen angepasste, Wege oder Räume fassende Schnitthecke bricht große, etwa durch hohe

Bevor es abwärts geht, hält die Hecke die Böschung an der Schulter und den Raum fest. Die überschaubare Hecke eröffnet überraschend neue Aus- und Einblicke.

Bäume oder Gebäude gegebene Maßstäbe auf menschliche Proportionen herunter. Der „gerichtete“ Raum zwischen hohen Heckengängen hat kaum Aufenthaltsqualität und fordert zum Weitergehen auf – im Idealfall mit Blick auf ein sichtbares Wegeziel. Hecken unter Augenhöhe gliedern Freiräume, ohne den Blick zu verstellen, während die Funktion in Augenhöhe abschließender Hecken unklar ist. Wer könnte der Neugier widerstehen, auf Zehenspitzen den Blick über die Hecke zu wagen? Schnitthecken unter Augenhöhe gestatten Einblicke und gliedern niedrige Schmuckpflanzungen. Auf die Böschungskrone gepflanzt verhindern sie, dass der Blick abstürzt, und geben obendrein dem Plateau einen Rahmen.

Staudenpflanzungen erhalten durch Schnitthecken Schutz und einen farbsteigernden Hintergrund. Eine frei wachsende Hecke würde für die Vorpflanzung keinen Platz lassen (Dornburger Schlossgärten, D).

Gerade in kleinen Gärten ist die Schnitthecke – neben Mauern, Rankgerüsten oder Sichtschutzwänden – ein Platz sparendes Mittel, um Räume aufzuteilen. Der Garten erscheint nunmehr größer, weil er nur noch in kleinen Portionen und entschleunigt erlebt werden kann. Für Staudenpflanzungen davor ist die Schnitthecke nicht nur farbsteigernder Hintergrund. Sie bedrängt die Pflanzung nicht, bietet Windschutz und ein ausgeglicheneres Standortklima.

Ob niedrige Einfassung oder übermannshoch: Aufgrund ihrer prägnanten Konturen drängt sich die Schnitthecke dem Auge des Betrachters auf und ist damit geeignet, eine erfassbare Rangordnung auch in wilden Pflanzungen herzustellen. Das spannende Gegeneinander von freiem Wachstum und auffällig konturenscharfen, ordnenden Schnittformen ist eines der reizvollsten Gestaltungsthemen der Gartenkultur. Die Umsetzung wird dort schwierig, wo jede Veränderung Misstrauen, gar Furcht auslöst. In öffentlichen Freiräumen wird die Schnitthecke gewöhnlich nicht als Einfriedung benötigt. Hier eignen sich freie Hecken oder lockere Gehölzgruppierungen besser.

Praxistipp

Heckenriegel

Die moderne Schnitthecke ist mehr als nur Einhegung, ein unverzichtbares Strukturelement in Freiräumen und Pflanzungen. Dazu kann auch die Abkehr vom Geradlinigen in Ansicht, Kantenverlauf und Grundriss gehören. Heckenriegel stehen frei im Raum, insbesondere in Rasenflächen und Staudenpflanzungen. So können aus großen, unstrukturierten Flächen Teil-

Heckenriegel können auf großen Freiflächen Raumstrukturen mit Aufenthaltsqualität schaffen. Sie zeichnen Flächengliederungen – etwa Beet- oder Wegekanten – räumlich nach oder machen sie gegensätzlich deutlich (Festung Ehrenbreitstein Koblenz, D).

räume mit Aufenthaltsqualität herausgeschnitten werden. In den Randbereichen großer Parkwiesen ist das oft auch nachträglich machbar, ohne den zentral erlebbaren Raum wesentlich einzuengen. Gegeneinander versetzte, sich in unterschiedliche Richtungen öffnende Heckenbögen oder Heckenwinkel sind ein hierfür geeignetes Mittel. An anderer Stelle gliedern Heckenriegel Staudenpflanzungen, zu denen sie einen disziplinierenden Gegensatz bilden. Zugeordnete, gern malerisch mehrstämmige Kleinbäume mit Schirmkrone und aufgelockerter Textur spenden Schatten und stellen einen lebendigen Gegensatz zur harten Heckenkontur her (Blasenbaum *Koelreuteria*, Seidenakazie *Albizia julibrissin*, Felsenbirne *Amelanchier lamarckii*, ...).

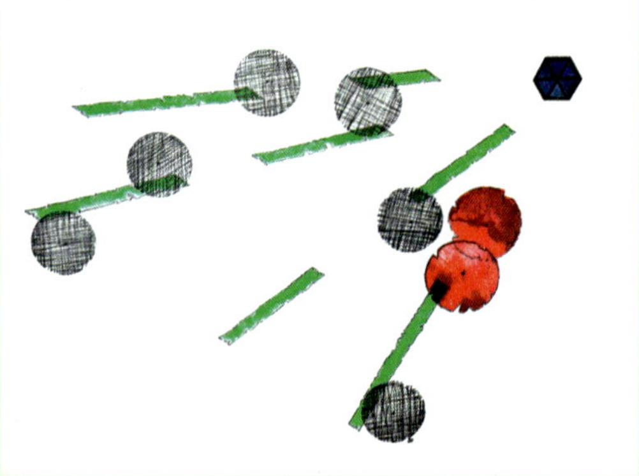

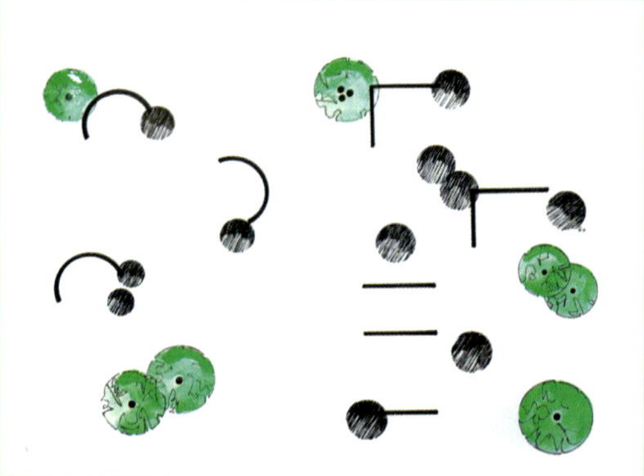

Varianten der Raumgliederung durch frei angeordnete Heckenriegel. Insbesondere lockerwüchsige, mehrstämmige Bäume sind sowohl als Schattenspender als auch Kontrastgeber zu den harten Heckenkonturen wichtig (Disziplin vs. Spontanität).

Praxistipp

Versteckte Einladungen

Platzsparend und doch unübersehbar gliedern Heckenwände den Binnenraum vor allem kleiner Gärten. Hinter einem Hecken-Paravent kann sich ein Sitzplatz verstecken, während mehrere versetzte Heckenelemente Durchgänge ermög-

Der Heckendurchgang ist erkennbar, verbirgt aber zunächst das Dahinterliegende (verdeckter Raumübergang).

lichen, die erst im Weitergehen den Blick in den angrenzenden Gartenraum öffnen. Solche verdeckten Raumübergänge bedeuten eine versteckte, nicht sofort erkennbare Situation. Die zu entdeckenden Teilräume lassen Gärten größer wirken. Die im Gegensatz zur durchgängig rahmenden Schnitthecke verwendeten Heckenabschnitte lassen sich vielfältig variieren und örtlichen Gegebenheiten anpassen: quer gestellt, fächerförmig gestaffelt, geradlinig oder gekrümmt. Umgekehrt können von Hecken gerahmte Wege eine offene, sogar nachdrückliche Einladung nach nebenan verdeutlichen.

In Wegerichtung quer gestellte Heckenriegel bilden einen verdeckten Übergang in den angrenzenden Gartenraum. Während der hinter die Lücke zurücktretende Heckenriegel (rechts) eher ein Willkommen signalisiert, scheint der davor (links) weniger freundlich. Aber die Neugier siegt.

12.2 Form plus

Schnitthecken ermöglichen fantasievollere Lösungen als die „gerade Kante". Eingetiefte Durchblicke oder umgeklappte Heckensegmente stellen die Verbindung zu Blickzielen im benachbarten Gartenraum oder in der Landschaft her (rechts, Garten Villa Barbarigo, IT).

Die Sichtschutzwand mit Heckenfenstern bietet spannungsvolle Gegensätze zwischen Gewachsenem und Gebautem sowie zwischen Rot und Grün, im Herbst zwischen Rot und Gelb (Hainbuche *Carpinus betulus*).

Ein aus Bäumen gezogenes „Claire-voie" bietet eine transparente Raumteilung. Am Boden ist Platz für Blütenstauden. Ursprünglich bezieht sich der Begriff auf einen transparenten Lattenzaun.

Gewöhnlich bieten offene Wiesen in Parks und großen Gärten genügend Platz, um mit Heckensegmenten freier und ideenreicher umgehen zu

Eine „ondulierte" Buchshecke kann ein lebendiges Gestaltungselement sein (Fachhochschule Erfurt, D)

können, zum Beispiel gestaffelt oder keilförmig auf- und absteigend. Miteinander korrespondierende Heckenbögen bilden Aufenthaltsräume, die sich in verschiedene Richtungen unterschiedlich weit öffnen können. Vorgesetzte Heckenriegel, die Übergänge in angrenzende Garten- oder Parkräume verdecken und eine versteckte Einladung bedeuten, setzen auf Überraschungen. Von der Gerade abweichende Heckenkonturen werden durch ihre Wiederholung als Gestaltungsidee glaubhaft. Darüber hinaus überzeugen schwingende Heckenkonturen einmal mehr, wenn sie im Gegensatz zu statischen, vertikalen oder horizontalen Pflanzenformen oder Bauwerkskanten stehen.

Einige Hecken haben durch ihre einprägsame Formensprache Berühmtheit erlangt, etwa die im Le Jardin Plume (Frankreich) mit ihrer Wellenkontur in regelmäßigem Rhythmus. Noch aufwändiger, weil frei geformt, sind die artifiziell skulpturierten, ausgebeulten Ansichtsflächen der hohen Eibenwände in Montacute House oder Powis Castle (beide Großbritannien). Einzelne Einschnitte in der Hecke, bodentiefe Öffnungen oder Gucklöcher lassen Fragen offen, wenn sie kein lohnendes Blickziel haben. Gebaute Elemente können der Schnitthecke einen wirkungssteigernden, Präsenz und Ästhetik steigernden Rahmen geben. Ob durch Metallrahmen gerastert, breite Pfeiler (Klinker, Naturstein, Beton) oder Holzpaneele – die Vielfalt ist groß und immer sind die Farben wichtig. Rote Paneele steigern die Wirkung grüner Hecken, Grau passt immer, vor allem zu roten oder orangen Herbstfarben oder rotem Sommerlaub (Blut-Buche *Fagus sylvatica* 'Atropurpurea', Blut-Berberitze *Berberis thunbergii* 'Atropurpurea'.

Praxistipp

Schleierzaun

Ob Kanthölzer oder Naturstein-Säulen – senkrecht und mit angemessenem Zwischenraum aufgereiht, entsteht eine ähnlich Platz sparende Alternative zur Schnitthecke. Jede gewünschte, einen Sitzplatz oder Skulptur einschließende Krümmung ist realisierbar. Das kann gerade für die Binnengliederung des Gartens interessant sein. Für die Begrünung werden Selbstklimmer verwendet, schwach wachsend (Kletterspindel *Euonymus fortunei*, Wilder Wein *Parthenocissus quinquefolia*) oder starkwachsend und durch gelegentlichen Schnitt zu bändigen (Jungfernrebe *Parthenocissus tricuspidata*, Efeu *Hedera helix* in Sorten, Kletter-Hortensie *Hydrangea anomala* subsp. *petiolaris*). Mit Klettergehölzen bestückte Zäune, Sichtschutzwände oder Spaliere sparen noch einmal Platz und Schnittaufwand (Efeu und Immergrünes Geißblatt *Lonicera acuminata*). Sommergrüne Ranker wie Rostrote Reben *Vitis coignetiae*, Ufer-Rebe *V. ripariai* oder Wil-

Der mit Rankgehölzen (Reben *Vitis*, Waldreben *Clematis*) bestückte Zaun spart Platz und Formschnitt (Schleierzaun).

der Wein *Parthenoicissus quinquefolia* warten mit spektakulärer Herbstfärbung auf.

Eine weitere Alternative sind die in der Baumschule vorkultivierten Spalierbäume (→ S. 241). Dank unterschiedlicher Stammhöhen können die jeweiligen Gartenproportionen berücksichtigt werden.

Eine einfache und variable Lösung sind dicht gereihte – gern auch farbige – Holzstangen deutlich über Sichthöhe. Sie eignen sich auch für geschwungene Raumgliederungen im Garten und können jährlich anders angeordnet und mit einjährigen Schlingern begrünt werden (Feuer-Bohne *Phaseolus coccineus*, Prunkwinde *Ipomoea purpurea*, Japanischer Hopfen *Humulus japonicus* u. a.)

Für die Begrünung dieser Granitstelen sind Selbstklimmer wie Efeu *Hedera helix* oder Jungfernrebe *Parthenocissus tricuspidata* geeignet (ega-Park Erfurt, D).

12.3 Gehölzauswahl

Wer sich zeitraubende Experimente nicht zumuten will und verlässliche Ergebnisse braucht, kommt ohne Sachkenntnis nicht über die *Thuja*- und Liguster-Hecke hinaus. Jede fundierte Entscheidung für die eine oder andere Gehölzart wird Auswahlkriterien berücksichtigen. Die Schnitteignung ist eine grundsätzliche Forderung. Ein funktionstüchtiges, nicht nur Blickdichte und Konturenschärfe garantierendes

Der Kreuzdorn *Rhamnus cathartica* wird durch den Schnitt immer noch dichter. Der Großstrauch verfügt auch ungeschnitten über eine starke seitliche Verzweigung (Seitenförderung).

Bei der Esche *Fraxinus excelsior* – vorwiegend spitzengefördert – gibt es wenig Seitenholz. Die Hecke ist im Winter völlig transparent.

Wenn geschnitten, behalten Hainbuche *Carpinus betulus* und Buche *Fagus sylvatica* das trockene Laub häufig über den Winter, was sie auch zu dieser Zeit blickdicht macht.

Schnitthecken können auf ganzer Länge oder in wiederkehrenden Abschnitten andersfarbig gestaltet werden – am besten mit Farbsorten der gleichen Art, die die gleiche Blattform und Textur haben (hier Blut-Buche *Fagus sylvatica* 'Atropurpurea').

Wenige Gehölzarten blühen auch geschnitten. Die Weigelie *Weigela florida* gehört dazu.

Heckengehölz ist auch in der Lage, auf den Schnitt mit der Bildung zahlreicher, sich verdichtender Kurztriebe zu reagieren, die im Gegensatz zu den senkrecht wachsenden Langtrieben waagerecht ausgreifen und sich mit benachbarten Kurztrieben verschränken. Dieses bei Schnitthecken willkommene Wuchsverhalten ist bei Liguster *Ligustrum vulgare*, Weichselkirsche (Steinweichsel) *Prunus mahaleb*, Kornelkirsche *Cornus mas*, Weißdorn *Crataegus laevigata* und *C. monogyna*, Feuerdorn *Pyracantha* oder Kreuzdorn *Rhamnus cathartica* auch ungeschnitten ausgeprägt. Esche *Fraxinus excelsior* und Gleditschie *Gleditsia triacanthos* haben dazu wenig Neigung und bleiben im Winter aufgrund fehlender Seitenzweige fast völlig transparent. So wie jede Gestaltungsaufgabe andere Anforderungen an die auszuwählenden Gehölze stellt, werfen auch Schnitthecken eigene und nur für sie wichtige Fragen auf.

Kritierien für Schnitthecken

- Die Zielhöhe hat Einfluss auf Privatheit, Sichtbeziehungen und Raumproportionen.
- Größe und Form der Blätter bestimmen Oberflächenqualität (Textur) und Konturenschärfe der Hecke.
- Immergrüne Gehölze wirken ganzjährig, sommergrüne öffnen den Freiraum im Winter.

- Gehölze, die auch aus dem alten Holz austreiben, ermöglichen einen kräftigen Rückschnitt (Verjüngungsschnitt), wie Eibe *Taxus* und Lorbeerkirsche *Prunus laurocerasus* in Sorten.
- Schattige und zugleich trockene Plätze engen die Auswahl stark ein (Baumschatten, Wurzeldruck).
- Hitze, Sonnenstrahlung und Sommertrockenheit tolerierende Arten und Sorten sind erste Wahl.
- Gehölze, die auch geschnitten auffällig blühen und/oder fruchten, bringen zusätzlich Farbe in den Gartenraum, wenn nicht einer einheitlich „grünen Architektur" der Vorzug gegeben werden soll (→ S. 375).
- Eine attraktive Herbstfärbung ist oft erwünscht und kann mit herbstblühenden Stauden in Beziehung gesetzt werden. Helles oder dunkles Laubgrün beeinflusst auf die Raumwahrnehmung.
- Rot-, Blaugrün- oder Gelbgrün-Töne einiger Gehölzsorten (Blut-Buche *Fagus sylvatica* 'Atropurpurea', Blut-Berberitze *Berberis thunbergii* 'Atropurpurea', Bastard-Zypresse × *Cuprocyparis leylandii* in Blaugrün, Grün, Gelb...) bringen Farbe in den Gartenraum, wenn das wünschenswert ist.

Die Überlegungen zu diesen Punkten führen zu differenzierten Steckbriefen, die im Fachhandel die Suche nach geeigneten Gehölzen erleichtern.

Praxistipp

Staudenfenster

Steht die Schnitthecke mit ihrer klar definierten Kontur für Disziplin und Verantwortung, verkörpern Stauden, insbesondere Staudengräser die unbegrenzte Vitalität. Lücken in der Schnitthecke, mit locker fallenden Stauden besetzt, bringen diesen Gegensatz unmittelbar zum Ausdruck. Über ausgebreitet

Lange und monotone Heckenwände profitieren von Staudenfenstern am meisten. Lockerwüchsige, wolkig anmutende Stauden und Gräser wirken lebendig und brechen auch durch ihre jahreszeitliche Dynamik die linearen Heckenkanten.

aus der Lücke quellenden Polstern, etwa Dauerblühern wie der Storchschnabel *Geranium* 'Rozanne' oder Reiherschnabel *Erodium × hybridum*, können auch Steppen-Iris *Iris spuria* oder Gräser wie Rutenhirse *Panicum virgatum* 'Northwind' straff aufragen. Während sich die Schnitthecke nur wenig verändert, zeigen die „Staudenfenster" eine deutliche jahreszeitliche Dynamik. Nach dem Frühjahrsrückschnitt ist das Fenster zunächst offen, um sich im Laufe der folgenden Wochen zu schließen. Mit dem Gegensatz von linearen Gräserblättern und Großblattstauden erhält die Staudenkomposition in der Heckenlücke eine empfehlenswerte zusätzliche Qualität. Dabei wirken die Blattformen meist deutlich länger als Blütenfarben.

12.4 Blätter, Texturen und Konturen

Größe und Anzahl der Einzelblätter bestimmen die Oberflächenqualität (Textur) der Hecke. Klein- und dichtblättrige Arten liefern scharfe Konturen und dichte Heckenwände. Großblättrige Hecken engen Räume ein (Großes scheint näher) und haben aufgelockerte, unscharfe Konturen (Lorbeerkirsche *Prunus laurocerasus* 'Caucasica', 'Rotundifolia', ...).

Von den verschiedenen Sorten der Lorbeerkirsche *Prunus laurocerasus* ermöglichen nur die kleinblättrigen wie 'Herbergii', 'Mecki' oder 'Winterstar' scharfe Schnittkonturen.

Trockene Schnittränder sind an großen Blättern störend sichtbar. Dekorative Blattformen werden zerschnitten. Ginkgo *Ginkgo biloba* lässt sich gut in Form halten, aber nicht jeder kommt damit zurecht, ein so symbolträchtiges Blatt der Schere zu opfern. Auch die langgestreckten, eleganten Blätter der Japanischen Hainbuche *Carpinus japonica* sehen Ästheten

Die Bastard-Zypresse × *Cuprocyparis leylandii* ist anspruchslos und wächst sehr rasch. Geschnitten ist die Textur moosähnlich fein.

Weil kleinblättrig und gut treibend, ist auch Franchet's Zwergmispel *Cotoneaster franchetii* eine gute, Brusthöhe erreichende Schnitthecke.

lieber unbeschädigt. Tröstlich, dass alles wieder nachwächst. Formgeschnitten überzeugen Buchsbaum *Buxus*, Liguster Ligustrum, Feuerdorn, Pyracantha Eibe *Taxus*, Bastard-Zypresse × *Cuprocyparis leylandii*, Farnblättrige Buche *Fagus sylvatica* 'Asplenifolia', Franchet's Zwergmispel *Cotoneaster franchetii* oder Immergrüne Heckenkirsche *Lonicera nitida* 'Elegant', durch besonders feine, d. h. dichte Texturen und scharfe Konturen.

Auch Farbtöne sind wichtig: Dunkles Grün wirkt schwer und engt ein, steigert aber die Farben von Blütenstauden oder Wechselflor. Die Tabelle auf (→ S. 375) lenkt die Aufmerksamkeit auch auf solche Gehölze, die trotz Schnitt am vorjährigen Holz blühen und fruchten, wie Feuerdorn *Pyracantha*, Kornelkirsche *Cornus mas* oder Zierquitte *Chaenomeles*. Auch de Pfeifenstrauch (Falscher Jasmin) *Philadelphus coronarius*, Kolkwitzien *Kolkwitzia amabilis* und Weigelien *Weigela floribunda* blühen trotz Formschnitt. Goldglöckchen *Forsythia × intermedia* sind als frühe Farbknaller beliebt. Die Blätter schlappen bei Trockenheit, außerhalb der Blühzeit werden Forsythien jedoch ohnehin kaum beachtet. Geschnitten behalten Hainbuchen und Rotbuchenhecken das trockene Laub im Winter und bleiben blickdicht.

Die Schlitzblättrige Buche *Fagus sylvatica* 'Asplenifolia' ist aufgrund ihrer Feingliedrigkeit auch geschnitten etwas Besonderes. Die Hecke kann mehrere Meter hoch gezogen werden (Baumwand).

12.5 Lebendiger Mix

Eine Formschnitthecke gilt als „grüne Architektur“. Das Gleichmaß und die Ebenflächigkeit einer perfekten Kubatur werden erwartet. Verschiedene Gehölzarten mit unterschiedlicher Textur und verschieden starkem Austrieb können das Heckenbild sehr durcheinanderbringen. Dass es trotzdem funktionieren kann, zeigen nachfolgende Beispiele.

Heckengehölze in bewährter Mischung

- Blut-Buche *Fagus sylvatica purpurea* (Blutbuchen-Sämlinge sind preisgünstiger als Veredlungen) + Stechpalme *Ilex aquifolium* 'Argentea Marginata' (weiße Blattränder)
- Buche *Fagus sylvatica* (Herbstfärbung!) + Fichte *Picea abies*
- Hainbuche *Carpinus betulus* + Buchsbaum *Buxus sempervirens* oder Eibe *Taxus* (wintergrünes Muster)
- Stechpalme *Iex aquifolium* + Blut-Berberitze *Berberis thunbergii* 'Atropurpurea'
- Liguster *Ligustrum vulgare* + Blut-Berberitze *Berberis thunbergii* 'Atropurpurea'

Meist bringt die Mischung verschiedener Gehölzarten Unruhe in eine Schnitthecke, die man sich gern als einheitlich grüne Architekturform vorstellt. Textur und Wuchsverhalten harmonieren oft nicht.

Bei Verwendung von Farbsorten der gleichen Art (grün- und rotblättrige Buchen, grüne und rote Berberitzen *Berberis thunbergii*, rot/gelb fruchtende Feuerdorne *Pyracantha*, ...), bleibt die Textur einheitlich. Mischen harmonisiert schwache Unterschiede der beteiligten Gehölze. Das kann aus der Nähe reizvoll sein, während stärkere Gegensätze – etwa zwischen Rot und Gelb – Fernwirkung haben. Das gilt auch für einen Rhythmus, der unterschiedliche Farbblöcke in differenzierten Breiten und Abständen aufeinander folgen lässt.

Der zugepflanzte Buchsbaum *Buxus sempervirens* wird der Liguster-Hecke *Ligustrum vulgare* ein ganzjährig reizvolles Muster geben.

So wunderbar ein Schwarzer Holunder *Sambucus nigra* im Freistand wirken kann, so verheerend greift er in die Hecke ein. Schnell wachsend, schiebt er alles beiseite, ist aber im Winter nicht blickdicht.

Ein gelungenes Beispiel für die Benachbarung verschiedener Gehölzarten in einer Schnitthecke. Auf der sicheren Seite bleibt, wer innerhalb einer Art mit gleicher Textur andersfarbige Sorten hinzunimmt (grüne Buche *Fagus sylvatica* + Blutbuche 'Atropurpurea').

Ein reizvolles Experiment stellt die Unterpflanzung einer sommergrünen Schnitthecke mit einem immergrünen Gehölz dar, das die Hecke schleichend durchdringt. Man kann mit der Zwischenpflanzung kleiner, kostengünstiger Gehölze beginnen. Geeignete Arten sind Buchsbaum *Buxus sempervirens* (kein Einfassungs-Buchs), Stechpalmen *Ilex*, Eibe *Taxus* und Feuerdorn *Pyracantha*. Im Winter ist ein interessantes, durch die ungleiche Verteilung immergrüner und winterkahler Abschnitte entstandenes Muster zu beobachten. Ähnlich können sich im Sommer hellgrüne Hainbuchenblätter und dunkler Buchs gegenüberstehen. Ob einer der beiden eines Tages die Oberhand gewinnt, hängt von den jeweiligen Wuchsbedingungen ab, von denen sie unterschiedlich profitieren.

12.6 Pflanzung

Oberstes Gebot ist die standortgerechte, funktionstüchtige Pflanzung. Bodenverbesserung und eine gelegentliche Düngung stärken die Vitalität der Heckengehölze, so dass sie

Hecken aus stammbildenden Bäumen können in Zielhöhe gepflanzt werden. Bis unten beastet, sind Heister das geeignete Ausgangsmaterial.

Vorkultivierte Heckenelemente sind sofort „fertig". Die langwierige Anzucht schlägt sich im Preis nieder.

mit Hitze- und Trockenstress besser zurechtkommen. Den Heckenstreifen Niederschlagswasser von Dach- und Belagsflächen zuzuleiten und dort im Wurzelbereich versickern zu lassen, ist grundsätzlich sinnvoll. Leider hat es in den letzten Jahren in den Sommermonaten wenig geregnet und wir können nicht ausschließen, dass sich das so fortsetzt. Deshalb bleibt die Auswahl klimaresilienter Arten und Sorten das Wichtigste. Es gibt genügend davon. Alle Zusatzbewässerungen verbrauchen eine nicht unbegrenzt verfügbare Ressource.

Mehr als zweireihig muss eine Hecke nicht gepflanzt werden. Die Gehölze in den mittleren Reihen verkümmern. Bäume haben einen stabilisierenden Stamm. Deshalb können Baumhecken (Buche *Fagus sylvatica*, Hainbuche *Carpinus*, Hopfenbuche *Ostrya*, Winter-Linde *Tilia cordata*, ...) als dünnstämmige und kostengünstige, bis zum Boden mit Seitenzweigen besetzte Heister fast in Zielhöhe gepflanzt werden. Das gilt auch für immergrüne Gehölze, die gewöhnlich von Natur aus dicht wachsen. Von gängigen Heckengehölzen sind vorkultivierte Heckenelemente erhältlich. Die Pflanzabstände zur Grundstücksgrenze (Grenzabstände) sind in den Bundesländern unterschiedlich geregelt. Sie zu beachten, kann in Hausgärten einen Beitrag zum Nachbarschaftsfrieden leisten.

12.7 Schnitt und Verjüngung

Strauchhecken müssen schrittweise aufgebaut werden. Sträuchern fehlt der für Bäume typische und Stabilität garantierende Stamm. Deshalb kann nur eine dichte Verzweigung Standfestigkeit auch unter Schneelast garantieren. Gewöhnlich sind zwei Schnitte – im Frühsommer und Frühherbst – erforderlich, um Blickdichte und prägnant scharfe Kanten zu erreichen. Immergrüne müssen häufig nur einmal nach Abschluss des Jahrestriebes im Sommer geschnitten werden.

Stammbildende Bäume (z. B. Buche, Hainbuche) können für eine Schnitthecke in Zielhöhe gepflanzt werden. Das gilt auch für Immergrüne (Buchs, Eibe u. a.). Eine sommergrüne Strauchhecke (Liguster u. a.) wird nur dann stabil und blickdicht, wenn von Schnitt zu Schnitt nur wenig Höhe zugegeben wird (jeweils 10 cm bis 15 cm).

Der durchgehende Stamm gibt einer Baumhecke (hier Hainbuche *Carpinus betulus*) von Anfang an Stabilität. Sie kann in gewünschter Höhe als bis unten beasteter Heister gepflanzt werden.

Die Höhenzugabe für eine sommergrüne Strauchhecke sollte in kleinen Schritten erfolgen. Ungeduld führt zu einer Hecke, die mindestens im Winter unansehnlich und nicht blickdicht ist.

Wenngleich Pflegeschnitte, die nicht in das alte Holz gehen, auch zwischen Anfang März und Ende September erlaubt sind, können hierdurch Vogelbruten gestört werden. Diese Bereiche bleiben vorerst ungeschnitten.

Eine geringfügig verbreiterte Heckenbasis trägt dazu bei, dass auch die unteren Heckenpartien genügend Licht erhalten. Nach einem Kastenschnitt mit rechteckigem Querschnitt kann die Hecke aufkahlen. Wie geht es weiter? Konsequent aufgeastet entsteht eine Hochhecke auf Stelzen, die anspruchslos unterpflanzt werden kann (Palmblatt-Nieswurz *Helleborus foetidus und* Bergenie *Bergenia* in Sorten). Vielleicht ist – bei Verzicht auf weiteren Formschnitt – eine malerisch-mehrstämmige, kleine Allee zu entwickeln? Alternative ist ein radikaler Verjüngungsschnitt, an den sich der Wiederaufbau der Hecke anschließt. Das gelingt bei Hainbuche *Carpinus*, Linde *Tilia*, Maulbeere *Morus und* Weißdorn *Crataegus problemlos*. Auch die immergrünen Eiben *Taxus* und Lorbeerkirschen *Prunus laurocerasus* regenerieren sich nach

Eine durch Kastenschnitt an der Basis verkahlte Hecke kann durch tiefen Rückschnitt zwischen Oktober und Februar verjüngt werden, wenn kräftige Neutriebe zu erwarten sind, die in den Folgejahren in Form gebracht werden (Hainbuche, Lorbeerkirsche, Eibe u. a.).

Empfehlung: Die an der Basis etwas breitere Schnitthecke erhält auch dort ausreichend Licht. Denn der senkrechte Kastenschnitt lässt Hecken oft über dem Boden aufkahlen.

Der Rückschnitt (Absetzen) einer zu hoch gewordenen und überalterten Buchenhecke *Fagus sylvatica* muss vorsichtig erfolgen: Seitenzweige nur einkürzen!

einem tiefen Schnitt (auf den Stock) gut; Stechpalmen *Ilex* langsamer. Der Verjüngungsschnitt an Buchen ist dann erfolgreich, wenn den Stämmen viel dünnes, mit Knospen besetztes Seitenholz (die „Garnierung") belassen wird. Die häufig verwendeten Lebensbäume *Thuja occidentalis*, Scheinzypressen *Chamaecyparis* und Fichten *Picea abies* treiben nicht wieder aus, wenn sie in den „Mantel", das heißt in das vorjährige Holz geschnitten wurden. Die eher für kühlere Berglagen geeigneten Hemlocktannen-Hecken *Tsuga canadensis*- antworten auf den ersten Schnitt mit elegant nickenden Neutrieben, die sehr ansprechen. Deshalb hat die Schere hier bis zum Folgejahr gern Pause. Kiefern *Pinus* bleiben dicht, in gewünschter Höhe und in Form, wenn die Kerzen (Neutriebe) Ende Mai/Anfang Juni geschnitten oder gebrochen werden. Dann entwickeln sich an den Schnittstellen noch rechtzeitig Knospen, die im Folgejahr zu zahlreichen Neutrieben führen. Früherer Schnitt und gute Versorgung können noch im gleichen Jahr zahlreiche kurze Neutriebe induzieren. Grundsätzlich gelten zweinadlige Kiefern (Wald-Kiefer

Pinus sylvestris, Berg-Kiefer *P. mugo* in Sorten im Vergleich zu den fünfnadligen (wie Weymouths-Kiefer *P. strobus*) als schnittfester und trockenresilienter.

Im Gegensatz zur Hainbuche vorn bleibt der Austrieb der Lebensbaum-Hecke *Thuja occidentalis* nach kräftigem Verjüngungsschnitt in das alte Holz aus.

Durch den Rückschnitt der Jungtriebe („Kerzen") im Mai/Juni können Berg-Kiefern *Pinus mugo* zu kompakten Hecken geformt werden. Alternativ funktioniert das auch bei Wald-Kiefer *Pinus sylvestris* und Schwarz-Kiefer *Pinus nigra*.

Praxistipp

Heckentausch

Was tun, wenn die gesamte Hecke – etwa durch Hitze, Trockenheit, Krankheiten oder falschen Schnitt – in Mitleidenschaft gezogen worden ist und sich weder ein Verjüngungsschnitt noch eine ergänzende Unterpflanzung lohnt? Dann ist die Vorpflanzung einer neuen Hecke mit voraussichtlich besser geeigneten Gehölzen (→ S. 375) eine Lösung. Die Junggehölze der neuen Hecke sollten dicht an die Althecke herangerückt werden und dennoch genügend Entwicklungsraum haben. Deshalb ist es sinnvoll, zunächst nur die unteren Zweige der Althecke zu entfernen, um den Sichtschutz aufrecht zu erhalten. Der Platz soll für die neu gepflanzten Gehölze ausreichen. Kleiner und jünger sind sie kostengünstiger und anpassungsfähiger als größere Jungpflanzen. Ist die neue Hecke hoch genug, wird die hinfällige Hecke ganz entfernt.

Die einseitig von allen Zweigen befreite Althecke bietet Platz für die vorgepflanzte Junghecke und wird erst nach hinreichender Höhe der neuen Hecke entfernt. Der Sichtschutz bleibt durchgängig erhalten.

Praxistipp

Hecken mit Saum

Anfänglich schließt eine neu gepflanzte Formschnitthecke noch nicht zum Weg oder Rasen auf und ein Bodenstreifen bleibt offen. Eine Reihenpflanzung niedriger, immergrüner und blühtüchtiger Stauden kann diese Lücke kaschieren und zugleich reizvolle Gegensätze zur Hecke eröffnen – etwa durch unterschiedliche Blattgrößen und -texturen. Die großen Blätter des Purpurglöckchens *Heuchera villosa* oder Bergenien *Bergenia* in Sorten unterstreichen die kleinen Blätter der fein texturierten Ligusterhecke. Der weiß blühende Cambridge-Storchschnabel *Geranium* × *cantabrigiense* 'Biokovo' ist ein farbsteigernder Rahmen für die dunkle Eibenhecke.

Intelligenter Umgang mit aufkahlenden Schnitthecken: Nach Entfernung toter Zweige schließt ein gepflanzter Staudensaum die Lücken am Boden und bietet einen reizvollen Kontrast zur geschnittenen Form (Elfenblume *Epimedium pinnatum*).

Weitere geeignete Bodendecker sind:
- Frauenmantel *Alchemilla mollis*; blüht gelbgrün, große Blätter
- Bergenie *Bergenia* in vielen Sorten; weiß, rosa, rot, kleinere oder große Blätter
- Elfenblume *Epimedium*; geschlossene Blattdecke, wintergrün (*E. pubescens* 'Blütentanz', *E.* × *warleyense* 'Orangekönigin' u. a.)
- Cambridge-Storchschnabel *Geranium* × *cantabrigiense*; 'Biokovo' blüht weiß, 'Karmina' rot
- Purpurglöckchen *Heuchera villosa*; große Blätter, weiße Blüten ab Spätsommer
- Waldsteinie *Waldsteinia geoides*; im Frühling dicht gelb blühend

12.8 Baumwände

Etwa 8 m hohe Baumwände schützen Gebäude und ganze Gehöfte in windausgesetzten Gegenden. Im Monschauer Land sind viele dieser meist Buchenwände zu sehen. Die Hopfenbuche *Ostrya carpinifolia* ist eine hitze- und trockentolerante Alternative zur Rotbuche. Eine hohe Baumwand mit bis zum Boden reichenden, bogenförmig ausgeschnittenen und aneinander gereihten Fenstern ist ein „Claire-voie" und transparentes Mittel der Freiraumgliederung. Am Boden kann das Auf und Ab brusthoher und niedriger, überschaubar bleibender Pflanzen die grüne Strenge lockern und den Reiz des halb Durchsichtigen bieten. Gerade in historischen Barock-Gärten ist die geschnittene Baumwand Teil einer umfassenden grünen Architektur.

Haushohe Baumwände , die meist aus Buche *Fagus sylvatica* bestehen, geben in windausgesetzten Gegenden Schutz (Monschauer Land, D).

12.9 Fliegende Hecken

Die Fliegende Hecke ist eine Baumhecke, die die Stammfüße sehen lässt. So angehoben, wirkt die grüne Wand leichter. Andere Bezeichnungen sind „Hochhecke“ und „Stelzenhecke“. Wenn höhere Stämme Kopffreiheit bieten, handelt es sich um eine einreihige Baumpergola (→ S. 319).

Die Stelzenhecke bietet die Möglichkeit der Untergrünung. Insbesondere können Blütenstauden und Staudengräser ein sonst eher untypisches Heckenbild schaffen, das sich in ungewohnter Lebendigkeit jahreszeitlich verschieden präsentiert. Die Unterpflanzung bietet im Vergleich zu den harten Kanten der Schnitthecke eine aufgelockerte, bereichernd gegensätzliche Kontur. Blühendes und Feingliedriges ist besonders reizvoll. Das Problem der Wurzelkonkurrenz tritt auf, wenn die Unterpflanzung nicht zeitgleich, sondern erst Jahre später erfolgt. Der Wurzelfilz der Hecke macht große Pflanzlöcher unmöglich, weshalb besser kleinere Jungpflanzen verwendet werden. Neben der Palmblatt-Nieswurz *Helleborus foetidus* sollten gut wachsen: Akanthus *Acanthus hungaricus*, Goldgarbe *Achillea filipendulina* 'Schwellenburg', Herbst-Anemone *Anemone hupehensis* 'Praecox', Akelei *Aquilegia vulgaris*, Osterluzei *Aristolochia clematitis*, Wald-Aster *Aster diva-*

Die angehobene Stelzenhecke wirkt leicht. Voraussetzung sind stammbildende Gehölze, die aufgeastet werden können. Am besten gleich bei der Pflanzung kann eine Unterpflanzung mit Blütenstauden erfolgen.

ricatus, Spornblume *Centranthus ruber,* Großblättrige Wucherblume *Tanacetum (Chrysanthemum) macrophyllum,* Elfenblume *Epimedium pubigerum,* Reiherschnabel *Erodium × hybridum,* Storchschnabel *Geranium* 'Rozanne', Taglilie *Hemerocallis fulva,* Purpurglöckchen *Heuchera villosa,* Schönaster *Kalimeris incisa* 'Madiva', Katzenminze *Nepeta × faassenii* 'Walkers Low'.

Praxistipp

Lebender Gitterzaun

Eine längst vergangene bäuerliche Kulturtechnik ist ein austriebfähiger Zaun, bestehend aus sich kreuzenden Baumstämmen. Je enger die Pflanzung, desto dichter das Gitter, aber Katzen, Füchse und kleine Hunde passen immer durch. Solche Zäune schützten kleine Äcker vor freilaufenden Ziegen und stützten Weinreben. Die Blätter lieferten Laubheu als Viehfutter. Der Austrieb wird nur oben belassen, das Gitterwerk bleibt sichtbar und beeindruckt mit zunehmender Dicke und den knotigen Verwachsungen an den Stammkreuzungen. Immer zwei der sich kreuzenden Jungbäume kommen in ein Pflanzloch, die Kreuzungsstellen mit den benachbarten Gehölzen werden bis zum vollständigen Zusammenwachsen mit Veredlungsband fixiert. Zuvor ist es wichtig, an den Berührungsstellen der Stämme die Borke zu entfernen, damit verwachsungswilliges Wundgewebe entsteht. Gern werden Eschen *Fraxinus excelsior* verwendet, die schon als junge Bäume einen recht kräftigen Stamm haben und starke Jahrestriebe entwickeln. Gute Erfahrungen gibt es auch mit Linden *Tilia*, Mehlbeeren *Sorbus aria*, Elsbeeren *Sorbus torminalis*, Birke *Betula pendula* und Ahornen *Acer*. Nichts spricht dagegen, auch andere Baumarten auszuprobieren. Die Unterschiede liegen in der Textur und Farbigkeit der sichtbaren Stämme. Zwischen Pflöcken gespannte Drähte sind solange nötig, bis der Gitterzaun standfest genug ist.

Der „lebende Gitterzaun“ ist weitgehend in Vergessenheit geraten und eine stets überraschende naturnahe Heckenvariante. Alle Laubbäume können ausprobiert werden (oft die Esche *Fraxinus excelsior*, hier Sommer-Linde *Tilia platyphyllos*) (Lehr- und Versuchszentrum Gartenbau Erfurt, D)..

13 Gehölze auf dem Weg nach oben

Pflanzenverwendung macht um die Begrünung von Bauwerken keinen Bogen, sondern ist gerade in der Stadt ein Zugewinn. Staubbindung, Wasserrückhaltung und positive Klimaeffekte für Stadt und Bauwerke sind neben ökologischen Verbesserungen gewichtige Argumente für die Bauwerksbegrünung an Fassaden und auf Dächern. Vögel brüten mittlerweile nicht nur im Fassadengrün, sondern auch auf begrünten Dächern. So entstehen neue Lebensräume für zahlreiche Insekten und Kleintiere. Moderne Architektur integriert das Grün ästhetisch ansprechend. Höfe, die sonst keinen Platz für Pflanzungen bieten, erhalten durch ausgewählte Klettergehölze begrünte Wände, Stimmung und Charakter. Deren Wuchshöhe ist ebenso wichtiges Verwendungskriterium wie die Blattmerkmale Farbigkeit, Größe, Glanz und Form, schließlich Blüten- und Fruchtschmuck.

Für Fassade, Dach und Innenraum gibt es ausgeklügelte Begrünungstechniken. So wurzeln wandgebundene Fassadenbegrünungen nicht im Boden, sondern in vollflächig angebrachten

Fassadengrün bestimmt den Charakter des Schmuckhofes der Villa Bergfried in Saalfeld (D).
Die Dreispitzige Jungfernrebe *Parthenocissus tricuspidata* erglüht in herbstlichem Rot.

Vegetationsplatten oder regalähnlich gestapelten Pflanzgefäßen, die ständig mit Wasser und Nährstoffen versorgt werden müssen. Meist liegt es näher, zunächst an den Einsatz von Klettergehölzen an Gebäudewänden zu denken, weil es die einfachste, langlebigste, nachhaltigste und kostengünstigste Begrünungsmöglichkeit ist. Selbst der Platzbedarf ist gering, denn für die Pflanzung braucht es nicht mehr als eine handbreite Öffnung im Pflaster.

Falsch verwendet, sorgen Klettergehölze für Probleme, die das gute Anliegen in ein schlechtes Licht rücken. Was kann passieren? Altersschwach und undicht, halten Abwasserrohre eindringenden Wurzeln nicht mehr stand, die sehr bald das Profil verstopfen. Hier hilft nur die schon längst fällige Erneuerung, denn Wurzeln gibt es fast überall. Wurzelschutzfolien schützen zusätzlich. Ungenügend gepflegt und beaufsichtigt, überdecken starkwüchsige Kletterer schon mal die Dächer niedriger Gebäude, können hier Dachziegel verschieben und Dachrinnen verstopfen. Berüchtigt ist der „Klettermaxe“ Schlingknöterich *Fallopia aubertii*, ein freundlich verharmlosender Begriff für einen grenzenlosen Wucherer, der vieles unter sich begräbt. Die dicken Totholzpakete erzeugen

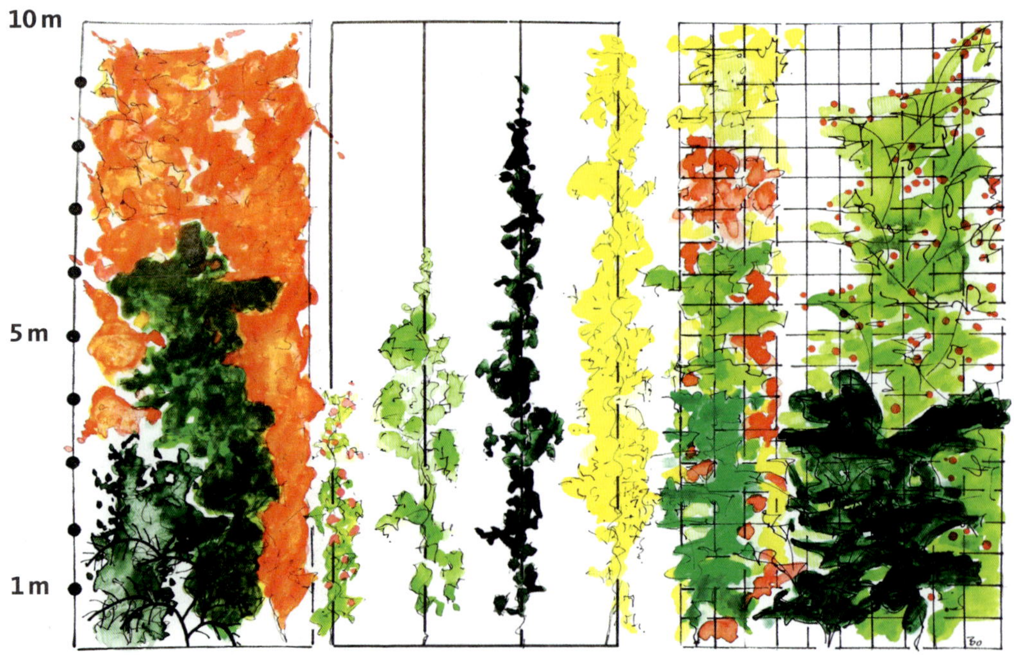

Wandbegrünung:
Links: Selbstklimmer (Haftwurzeln, Haftscheiben) bis 10 m, die Fächer-Zwergmispel *Cotoneaster horizontalis* ganz unten lehnt sich als Spreizklimmer bis 2 m an.
Mitte: Schlinger (wie Blauregen) zwischen 4 m und 10 m benötigen vertikale Stützen/Seilsysteme.
Rechts: Feingliedrige Gitter helfen Rankern (Reben) und Blattstielrankern (Waldreben) nach oben. Spreizklimmer (Kletterrosen, unten) können gut fixiert werden.

Dieser Weinstock *Vitis vinifera* wurzelt in einer kleinen Aussparung am Boden, um ein Stockwerk höher einen Balkon zu schattieren – nachhaltig ohne Tropfschläuche, Plastik und digitale Fernsteuerung (Arco, IT).

Selbstklimmer machen nicht Halt und sind an architektonisch wertvollen Fassaden falsch (Villa Bergfried Saalfeld, D).

Wer ihre Aufwärtsstrategien nicht kennt, wird Klettergehölze nicht standortgerecht einsetzen. Die Kletter-Hortensie *Hydrangea anomala* subsp. *petiolaris* ist kein Schlinger und kann das angebotene Seil nicht nutzen.

beträchtliche Lasten und sind im Winter unattraktiv. Blauregen *Wisteria* muss von Fallrohren ferngehalten werden. Die irgendwann mehr als armdicken Stämme umschlingen diese gern, um sie schließlich so zusammenzupressen, dass sie immer weniger Regenwasser durchlassen. Mit hinreichenden Gehölzkenntnissen, etwas Augenmerk und gelegentlich nötigen Schnittmaßnahmen sind Schadensfälle weitgehend vermeidbar.

Pflanzplätze im Windschatten der Gebäude verhindern, dass Klettergehölze von Wänden oder Gerüsten gerissen werden. Leider sind sie häufig mit Regenschatten verbunden, weil der Regen mit dem Wind, das heißt aus der Hauptwindrichtung kommt (meist Südwest). Hier sind frisch gepflanzte Gehölze für ausgleichende Wassergaben dankbar. Später verlassen die Wurzeln den gebäudenahen Bereich, um sich Wasser selbst zu erschließen. Von dem Windschutz profitieren sie weiterhin.

Eine zielorientierte und standortgerechte Verwendung von Klettergehölzen ist ohne Kenntnis ihrer arttypischen Kletterstrategien nicht möglich. Alle wollen nach oben, aber wie? Das „Wie" entscheidet darüber, wie Kletterhilfen aussehen müssen oder ob darauf verzichtet werden kann und darf.

13.1 Selbstklimmer

Sie benötigen kein Gerüst und stellen in der passenden Situation die am einfachsten umzusetzende Lösung dar. Haftwurzeln (Efeu *Hedera*,

An fensterlosen, nicht vorgedämmten Giebelwänden kann Selbstklimmern uneingeschränkt das Feld überlassen werden (Dreispitzige Jungfernrebe *Parthenocissus tricuspidata*).

Die Haftwurzeln der Kletter-Hortensie *Hydrangea anomala* subsp. *petiolaris* nehmen nicht alle Wände an, aber auf tiefrissiger Borke geht sie verlässlich nach oben (Eiche, Lärche).

Trompetenstrauch *Campsis*) oder kaum vom Untergrund zu lösende Haftscheiben (Dreispitzige Jungfernrebe *Parthenocissus tricuspidata* u. a.) bieten Halt, ohne etwa Bäumen Nährstoffe oder Wasser zu entziehen. Gerade der immergrüne Efeu ist ganzjährig wichtiger Unterschlupf und Lebensraum für Vögel und Insekten, für Bienen eine wertvolle späte Trachtpflanze. An der Fassade klettern mindestens die starkwüchsigen Selbstklimmer flächig und unbegrenzt. Das darf so sein, wenn die Fassade weder Fenster hat noch architektonisch von Bedeutung ist. Wo es Fenster und Schmuckfassaden gibt, sind Selbstklimmer fehl am Platz.

Aber auch der Untergrund muss geprüft werden. Betonwände sind ebenso geeignet wie verputztes oder unverputztes Mauerwerk. Wilder Wein am Fachwerkhaus wirkt malerisch, steht aber Holzschutzmaßnahmen im Wege. Vorgedämmte und vorgehängte Fassaden haben gewöhnlich keine Lastreserven für ansitzendes Grün. Gerade Efeu klettert hervorragend an Wänden, die mit Dispersionsfarben gestrichen wurden, die er zugleich durch eindringende Feinstwurzeln zerstört. Deshalb lässt die gültige Richtlinie hier keine Selbstklimmer zu. Wer auf eigene Rechnung handelt, mag den Anstrich als Begrünungshilfsmittel verstehen. Die Farbe verschwindet ohnehin unter dem immergrünen Efeu-Teppich. Auf geeignetem Untergrund schützt er das Gebäude vor Schlagregen, kühlt im Sommer und wärmt im Winter durch die Windberuhigung vor der Wand.

Die nachfolgend angegebenen Zuwachsleistungen (m/Jahr) von Selbstklimmern sind standort- und wetterabhängig, dabei nicht linear. Denn in Richtung einer anzunehmenden Endgröße verlangsamen sich Wachstumsprozesse.

Zuwachs von Selbstklimmern:

- Trompetenstrauch *Campsis radicans*
  - sommergrün
  - 1 m/Jahr → 10 m
  - Die röhrigen Blüten (orangerot oder gelb, Sorten) erscheinen an sonnig-warmen Plätzen sommerlang und verbreiten tropisches Flair. Die Haftwurzeln halten nicht immer, deshalb nachhelfen oder besser am Spalier fixieren. Die Triebe wachsen gern in Wandfugen – etwa vorgehängter Platten – hinein und klemmen sich dort dank Dickenwachstum fest. Das geht weiter und sorgt für Schäden. Solche Angriffspunkte darf es nicht geben.
- Fächer-Zwergmispel *Cotoneaster horizontalis*
  - Die Fächer-Zwergmispel ist ein Spreizklimmer. Wenngleich ohne Haftwurzeln oder -scheiben, schiebt sie sich wenige Meter an Fassaden und Mauern nach oben. Entsprechend kann sie für die Begrünung von Gebäudesockeln verwendet werden.
- Spindelstrauch *Euonymus fortunei* var. *radicans*
  - immergrün
  - < 0,5 m/Jahr → 3 m
  - Die rundlichen Blätter zeigen bei Sorten auch weiße oder gelbe Ränder. Sonderlich auffällige Blüten oder Früchte gibt es nicht. Wertvoll für den Sockelbereich von Gebäuden.

- Kolchischer Efeu *Hedera colchica*
  - immergrün
  - 0,5 m/Jahr → 10 m
  - Die Blätter dieses zwischen Schwarzem Meer und Kaukasus verbreiteten Efeus sind mit bis zu 20 cm Länge deutlich größer als die der heimischen Art und wirken tropisch-üppig. Die entsprechend grobe Textur drängt sich dem Auge auf und lässt Räume enger erscheinen. Das gilt auch für die Sorte 'Dentata Variegata', deren gelblichweiß gerandete Blätter sehr auffällig sind.
- Efeu *Hedera helix*
  - immergrün
  - 0,5 m/Jahr → 10 m und mehr
  - Heimischer Efeu mit unzähligen Sorten, die sich in Wüchsigkeit, Blattgröße, Blattzeichnung und Kletterlust unterscheiden, denn viele sind besser als Bodendecker zu verwenden. Für die Fassadenbegrünung sind unter anderem 'Woerner' und 'Plattensee' aufgrund ihrer regelmäßigen Belaubung und Winterhärte zu empfehlen. An den blühenden Trieben finden wir nicht die gelappten, sondern eiförmige Blätter. Sie entwickeln auch keine Haftwurzeln mehr. Aus Stecklingen dieser Triebe wachsen rundliche Büsche, die unter anderem als Sorte 'Arborescens' für frei wachsende, niedrige Hecken eingesetzt werden können. Die sich erst ab September öffnenden Blüten ziehen zahlreiche Insekten an. Die Früchte sind Vogelnahrung.
- Kletter-Hortensie *Hydrangea anomala* subsp. *petiolaris*
  - sommergrün
  - 0,5 m/Jahr → 6 m – 10 m
  - Das ursprünglich aus Ostasien stammende Gehölz ist frosthart, steht aber in heißen Lagen besser absonnig bis schattig, zumal trockene Böden nicht toleriert werden. Ganz sicher klettert diese Hortensie an tiefrissigen Baumstämmen, etwa von Alteichen. Ob das auch für die konkrete Fassade, andere Wände und Mauern zutrifft, lässt sich nicht mit Sicherheit vorhersagen. Im Bedarfsfall muss punktuell fixiert oder gleich an ein Spalier gepflanzt werden. Weiße, schirmförmige Blütenstände im Juni/Juli mit vielen Insekten. Die glänzendgrünen Blätter verfärben sich im Herbst gelb. Ansehnliche, im Winter sichtbar werdende, rotbraune Borke. Auch als Bodendecker einsetzbar, der sich flächig ausbreitet und ohne Schnitt bis zu 1 m Höhe erreichen kann.
- Fünfblättrige Jungfernrebe, „Wilder Wein“ *Parthenocissus quinquefolia* var. *engelmannii*
  - sommergrün
  - 1 m und mehr/Jahr → 10 m
  - Wer Gebäudewände sicher begrünen möchte, verwendet stets die Varietät *„engelmanii“* – nur diese entwickelt Haftscheiben, die zahlreich und kräftig genug sind. Die fünfteiligen Blätter verfärben sich bereits im September prächtig rot (Frühfärber). Im Gegensatz zum enganliegenden Blattteppich der Dreispitzigen Jungfernrebe, hängen die Triebe wiederholt über und abwärts, was sehr malerisch wirkt. Anspruchslos, sehr frosthart, verträgt sonnige bis halbschattige Standorte.

- Dreispitzige Jungfernrebe *Parthenocissus tricuspidata*
  - sommergrün
  - 1 m und mehr/Jahr → 10 m
  - Wüchsiges, mit kräftigen Haftscheiben bevorzugt an sonnigen Fassaden zuverlässig kletterndes Gehölz ohne besondere Bodenansprüche. Die grob dreilappigen Blätter decken sich dachziegelartig und bilden einen ebenflächigen Wandteppich, der sich im Herbst leuchtend rot verfärbt. Wenngleich unauffällig, stellen die Blüten eine für Bienen wichtige Pollen- und Nektarquelle dar.

13.2 Gerüstklimmer

Weitaus größer ist die Gruppe der Klettergehölze, die ein Halt bietendes Gerüst am Boden benötigen. Das hat den Vorzug, die zu übergrünende Fassadenfläche begrenzen zu können. Zudem ermöglichen den Fassaden vorgestellte Klettergerüste die Begrünung auch solcher Wandflächen, denen lastende Selbstklimmer nicht zugemutet werden dürfen, was

Viele ältere Gebäude haben begrünte Spaliere, die Bestandteil der Architektur sind. Die Verwendung von Gerüstkletterpflanzen (Ranker, Schlinger, Kletterrosen) oder Spalierobst garantiert, dass die Begrünung auf das Spalier begrenzt bleibt.

Hoch schlingender Blauregen *Wisteria floribunda* bildet eine schattierende grüne Wand, die ansprechend in die moderne Architektur integriert wurde (Freie Universität Berlin, D).

insbesondere für vorgedämmte Fassaden gilt. Mit Gerüstkletterpflanzen können auch solche Wände komplett übergrünt werden. Gerüstverankerungen zwischen Boden und Dachrand lassen Fassade und Dämmung unbeschädigt und vermeiden Kältebrücken.

Das anspruchsvolle Klettergerüst – etwa ein individuell angefertigtes Spalier – wird Teil der Fassadengestaltung, in die es gezielt einbezogen werden kann. Ein typisches Beispiel sind die Rebenspaliere an Häusern in Weinbaugegenden. Auch wäre GOETHES Gartenhaus in Weimar unvollständig, hätte es das Rosenspalier nicht mehr. Anders wirken unauffällige Seile und Gitter, die schon bald unter der Vegetation verschwinden sollen.

Steht das Gerüst im Vordergrund, muss sich die Auswahl der Kletterstrategien und Gehölze danach richten. Wer Rosen oder Kiwis unbedingt haben will, wird dagegen die Gerüstkonstruktion danach bestimmen. Gut, wenn sowohl die Querschnitte als auch die Abstände und Ausrichtung der stützenden Bauteile der Kletterstrategie verwendeter Gehölze gerecht werden. Proportionen, Materialauswahl und Farbgebung tun ein Übriges, damit Kletterhilfe und Begrünung als Teil der Architektur überzeugen können. Gerüstkletterpflanzen verfolgen unterschiedliche Strategien, deren Kenntnis Grundlage für den Begrünungserfolg ist.

13.2.1 Schlinger

Für windende Schlinggehölze sind vertikale Kletterhilfen die naturgemäß besten. Ihre Triebspitzen vollführen kreisförmige Suchbewegungen. Deren Radius bestimmt die passenden Querschnitte senkrechter Stützen und Seile – gewöhnlich zwischen 5 mm und 50 mm. Die Zwischenabstände von 30 cm bis 50 cm richten sich nach der Wüchsigkeit der ausgewählten Arten und der gewünschten Bestandsdichte. Senkrechte Grünstreifen an Abstand haltenden Seilen können Fassaden ansprechend gliedern und mit dem Bauwerk korrespondieren, ohne es unsichtbar zu machen.

Schlinger finden in vertikalen Seilsystemen oder Stützen die beste Kletterhilfe.

Blauregen *Wisteria floribunda* kann geschnitten auch als Hochstamm gezogen werden. Ungebremst werden 10 m Höhe erreicht und unkontrolliert Fallrohre stranguliert. Das beträchtliche Dickenwachstum belastet dünne Seile.

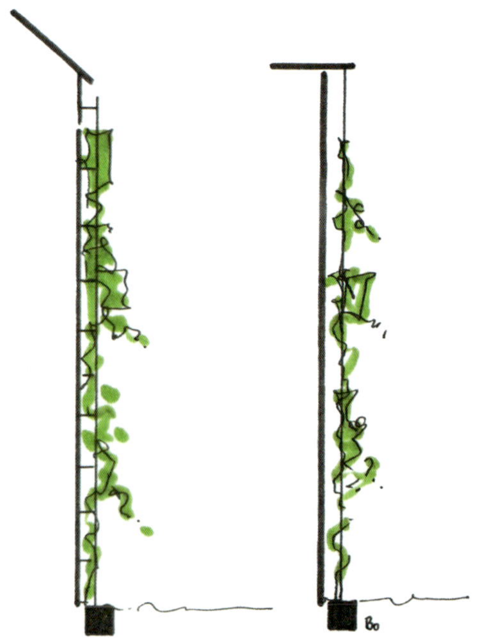

Vorgedämmte Fassaden dürfen nicht zusätzlich durch Grün belastet werden. Satteldach (links): Wandbefestigungen durchdringen die Dämmschicht. Dichtungen verhindern, dass der Dämmstoff vernässt. Flachdach (rechts): Seil-Verankerung zwischen Boden und Dachkante.

Dieses schlingende Geißblatt *Lonicera acuminata* ist immergrün und deshalb für einen ganzjährigen Gebäudeschutz wichtig.

Blauregen *Wisteria* macht auch um 10 cm bis 15 cm starke Stützen nicht immer einen Bogen. Entsprechend ist das beliebte Blütengehölz für Fallrohre eine ernstzunehmende Gefahr. Der kann durch einen ohnehin empfehlenswerten Rückschnitt begegnet werden. Blauregen verträgt auch stärkeren Schnitt und kann vergleichsweise niedrig gehalten und sogar als Hochstamm gezogen werden. Seitentriebe werden im Sommer zunächst auf 30 cm bis 50 cm eingekürzt, um den Wuchs zu begrenzen. Zu Beginn des Folgejahres erfolgt ein weiterer Schnitt, der den Seitentrieben nur zwei bis drei Knospen belässt. Ziel ist es, die Bildung von Kurztrieben anzuregen, an denen im Mai die Blütentrauben erscheinen. Neben den zahlreichen Farbsorten (violett, blau, rosa, lila, weiß) verdient *W. floribunda* 'Multijuga' aufgrund ihrer mit 80 cm bis 100 cm überlangen Blütentrauben besondere Beachtung. Sie benötigt einen vollsonnigen Standort.

13.2.2 Rankgehölze

Ranker hängen sich in Astwerk von Bäumen und Sträuchern (Schleiervegetation) oder Kletterhilfen mit überwiegend waagerechten Streben (Sprossen, Drähten) ein. Spaliere oder andere Gitterstrukturen sind die am besten geeigneten Kletterhilfen für Rankgehölze. Zur Gebäudewand sollten sie wenigstens 10 cm Abstand halten.

Waldreben *Clematis* sind Blattstielranker, die sich mit Hilfe ihrer Blattstiele verankern, die auch nach dem Blattfall erhalten bleiben. Sie

Rankende Gehölze kommen mit feingliedrigen Gitterstrukturen am besten zurecht (Clematis 'Summer Snow'/'Paul Farges').

wickeln sich um dünne Zweige oder geeignete Kletterhilfen. Die schraubig gewundenen Blattstiele der Waldreben können nur feingliedrige Streben, Gitter oder Drähte von 3 mm bis 5 mm Dicke umfassen.

Um mit *Clematis* art- und sortengerecht umgehen zu können, ist die Kenntnis der verschiedenen Schnittgruppen unerlässlich. Die richtigen Schnittmaßnahmen sind Garant für den Blüherfolg.

Praxistipp

Sortengerechter Schnitt für reiche Clematisblüte

- Großblumige, frühjahrsblühende *Clematis*-Sorten (2 m bis 3 m) blühen am alten Holz. Die Triebe werden nach der Blüte lediglich eingekürzt, zu dicht stehende entfernt (ausgelichtet). Diese frühblühenden *Clematis* in Kletterrosen einwachsen zu lassen, bedeutet, die Zeitspanne bis zum Erblühen der Rosen effektvoll besetzt und mehr als nur ausgefüllt zu haben.
  - Sortenbeispiele: 'Fujimusume' (hellblau), 'The President' (dunkelblau), 'Guernsey Creame' (cremegelb), 'Niobe' (dunkelrot)

- Großblumige, sommerblühende *Clematis*-Sorten (2 m bis 3 m) blühen an den diesjährigen Trieben. Ein zwischen November und März durchzuführender Rückschnitt – 30 cm bis 40 cm über dem Boden – fördert die Bildung blühfähiger Neutriebe. Je früher der Rückschnitt erfolgt, desto mehr kräftigen sich die verbleibenden Knospen.
  - Sortenbeispiele: 'Warszawska Nike' (violett), 'Comtesse de Bouchaud' (rosa), 'John Huxtable' (weiß), 'Kardinal Wyszynski' (leuchtend rot), *Clematis* × *jackmanii* (blau)
- Die Berg-Waldrebe *Clematis montana* blüht im Mai überreich und erreicht auch mehr als 10 m Höhe. Die gewöhnlich weißen, rosa überhauchten Blüten sind bei 'Pink Perfektion' rosa, größer und duften. Zugleich wartet diese Sorte mit einem bronzefarbenen Austrieb auf. Irgendein Schnitt ist nicht förderlich; im Bedarfsfall können zu dicht gewachsene Triebe herausgeschnitten werden.
- Mongolische Waldrebe *Clematis tangutica:* Blüten glockenförmig, gelb; später silberfedrige Fruchtstände; Rückschnitt zwischen November und März auf 30 cm über dem Boden fördert Wuchs und Blütenbildung, ist aber nicht zwingend erforderlich. Aufgrund der geringen Wuchshöhe – meist nicht mehr als 4 m – ist diese Waldrebe vielseitig verwendbar und auch als verträgliche, nicht unterdrückende Schleiervegetation über freiwachsenden und Schnitthecken gut geeignet – etwa über rot fruchtendem Feuerdorn. In gärtnerischer Kultur sind eine Reihe empfehlenswerter Sorten entstanden, so zum Beispiel:
  - 'Aureolin' (gelb, duftend), 'Golden Tiara' (gelb mit dunkler Mitte), 'Helios' (gelb, Dauerblüher).
- Die heimische Weiße Waldrebe *Clematis vitalba* ist in der Landschaft weit verbreitet. Die im Hochsommer erscheinenden weißen Blüten sind Pollenspender für Bienen. Die fedrigen Fruchtstände wirken sehr ansehnlich und sorgen für reichlich Nachwuchs. Diese Art wächst bedrohlich üppig und kann Baumkronen und Bahndämme unter sich begraben. Die Kreuzung mit einer anderen Art hat uns die Sorte 'Paul Farges' ('Summersnow') beschert. Sie wird etwa 5 m hoch und blüht weiß von Juni bis September, also deutlich länger als *C. vitalba*.
- Die Italienische Waldrebe *Clematis viticella* ist Ausgangsart zahlreicher Sorten in den klassischen *Clematis*-Farben (weiß, rosa, lila, blau, violett, rot). Die unterschiedlich gestalteten Blüten können drei Gruppen zugeordnet werden:
  - Glockenförmige Blüten, wie bei 'Alba Luxurians' (weiß mit grünen Spitzen), 'Betty Corning' (blassblau, duftend).
  - Kleine, ausgebreitete Blüten, wie bei 'Rubra' (dunkelrot).
  - „Hybridblütige“ (d. h. den großblumigen Hybriden ähnlichen) Sorten mit flach ausgebreiteten Blüten bis 10 cm Durchmesser wie 'Etoile Violette' (violett), 'Polish Spirit' (blauviolett).

Weil nicht zu starkwüchsig und kaum 4 m Höhe erreichend, ist die Italienische Waldrebe an vielen Orten gut zu verwenden. Durch die feingliedrige, eher zurücktretende Belaubung ist sie wie *C. tangutica* als Hecken überkletternde Schleiervegetation (→ S. 266) geeignet. Blütenfarben und lange Blühzeit im Sommer machen *C.-viticella*-Sorten zu idealen Partnern für Kletterrosen. Rückschnitt – wenn nötig – zwischen November und März auf etwa 30 cm.

„Echte“ oder Sprossranken stellen Blattumbildungen dar, denen jeweils ein „richtiges“ Blatt am Spross gegenübersteht (Reben *Vitis*, Scheinrebe *Ampelopsis*). Während bei den Schlinggehölzen der gesamte Jungtrieb suchend rotiert, schlingen bei Sprossranken nur deren Spitzen. Sprossranken sind länger als die Blattstiele bei *Clematis*, verzweigt und besser in der Lage, auf den Untergrund zu reagieren und sich in groben Querschnitten bis 30 mm, gelegentlich auch rissigem Holz oder grobem Putz sicher zu halten. Die Blätter der Reben sind sehr dekorativ und im Vergleich zu denen der feingliedrigeren *Clematis* deutlich präsenter.

Clematis 'Paul Farges' (weiß) bleibt deutlich niedriger und blüht länger als die heimische, gern alles unter sich begrabende Waldrebe *Clematis vitalba*.

Die Tangutische Waldrebe *Clematis tangutica* erreicht kaum 3 m Wuchshöhe.

Hellgrün und dünnblättrig ist die Ufer-Rebe *Vitis riparia* das Gegenstuck zur derben und dunkelgrünen Rostroten Rebe *Vitis coignetiae*.

Farbe und porzellanartiger Glanz machen die Früchte der Ussuri-Zaunrebe *Ampelopsis glandulosa* var. *brevipedunculata* spektakulär.

Empfehlenswerte Rankgehölze:

- Sturmhutblättrige Zaunrebe *Ampelopsis aconitifolia*
  - sommergrün
  - 1 m/Jahr → 8 m
  - Die handförmig geteilten, tief eingeschnittenen Blätter verfärben sich im Herbst gelb und rot. Sonnige bis halbschattige, nicht austrocknende Pflanzplätze. Gesund und frosthart. Beeren sind Vogelnahrung.
- Ussuri-Zaunrebe *Ampelopsis glandulosa* var. *brevipedunculata*
  - sommergrün
  - 1 m/Jahr → 8 m
  - Blätter breit gelappt, im Herbst gelb und rot. Die Beeren färben sich von türkis nach blauviolett und sehen aus wie Porzellan.
- Gewöhnliche Jungfernrebe *Parthenocissus inserta*
  - sommergrün
  - 1 m/Jahr → 8 m
  - Aufgrund der ähnlich fünfzähligen Blätter gern mit „Wildem Wein" *P. quinquefolia* verwechselt. Im Gegensatz zu dieser nur 2 bis 5 Rankenverzweigungen und ganz ohne Haftscheiben. Vielfach durch Vögel verbreitet und eingebürgert, oft auch flächig wachsend und Bahndämme überziehend. Anspruchslos, Herbstfärbung leuchtend rot.
- Rostrote Rebe *Vitis coignetiae*
  - sommergrün
  - bis zu 2 m/Jahr → 10 m
  - Blätter groß, dunkelgrün und derb – das Gegenstück zu *Vitis riparia*. Herbstfärbung prächtig orangerot. Belastbare Kletterhilfen erforderlich. Kann im Bedarfsfall – so wie der Echte Wein auch – durch regelmäßigen Rückschnitt gebändigt werden.
- Ufer-Zaunrebe *Vitis riparia*
  - sommergrün
  - bis zu 2 m/Jahr → 10 m
  - Blätter deutlich kleiner als bei voriger, zudem gegensätzlich hellgrün und dünnhäutig. Die Blätter sind denen der Echten Weinrebe *Vitis vinifera* ähnlich. Aber die nur 8 mm großen Beeren locken Traubenräuber nicht, so dass – etwa in historischen Gärten – Schäden an Spalieren vermieden werden können. Die Blüten duften, die Blätter verfärben sich im Herbst gelb.

13.2.3 Kletterrosen und andere Spreizklimmer

Kletterrosen gehören zu den Spreizklimmern. Sie haben keine aktiven Kletterorgane (Haftwurzeln, Haftscheiben, Ranken), aber extralange Triebe. Die legen sich breit über große Steine, Nachbarpflanzen und auch Bäume. Das gelingt, weil an den Scheitelpunkten der überhängenden Triebe neue entstehen (Scheitelpunktförderung), die die darüber liegenden Aststockwerke erreichen. Diese Strategie lässt sich schon an der heimischen, obwohl nicht als

Kletterrose geltenden Hunds- oder Heckenrose *Rosa canina* beobachten, die es auf diese Weise – etwa in Weißdorn – auf 4 m oder 5 m Wuchshöhe bringt. Meisterin ist die berühmte Kiftsgate-Rose *Rosa filipes* 'Kiftsgate', die auch 10 m hohe Bäume übersteigt. Gut geeignete Klettergerüste haben waagerechte Stäbe, Drähte oder Gitterprofile mit 30 cm bis 40 cm Gitterweite, um die Triebe bequem fixieren zu können. Das ist nötig, wenn die vollflächige Übergrünung der Gerüste schnell erfolgen soll.

Anders als Kleinstrauch-, Strauch- oder Beetrosen entwickeln die als Kletterrosen bezeichneten Sorten lange Triebe, die im Freistand wirkungsvoll von Böschungen herabfließen oder malerisch von einer Mauerkrone herab überhängen. Gewöhnlich finden sie an Spalieren, Laubengängen oder Pergolen Verwendung, was die Blüten unserer Sinneswahrnehmung näher bringt. Sie können nicht selbständig klettern, weshalb sie dafür immer Hilfestellung erhalten, angebunden oder ähnlich fixiert werden müssen. Im Winkel von etwa 45 Grad gezogene Triebe sollen Blütenreichtum garantieren. Ein luftiger Standort beugt Pilzerkrankungen vor. Sonnige, etwa nach Süden oder Südosten gerichtete Wände fördern den Blütenreichtum. Südwestwände heizen sich stark auf, indes haben sich viele Rosen auch in Hitzeperioden bewährt. Die Vielblütige Rose *Rosa multiflora* blüht noch im lichten Schatten. Die kleinen, aber zahlreichen Hagebutten zieren bis in den Winter. Als Pollenspender für Bienen sind einfach und wenig gefüllt blühende Sorten mit noch hinreichend vorhandenen Staubblättern nützlich. Die An-

Die je nach Sorte unterschiedlich langen Triebe der Kletterrosen können auch an dünnen, kaum sichtbaren Drähten fixiert werden, wenn Spaliere stören (Kloster Ystad, SE).

gebotskataloge namhafter Rosenbaumschulen informieren über die sich ständig erneuernde Sortenvielfalt, die bewährte „Dauerbrenner" einschließt.
In vielen Situationen wird man den einmal blühenden Kletterrosen, wie 'Pauls Scarlet Climber' (rot), die öfter blühenden vorziehen, etwa 'New Dawn' (rosa), 'Rosarium Uetersen' (rosa), 'Golden Showers' (gelb), 'Gruß an Heidelberg' (feurigrot) oder 'Ilse Krohn Superior' (weiß). Auch diese Sorten sind schon länger erfolgreich in Kultur.
Eine weitere Einteilung legt die sehr unterschiedliche Wüchsigkeit der Rosensorten zugrunde, die sie von ihren Ausgangsarten im Ergebnis der Züchtung mitbekommen haben. Die weich- und langtriebigen „Rambler" wachsen stark und blühen überwiegend nur einmal. Hierzu gehören *R. filipes* 'Kiftsgate' (8 m, rahmweiß) und 'Chevy Chase' (6 m, dunkelrot). Sehr empfehlenswert ist 'Bobby James'. Ihre rahmweißen, duftenden Blüten werden stark von Bienen beflogen und verwandeln sich in auffällige Hagebutten. Klettert – ähnlich 'Kiftsgate' – bis zu 10 m hoch auch in alte Bäume hinein. Die steiftriebigen „Climber" bleiben gewöhnlich unter 4 m Höhe, blühen meist mehrfach und weisen ein größeres Sorten-/Farbenspektrum als die Rambler-Rosen auf.
Der Schnitt der Kletterrosen beschränkt sich auf das Auslichten im Bedarfsfall. Die verbleibenden Triebe erhalten damit mehr Licht und werden angeregt, reichlich zu blühen.
Einige *Clematis* sind passende Blühpartner für Kletterrosen, in die sie sich einhängen, ohne zu bedrängen. Clematis können blühende Rosen über einen längeren Zeitraum begleiten oder nur einmal blühende ablösen. Weiße *Clematis viticella* (wie 'Alba Luxurians') passen zu allen anderen Rosenfarben. Die blauen, duftenden Glockenbüten von *C. viticella* 'Betty Corning' finden in gelben, weißen oder rosa Rosen einen ansprechenden und erfüllenden Gegensatz.

Weitere Spreizklimmer:

- **Fächer-Zwergmispel *Cotoneaster horizontalis*, sommergrün, an Wand/Spalier gegen 4 m hoch wachsend.** Namengebend sind die fächerförmigen Zweige. An den Fuß von Gebäudewänden oder Felsen gepflanzt, erreicht das gewöhnlich unter 1 m Höhe bleibende Gehölz die 4-m-Marke. Möglich ist das, weil die an den Scheitelpunkten der überneigenden Triebe entstehenden Neutriebe (Scheitelpunktförderung) nur an der Wand nach oben wachsen können. Weder ein Spalier noch ein Seilsystem sind nötig. Diese Zwergmispel ist gesund, frosthart und im Winter attraktiv durch das Schattenmuster der Zweige, Blüten (viele Bienen), Fruchtschmuck (rot, bis in den Winter), Herbstfärbung (rot). Vollsonnig pflanzen.
- **Winter-Jasmin *Jasminum nudiflorum*, sommergrün, am Spalier gegen 4 m hoch wachsend.** An sonnigen Wandspalieren während der Wintermonate an frostfreien Tagen gelb blühend. Die winzigen Blättchen gehen schon im Verlauf des Sommers verloren. Der Strauch assimiliert dann lediglich mit den grünen Trieben und kommt auch mit wenig Wasser aus. Frosthart, anspruchslos und gesund.
- **Kletter-Himbeere *Rubus henryi*, immergrün, am Spalier gegen 4 m hoch wachsend.** Das aus China stammende Gehölz besticht durch überaus elegant geschnittene, schmal dreigelappte Blätter. Gern als Schlinggehölz bezeichnet, kann sie sich in der Praxis meist nicht dazu bequemen und steht besser am Spalier, wo ihr Halt gegeben werden kann. Am besten vor Wintersonne schützen und Kaltluftlagen vermeiden.

Tabelle: Kletterstrategien und Höhenklassen ausgewählter Klettergehölze

Name grün = immergrün, mindestens wintergrün		Wuchshöhe bis etwa ...				
		3 m	4 m	6 m	8 m	10 m
Selbstklimmer (Wandhaftung ohne Kletterhilfe)	Trompetenstrauch *Campsis* in Sorten, Efeu *Hedera* in Sorten					x
	Wilder Wein *Parthenocissus quinquefolia* var. *engelmannii*, Jungfernrebe *P. tricuspidata*					x
	Kletter-Hortensie *Hydrangea anomala* subsp. *petiolaris*			x		
	Immergrüner Spindelstrauch *Euonymus fortunei* in Sorten		x			
Schlinger (senkrechte Stäbe, Stützen, Seile)	Strahlengriffel *Actinidia arguta*, Pfeifenwinde *Aristolochia*, Blauregen *Wisteria*					x
	Baumwürger *Celastrus orbiculatus*					x
	Henry's Geißblatt *Lonicera acuminata* (*L. henryi*)				x	
	Japanisches Geißblatt *L. japonica* 'Halliana'				x	
	Akebie *Akebia quinata*			x		
	Gelbes Geißblatt *Lonicera* × *tellmanniana*			x		
	Kolomikta-Strahlengriffel *Actinidia kolomikta*		x			
	Garten-Geißblatt *Lonicera caprifolium*		x			
	Mondsame *Menispermum canadense*		x			
Ranker (waagerechte, feingliedrige Sprossen, Drähte)	Berg-Waldrebe *Clematis montana*, Weiße Waldrebe *C. vitalba*					x
	Rostrote Rebe *Vitis coignetiae*, Ufer-Rebe *V. riparia*					x
	Ussuri-Zaunrebe *Ampelopsis glandulosa* var. *brevipedunculata*, Gewöhnliche Jungfernrebe *Parthenocissus inserta*				x	
	Waldrebe *Clematis* 'Paul Farges'			x		
	Clematis (großblumige Sorten), *C. tangutica*, *C. viticella* in Sorten		x			
	Echter Wein *Vitis vinifera* in Sorten		x			
Spreizklimmer (Spalier, waagerechte Sprossen)	Kletterrosen (Rambler), wie 'Kiftsgate'					x
	Kletterrosen (Climber), Winter-Jasmin *Jasminum nudiflorum*, Henry's Himbeere *Rubus henryi*		x			
	Fächer-Zwergmispel *Cotoneaster horizontalis* (auch ohne Spalier), Brombeeren (Obstsorten)	x				

13.2.4 Blüten- und Fruchtgehölze am Spalier

Weinreben, Äpfel und andere Obstgehölze am Spalier zu ziehen, hat lange Tradition. Warme Südwände sind für das Ausreifen der Früchte Voraussetzung. Die sind nicht nur essbar, sondern meist auch attraktiv, die Blüten Frühlingsboten. Apfel, Birne und Quitte gehören zum Kernobst und werden gewöhnlich in U-Form oder als „Palmette“ gezogen. Hier stehen am Stamm mehrere der sich zum „U“ formenden, gegenständigen Seitenzweige – einem mehrarmigen Kandelaber ähnlich – übereinander. Der Stamm wird in gewünschter Höhe gekappt. Die von den Gerüstästen seitlich abgeleiteten Kurztriebe tragen Blüten und Früchte. Für eine gleichmäßige Triebförderung ist sowohl eine gerade Zahl von Seitentrieben als auch deren gleichmäßige Höhe wichtig (Saftwaage). Äpfel und Birnen benötigen für einen reichen Fruchtansatz weitere Sorten als Pollenspender. Wenn

Birnbaum als grüner Wandschirm (Branchewinda/Thüringen, D).

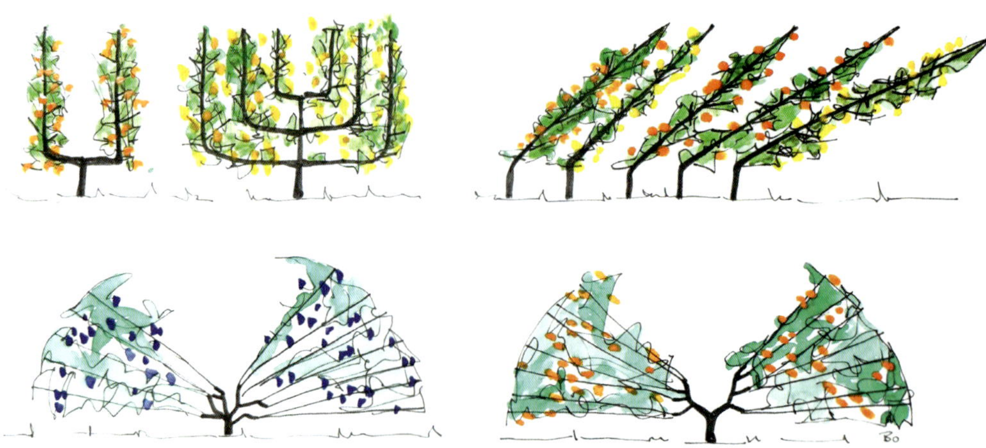

Obstspaliere werten Wandflächen auf. Kernobst (Apfel, Birne, Quitte) kann freitragend in U-Form (oben links) oder Palmette (oben mitte) gezogen werden. Kordons (oben rechts) müssen fixiert werden, um die korrekte Schrägschichtung der Einzelbäume zu sichern. Unten: Fächerform für Steinobst wie Pflaume und Aprikose

Pflaume *Prunus domestica*, Fächerform an Drähten fixiert. Die Fächerform wird für Steinobst empfohlen.

sie nicht am Spalier wachsen, können sie bis zu 30 m entfernt stehen. Zieräpfel stellen für die „richtigen" Äpfel wertvolle Pollenspender dar. Die verwendeten Veredlungsunterlagen beeinflussen die Wuchshöhe der Sorten.

Schwach wachsende, mit nur kurzem Seitenholz besetzte Spindeln können zu Kordons gereiht werden. Der einzelne, ertragsfördernd schräg gezogene Baum erreicht kaum 3 m Wuchshöhe und ist so schmal, dass auch mehrere Sorten dicht übereinander geschichtet werden können. Für Steinobst – dazu gehören Pfirsiche, Aprikosen und Pflaumen – hat sich an Wandspalieren die Fächerform bewährt. Die Zweige werden an Stäben oder Drähten so fixiert, dass sie sich über den unteren, waagerecht angeordneten Trieben fächerförmig zunehmend steiler stellen. Oben bleibt der Fächer offen. Die dort senkrechten Triebe werden nicht gebraucht. Früchte gibt es nur an waagerechten oder schräg ansteigenden Trieben.

Es gibt weitaus mehr für Spaliere geeignete Blütengehölze als die bislang ausprobierten Arten. Anregungen bietet die Übersicht auf → Seite 311. Die Blütenmasse wird Platz sparend auf eine Wandfläche projiziert. Wer für eine große immergrüne Magnolie *Magnolia grandiflora* keinen Platz hat, kann sie möglicher-

Der Winter-Jasmin *Jasminum nudiflorum* (hier an einem 13. Januar) ist als Spreizklimmer am Spalier, als Bodendecker oder in Gehölze kletternd vielseitig verwendbar.

weise am Wandspalier verwenden. Der Eindruck ist meist überwältigend, weil alle Blütenzweige ausreichend Sonnenlicht erhalten und sich gut entwickeln können. Neben dem Anbinden der von der Wand wegstrebenden Triebe ist ein regelmäßiger Auslichtungsschnitt zu empfehlen.

Eigentlich Selbstklimmer, aber nicht auf allen Untergründen verlässlich Haftwurzeln bildend, sind auch der Trompetenstrauch *Campsis* und die Kletter-Hortensie *Hydrangea anomala* subsp. *petiolaris* am Spalier sicher zu fixieren. Oft entwickeln sie sich dort besser. Die Zweige der attraktiv blühenden, wenngleich „borstig" genannten Robinie *Robinia hispida* 'Macrophylla' brechen leicht. Wer sich an dieser Robinie dauerhaft erfreuen möchte, gibt ihr den Platz am Spalier.

Tabelle: Nicht kletternde Blüten- und Fruchtgehölze am Spalier

Grün = immergrün, mindestens wintergrün B = Blütenschmuck | F = Fruchtschmuck	Erreichbare Wuchshöhe bis etwa ...				
	3 m	4 m	6 m	8 m*	10 m*
Birne (**B**, **F**, Obstgehölz) auf starkwachsender Unterlage					x
Trompetenstrauch *Campsis radicans* (haftet an glatten Wänden nicht sicher, **B**)					x
Großblütige Magnolie *Magnolia grandiflora* (**B**)				x	
Goldregen *Laburnum* × *watereri* 'Vossii' (**B**, stark giftig)			x		
Judasbaum *Cercis siliquastrum* (**B**)				x	
Garten-Magnolie *Magnolia* × *soulangeana* in Sorten (**B**)		x			
Baumoleander × *Chitalpa tashkentensis* (**B**), wärmebedürftig				x	
Apfel, Pfirsich, Pflaume, Quitte: Wuchsstärke von der Unterlage abhängig, Kornelkirsche *Cornus mas* (Fruchtsorten, z. B. 'Jolico'), Mandel: wärmebedürftig (**B**, **F**, Obstgehölze)			x		
Feuerdorn *Pyracantha coccinea* 'Red Column' + 'Orange Glow' (aufrechte Sorten, **B**, **F**)		x			
Säckelblume *Ceanothus* 'Gloire de Versailles': wärmebedürftig, (**B**)		x			
Borstige Robinie *Robinia hispida* 'Macrophylla': im Freistand bruchgefährdet, besser am Spalier (**B**)		x			
Obstgehölze als schwach wachsende Spindeln, zum Kordon auch in verschiedenen Sorten gereiht	x				
Orangenblüte *Choisia ternata* 'Aztec Pearl' (**B**)	x				

*Durch Schnitt niedriger.

13.3 Screening Plants – Grüne und blühende Wandschirme

Neben den bestehenden Bauvorschriften kann es weitere Gründe geben, die gegen Selbstklimmer oder Befestigungselemente für Kletterhilfen sprechen. In diesen Situationen können formgeschnittene Gehölze die Wand grün beschirmen. Im Grunde sind das an die Wand gelehnte Hecken oder Baumwände, die Fenster- und Türöffnungen freihalten. Solche Baumwände – meist Buchen – sind im Monschauer Land (D) noch häufig anzutreffen, wo sie dem Windschutz dienen. Gepflanzt wird in wenigstens 30 cm, bei Baumwänden 50 cm Abstand zum Gebäudesockel. Die Auswahl zwischen unterschiedlich wüchsigen Gehölzarten entscheidet über den Pflanzabstand zwischen 1 m und 2 m in der Reihe und die abdeckbare Wandhöhe.

Grüne Wandschirme bieten eine unverwechselbare Gebäudeansicht und Wetterschutz. Die Bauklimatik wird durch Windberuhigung vor der Wand und kühlende Effekte im Sommer positiv beeinflusst. Ganzjährig gelingt das nur mit Immergrünen. Der Schnittaufwand muss eingeplant werden. Falls trotz des wandschützenden Grüns eine Sanierung der Fassade erforderlich wird, muss der Wandschirm entfernt bzw. bodennah auf den Stock gesetzt werden. Die für diese Praxis geeigneten, wieder vital austreibenden Gehölze sind in der Tabelle (→ S. 313) hervorgehoben.

Solche Wandschirme aufwachsen zu sehen, ist eine schöne Erfahrung. Besteht der Wunsch nach einer schnelleren Fertiglösung, helfen in Fächerform auf gewünschte Zielhöhe gezogene Spalierbäume weiter, die etwa von Obstbäumen, Hainbuche, Linde oder Amberbaum im Fachhandel angeboten werden. Die zeitaufwändige Kronenerziehung schlägt sich in höheren Verkaufspreisen nieder.

Vor allem immergrüne, schnitttaugliche Gehölze können als grüne Wandschirme die Bauklimatik verbessern. Die Wände bleiben frei von Kletterhilfen, Haftscheiben oder -wurzeln.

Eine Alternative sind schlanke Säulengehölze, die vor der Gebäudewand aufgereiht und im Bedarfsfall geschnitten werden. Unter anderem auch wegen seiner Hitzefestigkeit ist der mehr als 10 m Höhe erreichende Säulen-Ginkgo *Ginkgo biloba* 'David' mit zudem prächtig gelber Herbstfärbung dafür geeignet. Daneben gibt es weitere, auch deutlich niedriger bleibende Säulenformen, etwa der Säulen-Weißdorn *Crataegus monogyna* 'Stricta' oder der immergrüne Felsengebirgs-Wacholder *Juniperus scopulorum* 'Skyrocket'.

Die Lorbeerkirsche *Prunus laurocerasus* 'Herbergii' als Wandschirm geschnitten. Kleinblättrige Sorten wachsen dicht und konturenscharf.

Vorkultivierte und in gewünschter Größe lieferbare Baumspaliere stellen eine Alternative zum geschnitten Wandschirm dar. Rechts: Aufgereiht bilden schmal säulenförmige Gehölze in passender Wuchshöhe eine weitere Möglichkeit der Wandbegrünung.

Tabelle: Gehölzauswahl für geschnittene Wandschirme

Wiederaustrieb nach bodennahmen Rückschnitt B = Blütenschmuck F = Fruchtschmuck HF = Herbstfärbung		Bis etwa 3 m*	Bis etwa 4 m*	Bis etwa 6 m*	Bis etwa 8 m*	Bis etwa 10 m*
Immergrün, mindestens wintergrün	Eibe *Taxus baccata*, hitzefest	X	X	X	X	X
	Buchsbaum *Buxus sempervirens*, hitzefest	X	X	X		
	Ilex aquifolium (**F**)	X	X	X	X	
	Lorbeerkirsche *Prunus laurocerasus* 'Winterstar', frosthart	X	X	X		
	Virginischer Wacholder, Rotzeder *Juniperus virginiana* 'Canaertii', hitzefest	X	X	X		
	Apfeldorn *Crataegus × lavallei* 'Carrieri' (**B**, **F**, **HF** orange), Blätter bis Dezember, hitzefest	X	X	X	X	
	Feuerdorn Pyracantha coccinea (**B**, **F**), hitzefest	X	X			
	Liguster *Ligustrum vulgare* 'Atrovirens', hitzefest	X	X			
	Immergrüner Spindelstrauch, Kriech-spindel *Euonymus fortune*i 'Vegetus'	X				
Sommergrün	Hainbuche *Carpinus betulus* (**HF** gelb)	X	X	X	X	X
	Hopfenbuche *Ostrya carpinifolia* (**HF** gelb), hitzefest	X	X	X	X	X
	Feld-Ahorn *Acer campestre*, hitzefest	X	X	X	X	X
	Italienischer Ahorn *Acer opalus* (**HF** orange), hitzefest	X	X	X	X	
	Französischer Ahorn, Felsen-Ahorn *Acer monspessulanum* hitzefest	X	X	X	X	
	Ginkgo *Ginkgo biloba* (**HF** gelb), hitzefest	X	X	X	X	X
	Winter-Linde *Tilia cordata* (**B**, **HF** gelb)	X	X	X	X	X
	Kornelkirsche *Cornus mas* (**B**, **F**), hitzefest	X	X	X		
	Felsenbirne , Kupfer-F. *Amelanchier lamarckii* (**B**, **F**, **HF** orange), hitzefest	X	X	X		
	Ligustrum vulgare, hitzefest	X	X			

*** Die tatsächliche Höhe wird durch den Schnitt bestimmt, kann aber nicht über der angegebenen Endhöhe liegen.**

14 Pergola und Laubengang natürlich grün

Pergola, Laubengang, Baumtunnel – drei Begriffe, zwischen denen meist nicht klar unterschieden wird. Allen gemeinsam ist, dass sie im Gegensatz zum herkömmlichen, himmelwärts offenen Freiraum ein mehr oder weniger transparentes Dach haben, damit einen eigenständigen Raum bilden, der Schatten spendet und eine besondere Stimmung birgt. Trägt die Pergola ein auf Stützen ruhendes Dach, ist der Laubengang auch seitlich geschlossen wie eine verlängerte Laube. Die Transparenz der Decken und Wände wird von Konstruktion und Begrünung bestimmt.

14.1 Gliedern und verbinden

Pergola und Laubengang spenden auch dort Schatten, wo für große Bäume kein Platz ist. Je sparsamer die Begrünung, desto stärker ist ihr Architekturcharakter, desto sinnvoller ist es, sie an Gebäude heranzurücken. Eine Pergola ganz ohne Begrünung verzichtet auf den immer spannungsvollen Gegensatz zwischen Gebautem und Gewachsenem, zwischen begrenzter und freier Form. Klettergehölze bieten Nahrung und Lebensraum für Insekten und Vögel. Details von Blüten und Blättern sind insbesondere im Laubengang unseren Sinnen näher als anderswo. Die Auswahl der Klettergehölze bestimmt neben ästhetischen Aspekten die Dichte der Begrünung und Schattenwirkung.

Neben der in Sommermonaten willkommenen Schattierung haben Pergola und Laubengang weitere Aufgaben:

- die Bildung von Freiräumen,
- die Gliederung von Freiräumen in Teilräume

Stützen und grünes Pergolendach schaffen einen eigenständigen Raum innerhalb des Gartens (Rosengarten Forst, D).

Diese Sitzecke wird durch die Pergola in einen wohnlichen Raum verwandelt. Wo gewünscht, geben eingefügte Rankgerüste zusätzliche Deckung.

- die Gestaltung des Übergangsbereiches Gebäude/Freiraum,
- die Verbindung von Gebäuden und Kleinarchitekturen (Pavillon, Laube, ...),
- die Vermeidung störender Einblicke von oben (höher gelegene Punkte, Fenster, ...).

Eine einseitig auf einer Mauer aufliegende oder durch eine Schnitthecke geschlossene Pergola hat einige Vorzüge: Hier können Bänke platziert werden, die Rückendeckung, Windschutz, Schatten und Ausblick bieten. Pergolen und Laubengänge überspannen gewöhnlich Wege. Es ist sinnvoll, am Ende ein Ziel anzubieten (Skulptur, Brunnen, ...). Eine Laube oder ein Pavillon sind besondere Anziehungspunkte und noch besser, wenn sie den Übergang in angrenzende Bereiche vorbereiten. Vor einer gebauten Mauer oder Heckenwand vermeiden Skulptur, Bank oder Brunnen den Eindruck, in eine Sackgasse geraten zu sein.

Wer Pergola oder Laubengang plant und baut, sollte den Wuchscharakter der gewünschten Gehölze berücksichtigen. Wer Kletterrosen, Waldreben *Clematis*, schlingende Geißblätter *Lonicera* oder andere Wunschgehölze hat, muss die Kletterstrategien (→ S. 291) dieser Gehölzgattungen schon in der Baukonstruktion berücksichtigen. Wichtig ist, dass Durchmesser und Ausrichtung (vertikal, horizontal) der Bau-

Von außen betrachtet ist die Pergola ein wichtiger, im Gegensatz zum rundum begrünten Laubengang transparenter Raumbildner (Landgut Holzdorf, D).

teile die jeweilige Kletterstrategie unterstützen. Der zu erwartenden Last jahrzehntealter Klettergehölze kann durch eine angemessene Dimensionierung der Konstruktion und gelegentliches Auslichten begegnet werden. Nicht jeder Wuchscharakter passt zu jedem Baumaterial, das von schlichtem Rundholz bis zu gebürstetem Edelstahl reichen kann. Metall hat den Nachteil, sich bei Sonnenschein stark zu erhitzen, was mindestens Jungtrieben schadet. Die Blütenfarben von Kletterrosen oder anderen Klettergehölzen können in der Farbgebung der Konstruktion gegensätzlich oder wiederkehrend berücksichtigt werden.

14.2 Pergola: Das grüne Schattendach

Die Lamellen-Pergola ist häufig zu sehen: Senkrechte Stützen tragen die längs verlaufenden Pfetten, denen die Oberhölzer quer obenauf liegen. Dabei ist Holz längst nicht mehr das einzige Baumaterial, wenngleich selbst große Pergolen heute aus Schichtholz gefertigt werden können. Die Decke einer Rahmen-Pergola ist aus rahmenartigen Modulen zusammengesetzt. Die Abstände der die Rahmen füllenden Streben bestimmen zusammen mit der ausgewählten Begrünung die Transparenz der Pergolendecke. Offenbleibende Rahmen sorgen für Rhythmus und Schattenspiel. Die Rahmenmodule können auch eine Glasdeckung erhalten, die Regenschutz bietet. Lochbleche lassen die Luft zirkulieren und zaubern ein Schattenmuster auf den Boden. Zwei Bauweisen, bei denen die Begrünung auf die Stützen beschränkt bleiben muss.

Weil die Pergola seitlich offenbleibt, konzentriert sich ihre Begrünung auf die Decke. Dazu müssen die Stützen überwunden werden, die sich für die gewünschten und an den Stützenfuß gepflanzten Gehölze als Knackpunkte erweisen. Hier die wichtigen Details:

Rundhölzer und Rohrprofile mit einem Durchmesser von 5 cm bis 8 cm sind für schlingende Gehölze kein Hindernis. Beispiele sind Strahlengriffel *Actinidia arguta* (mit Fruchtsorten), Akebie *Akebia quinata,* Pfeifenwinde *Aristolochia macrophylla* (nicht vollsonnig), bei weitem nicht so gefährliche „Baumwürger" *Celastrus orbiculatus*, Geißblatt *Lonicera × tellmanniana, L. caprifolium, L. acuminata* (immergrün), Mondsame *Menispermum canadense* (im lichten Schatten), Baumschlinge *Periploca graeca,* Blauregen *Wisteria floribunda* 'Macrobotrys'. Blauregen bewältigt auch 15 cm Stützendurchmesser. Kletterrosen und Rankgehölze (Reben *Vitis*, Waldreben *Clematis*) brauchen Hilfestellung und müssen vorübergehend an der Stütze fixiert oder mit einem Draht geleitet werden, bis sie oben angelangt sind.

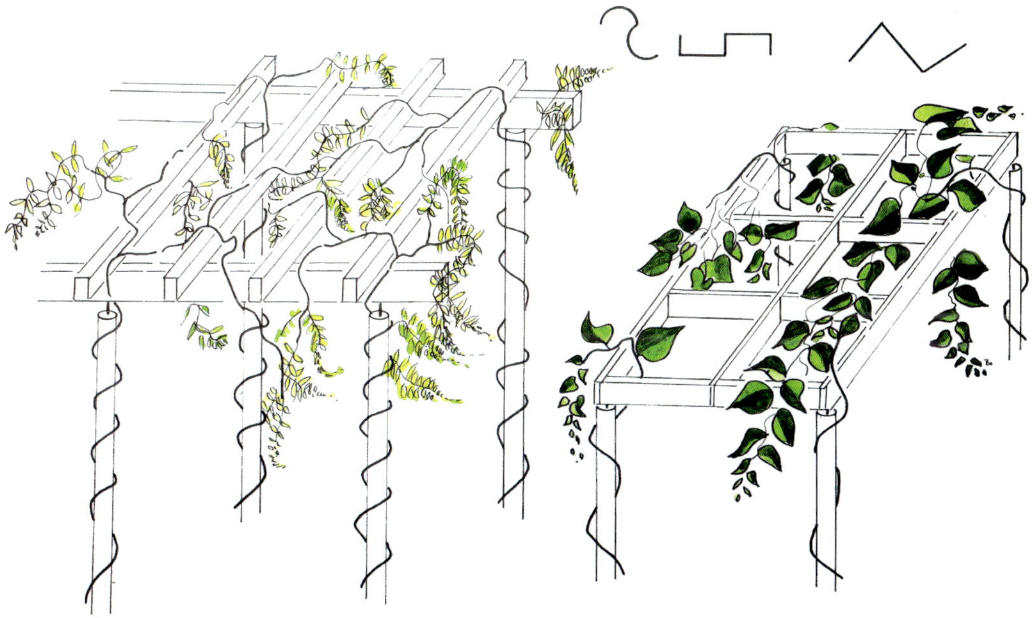

Die Stützen der Pergola lassen Schlinger gut oben ankommen. Lamellenpergola links, Rahmenpergola rechts. Oben: Auf Dachflächen können Pergolen kein tiefreichendes Fundament erhalten. Sicher stehen sie auf sich selbst versteifenden, von Viereck oder Kreis abgeleiteten Grundrissen.

Dicke Stützen können durch Selbstklimmer begrünt werden (links). Schlingern, Rankern und Kletterrosen muss nach oben geholfen werden (rechts).

Anders bei massiv aufgemauerten oder Betonstützen mit größeren Durchmessern, die von Schlinggehölzen nicht mehr umfasst werden können:

- Schlinger und Kletterrosen (Spreizklimmer) „anleinen“, bis sie die Decke erreicht haben – auch durch eine seitlich angebrachte, anspruchsvollere und haltbare Metallkonstruktion.
- Selbstklimmer (Haftscheiben oder -wurzeln: Jungfernrebe *Parthenocissus*, Efeu *Hedera*, Kletter-Hortensie *Hydrangea anomala* subsp. *petiolaris*, Trompetenstrauch *Campsis radicans*) überdecken die Stützen vollständig. Das ist möglicherweise nicht erwünscht, wenn es sich um ein anspruchsvolles Ziegel- oder Natursteinmauerwerk handelt, das sichtbar bleiben soll. Bei verputztem Mauerwerk oder Betonstützen mag das anders sein. Selbstklimmer an Holzstützen behindern Holzschutzmaßnahmen.

Architektonische Gründe können ebenso für massive Stützen sprechen, wie die bei massereichen Klettergehölzen zu erwartenden Lasten. Schlingknöterich *Fallopia aubertii* produziert dezimeterdick Totholz. Dicht gestapelte, große Blätter (Pfeifenwinde *Aristolochia*, Rostrote Rebe *Vitis coignetiae*, Mondsame *Menispermum*) schattieren stark, vermitteln aber ein besonderes Gefühl der Geborgenheit. Das Blattwerk von Kletterrosen und *Clematis* ist weitaus lichter. Hier steht der Blütenschmuck im Vordergrund.

Selbst diese dicken Stützen werden von Blauregen *Wisteria floribunda* bewältigt. Die für die Bänke nötige Rückendeckung kann durch ein dicht begrüntes Spalier oder eine begrünte Mauer hergestellt werden (Rosengarten Bad Langensalza, D.)

Gelegentlich ist ein Auslichten sinnvoll. Insbesondere Kletterrosen können damit gesünder erhalten werden. Blauregen *Wisteria* blüht mit einem Rückschnitt der Seitentriebe auf 1/3 der ursprünglichen Länge nach dem Flor im Folgejahr besser. Die verbliebenen Triebe sollten bis zum Ende des Winters noch einmal bis oberhalb der Blütenknospen eingekürzt werden. Denn erst jetzt sind die Blütenknospen – auch durch den ersten Schnitt – kräftig genug entwickelt und damit gut erkennbar. Der Schnitt von Blauregen ist grundsätzlich zu empfehlen, um diesen starkwüchsigen Schlinger im Zaum zu halten.

14.3 Lebendige Baumpergola

Die Baumpergola setzt an die Stelle gemauerter oder anderer gebauter Stützen und Decken die Stämme lebender Bäume. Weder das sonst verwendete Baumaterial noch der hierfür nötige Korrosionsschutz sind noch nötig. Aber es muss regelmäßig geschnitten werden. Der geradkantige Kastenschnitt stellt ein durchgängiges Schattendach mit architektonischer Wirkung her und ist entsprechend häufig als Pendant zu Architektur anzutreffen, ermöglicht aber auch die Verwendung in kleinen Gärten. Meist werden Linden verwendet – großblättrig die Sommer-Linde *Tilia platyphyllos*, kleinblättrig, mit schärferen Schnittkonturen und hitzefester die Winter-Linde *Tilia cordata*. Die durch den Schnitt begrenzte Höhe hält den Blick auf attraktive Fassaden offen. Wird die Zahl der

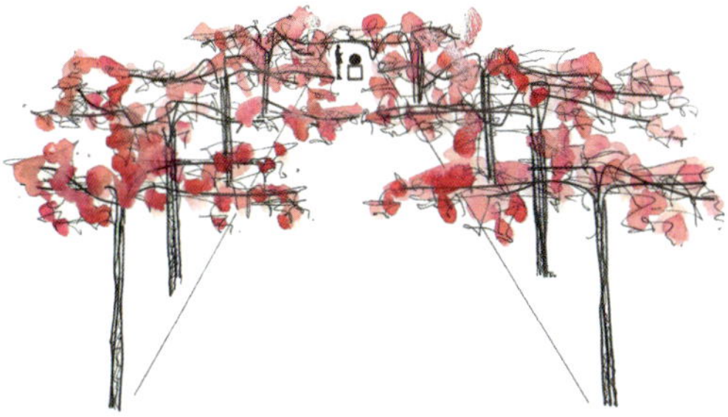

Die frühjahrsblühende und gelb-orange herbstfärbende Zierkirsche *Prunus × subhirtella* 'Accolade' eignet sich aufgrund ihrer waagerecht ausgreifenden Äste für eine Baumpergola, die nicht geschnitten werden muss.

Eine geschnittene Baumpergola kommt ganz ohne Gerüste aus, kann Sitzplätze (links) oder Wege (rechts) schattieren. Kleinblättrige Winter-Linden *Tilia cordata* liefern scharfe Schnittkonturen und sind trockenfest (Villa MAX LIEBERMANN Berlin/Elbuferpromenade in Dresden, D).

Bäume über die üblichen zwei Reihen hinaus in regelmäßigen Pflanzabständen erweitert, entsteht ein zum Aufenthalt einladender und Schatten spendender Baumsaal. Der Kastenschnitt kann durch einen Schnitt auf Aststummel (Kopfschnitt, Pollarding) ersetzt werden. So geschnitten, wirken diese Baumpergolen bis zu ihrer Wiederbelaubung im Frühsommer sehr licht. Umso deutlicher werden die sich mit den Jahren an den Schnittstellen herausbildenden kropfartigen Verdickungen sichtbar, die dieser Pergola ein skulpturales Aussehen geben (Linden *Tilia*, Platanen *Platanus*, Maulbeeren *Morus*). Für die Auswahl der Bäume sind nicht nur ästhetische Kriterien wichtig. Neben der zu fordernden Regenerationsfähigkeit auch nach kräftigem Rückschnitt ist eine den freien Durchgang sichernde lichte Höhe (2,40 m) zu gewährleisten. Voraussetzung ist, dass die Bäume in hinreichender Stammhöhe gepflanzt oder in den Folgejahren höher aufgeastet werden können. Das ist nicht möglich, wenn der Stamm mit einer Veredlungsstelle und in einer anschließenden Verzweigung endet. Hier muss die Stammhöhe von Beginn an ausreichen, denn nach oben geht es nicht weiter. Beispiel ist die Sachalin-Kirsche *Prunus × subhirtella* 'Accolade'. Ihre waagerecht ausgebreiteten Kronen bilden auch ohne regelmäßigen Schnitt ein grünes Dach – attraktiv in der frischrosa Frühlingsblüte und mit rotem Herbstlaub.

14.4 Laubengang und Baumtunnel

Ein Laubengang ist im Gegensatz zur Pergola auch seitlich geschlossen und meist bogenförmig gewölbt. Lauben auf gewöhnlich kreisförmigem, vier- oder vieleckigem Grundriss können den Laubengang eröffnen, beenden oder zwischengeschaltet sein, Schatten- und Ruheplätze bieten. Mit zunehmender Länge sind seitliche Aus- und Eingänge, mindestens Ausblicke erforderlich, um stets orientiert zu bleiben und das Gefühl zu vermeiden, eingesperrt zu sein.

Weil der Laubengang neben den aufgehenden Stützen auch seitliche und gewöhnlich waagerechte Verstrebungen aufweist, ist die Verwendung vielfältiger Klettergehölze mit unterschiedlichen Kletterstrategien möglich. Schlinger wie Blauregen nutzen die vertikalen Gerüstelemente, Ranker (Reben, Waldreben) die waagerechten und Kletterrosen sind als nicht selbst aktive Spreizklimmer gut an den waagerechten Streben zu fixieren.

Die Gitterstrukturen eines Laubengangs reichen bis zum Boden – ideal für Ranker (Reben *Vitis*) und Kletterrosen (Wien-Schönbrunn, AT).

Ebenso wie die Pergola sollte auch ein Laubengang am Ende ein Ziel haben (Schlossgärten Dornburg, D).

Auf den ersten Blick besteht zwischen Laubengang und Baumtunnel kein Unterschied, die Wirkung ist ähnlich. Indes verzichtet ein Baumtunnel auf die Verwendung von Klettergehölzen. An ihre Stelle treten Bäume oder Großsträucher (Goldregen), die an Gerüsten bogenförmig gezogen und zudem mit der Schere geformt werden, also nicht klettern. Ein Gerüst ist aber nur in den ersten Jahren nötig, weil sich die erstarkenden Stämme später selbst tragen. Im einfachsten Fall ist es ohne besonderen ästhetischen Anspruch und bald unter der Begrünung verschwunden. Die verwendete Holz- oder Metallkonstruktion ist eine „verlorene“, die nach Erfüllung ihrer Aufgabe gern verrotten oder korrodieren darf.

Anders das repräsentative, handwerklich anspruchsvolle Gerüst, das gut sichtbar bleiben und mit den verwendeten Gehölzen im ästhetischen Kontext wirken soll. Hier braucht es regelmäßiges Auslichten oder den Schnitt auf Aststummel (Kopfschnitt, Pollarding bei Linde, Platane, Maulbeere).

Für Baumtunnel werden gewöhnlich hellgrüne Laubgehölze bevorzugt, um den Gang optisch zu weiten (Linde *Tilia*, Hainbuche *Carpinus*

Ein aus Bäumen geformter Baumtunnel trägt sich später selbst. Aufwändige Gerüste sind nicht erforderlich (Belvedere, Weimar, D).

Diesem alten Hainbuchen-Tunnel ist das nicht mehr benötigte Gerüst abhandengekommen (Wien-Schönbrunn, AT).

Der Hainbuchentunnel wird nach frischgrünem Austrieb, dichtem Sommergrün, gelber Herbstfärbung und anschließendem Laubfall transparent (Belvedere Weimar, D).

betulus, Kornelkirsche *Cornus mas*, Maulbeere *Morus*). Die Eibe wirkt sehr dunkel, ist aber dann geeignet, wenn genau diese Düsternis zum Ausdruck kommen soll. Das berühmte Vorbild aller Goldregen-Tunnel ist der in Bodnant Garden (Wales, GB). Die bis zu 50 cm langen, von der Decke herabhängenden gelben Blütentrauben von *Laburnum × watereri* 'Vossii' machen einen überwältigenden Eindruck. Die früher von Kindern gern als Spielgeld verwendeten platten Samen sind – wie andere Pflanzenteile auch – stark giftig. Wer Befürchtungen hegt, schneidet die Blütenstände nach dem Flor ab.

Goldregentunnel bieten zur Blütezeit einen unvergesslichen Anblick. Es müssen die extralangen Blütentrauben der Sorte 'Vossii' sein.

15 Nützliche Gehölzteppiche

Immer wieder gibt es Plätze, die eine flächige Begrünung brauchen. Dazu gehört die unter kahlfüßigen Gehölzen ohne Begrünung offenliegende, ungeschützte und ästhetisch wenig ansprechende Bodenoberfläche.

Für steile, trockene oder im Schatten liegende Böschungen gibt es keinen vollwertigen, dichten und begehbaren Rasen – auch wenn Empfehlungen für „Schattenrasen"-Saatmischungen anderes verheißen. Nur eine geeignete Begrünung kann den Boden schattieren, vor Austrocknung schützen und Lebensraum für Bodenorganismen, Insekten und am Boden Nahrung suchende oder brütende Vögel retten.

Sind die Flächen zu klein, lohnt der Rasen nicht. Rasenspiegel können nur in einer dem Umfeld angemessenen Größe wirken, für Aufenthalt und Spiel genutzt werden. Zudem kann es gestalterische Gründe geben, die anstelle des Rasens einen bodendeckenden Gehölz- oder Staudenteppich favorisieren. Rasenschnitt und Zusatzbewässerungen entfallen. Wassergaben über die von Dach- und Belagsflächen eingeleiteten Niederschläge hinaus sind kein Allheilmittel, denn auch Wasser ist eine be-

Efeu bewährt sich immer wieder als Bodendecker im trockenen Gehölzschatten. Großblättrige, gewöhnlich starkwüchsige Sorten sollten großen Flächen vorbehalten bleiben.

Die Untergrünung kahlfüßiger Gehölze ist ebenso ein Anwendungsbereich für Bodendecker wie die steile Böschung oder schwierige Schattenlagen unter Bäumen.

Die zahlreichen Sorten der Teppich-Zwergmispel *Cotoneaster dammeri* sind Dank kriechender Triebe gute Flächendecker, aber machtlos gegen durchdringende Gräser (Quecke!)..

grenzte Ressource. Voraussetzungen für den Begrünungserfolg sind eine standortgerechte Gehölzartenwahl und Böden oder Pflanzsubstrate, die völlig frei von ausdauernden Wurzelunkräutern (Quecke, Acker-Winde, Acker-Kratzdistel, Acker-Schachtelhalm u. a.)

Damit ein gestaltetes Bodenrelief gut sichtbar bleibt, kommen hier nur ganz niedrige Bodendecker in die engere Auswahl (Efeu *Hedera helix*).

sind. Dann liegt der Pflegeaufwand für den Gehölzteppich weit unter dem für Rasen.

Bodendeckend wachsen die mit kriechenden Trieben oder unterirdischen Ausläufern Fläche gewinnenden Klein- und Zwerggehölze.

Gelegentlich werden kompakte Kleinsträucher einbezogen, die sich nicht flächig ausbreiten. Sie müssen entsprechend dichter gepflanzt werden. Beispiele sind die Liguster-Sorte 'Lodense', die immergrünen Lorbeer-Kirschen *Prunus laurocerasus* 'Mount Vernon' oder 'Cherry Brandy' (breiter) und der kleine Spierstrauch *Spiraea japonica* 'Little Princess'.

Soll ein bewegtes Gelände betont werden, sind ganz niedrige, der Bodenoberfläche folgende Gehölze erste Wahl. Nur sie verwischen ein ausdrucksstarkes Relief nicht.

15.1 Der Fläche ein Gesicht geben

Die zu begrünende Flächengröße entscheidet viel. Beispiele für eher kleine, deutlich weniger als 10 m² messende Flächen können Vorgärten sein, Grabstätten sind es immer. So kleine Flächen können gut einheitlich begrünt werden, wenn sie durch einige Kleingehölze oder Gräser akzentuiert werden. Besteht die Möglichkeit, nah heranzutreten, werden Details sichtbar und der Pflanzenteppich darf durch verschiedene Teppichbildner kleinteiliger gegliedert sein. Die kleine Fläche würde unter großblättrigen und starkwüchsigen Gehölzen begraben. Deshalb werden hier kleinblättrige, gern mit kurzen Ausläufern kriechende Gehölze gebraucht, die am besten unter 10 cm Wuchshöhe bleiben, um die Proportionen zu wahren (Tabelle → S. 378).

Diese Arten und Sorten sind oft nicht sehr konkurrenzkräftig. Indes werden kleinere Flächen gewöhnlich so intensiv gepflegt, dass unerwünschte Spontanvegetation nicht die Oberhand gewinnen kann. In ihrer äußeren Erscheinung gegensätzliche oder sich anders ergänzende Gehölzarten können in Mischungen

Die Verwendung verschiedener, aber ähnlich konkurrenzkräftiger Arten kann eine reizvolle Alternative zu dem meist nur artgleichen Flächengrün sein: links Efeu und Zwergmispel *Cotoneaster dammeri*; rechts Japanischer Spierstrauch *Spiraea japonica* 'Shirobana' (zweifarbig) und Fingerstrauch *Potentilla fruticosa*.

erprobt werden, wenn sie am Standort ähnlich konkurrenzkräftig sind. Anderenfalls bleibt einer der Partner auf der Strecke.

Wenn nur aus der Ferne einsehbar, lohnt sich eine Gliederung großer Flächen durch verschiedene Bodendeckgehölze nicht. Eine ruhige, einförmige Grundfläche (Matrix) gleichartiger Bodendecker gibt zahlreichen und größeren Solitär- und Gruppengehölzen Raum, die zudem für Höhenstufung, Rangordnung und Artenvielfalt sorgen. Von der Grundfläche ist dann ohnehin nicht mehr viel zu sehen. Hier werden wuchskräftige, am besten großblättrige, gut schattierende Bodendecker benötigt, die der lichthungrigen Konkurrenz wenig Chancen bieten, etwa Kolchischer Efeu *Hedera colchica* oder Großes Immergrün *Vinca major*.

Flächen kleinblättriger, nicht ausreichend schattierender Teppichbildner – etwa Zwergmispel *Cotoneaster dammeri* 'Skogsholm' – werden unaufhaltsam von Quecken und anderen unverwundbaren Wiedergängern erobert, wenn sie einmal Fuß gefasst haben oder schon vor der Gehölzpflanzung da waren. Immerhin wurzeln Acker-Schachtelhalm und Acker-Winde bis zu 2 m tief, was ihre Bekämpfung erschwert. Am Ende bleibt nur die Kompletterneuerung mit hoffentlich standortgerechteren Bodendeckern.

Ein Bodendecker-Mix gelingt nur mit ähnlich konkurrenzstarken Gehölzen. Hier ist das endgültige Aus für den Fingerstrauch *Potentilla fruticosa* am Standort zwischen konkurrenzkräftigerem Wacholder *Juniperus × pfitzeriana* vorhersehbar.

Die immergrüne, flach ausgebreitete Tafel-Eibe *Taxus baccata* 'Repandens' ist ein verlässlicher Bodendecker sowohl für sonnige Flächen als auch unter Bäumen.

Können größere Flächen auf kurze Distanz in Augenschein genommen werden, schärft sich auch hier der Blick für das Detail. Entsprechend artenreich und lebendig dürfen sie gegliedert sein, was den Abschied von der gleichförmigen Matrix nahelegt.

Je nach Situation wird die Entscheidung für einen kleinteiligen, naturnahen Fleckenteppich mit weichen Übergängen oder ein planerisch definiertes Muster mit eindeutigen Abgrenzungen der Teilflächen fallen.

Flächengliederungen sollten auf spitze Winkel verzichten, weil diese schlecht ausgepflanzt werden können. Sie lassen sich aber gut durch dort platzierte Gehölze, Skulpturen oder Steine kaschieren. Wiederkehrende Einzelflächen gleicher Arten geben der Pflanzung Struktur und Rhythmus. Wichtig ist, dass die gepflanzten Flächenstrukturen aus der Fußgängerperspektive erfasst werden können. Ein erhöhter Standpunkt gestattet die Draufsicht und ist eine gute Voraussetzung. Im besten Fall befindet sich die zu bepflanzende Fläche an einem Hang, dann ist der Überblick von oben und unten möglich. Auf ausufernde und die geplanten Flächengliederungen aufweichenden Ausläufersträucher und -stauden sollte besser verzichtet werden. Muss die Pflanzung von Januar bis Dezember wirken, sollte jede Teilfläche mit dem dafür gewählten Gehölz auf ihre ganzjährige Präsenz überprüft werden. Ansonsten kann es ärgerliche Kahlstellen geben.

Eine einheitliche Bodendecke kann in den oberen Stockwerken vielfältiger besetzt werden (oben). Eine stark gegliederte Bodendecke verträgt nur wenige Höhenakzente, damit die Flächenfiguren sichtbar bleiben.

Gleichartige Bodendecken sind eine Empfehlung für kleine und eine Möglichkeit für große Flächen mit verschiedenen Arten. Flächengliederungen können naturnah verwoben (Mitte) oder definiert begrenzt sein (unten).

Die nur schwach wachsende, dicht- und feinblättrige Teppich-Zwergmispel *Cotoneaster dammeri* 'Streib's Findling' eignet sich für kleinere Flächen (sonnig, zahlreiche ähnliche Sorten).

Alle flächendeckenden Pflanzungen gewinnen durch höhere Gehölze eine Raumstruktur. Hier werden Fächer-Ahorne *Acer palmatum* kahlfüßig verwendet, um die Bambus-Fläche nicht zu verstellen (Schloss Trauttmansdorff, IT).

Eine so reich strukturierte Fläche bedarf nur weniger Höhenakzente, zu denen neben Gehölzen und großen Gräsern auch Skulpturen gezählt werden können. Damit bleiben die Flächenmuster gut sichtbar. Deshalb ist es auch sinnvoll, nur kahlfüßige Gehölze zu verwenden, am besten solche mit schirmförmiger Krone. Die damit verbundene Schattierung kann den Bodendeckgehölzen darunter durch Hitzeperioden helfen.

Beispiele für kahlfüßige Gehölze in Bodendecken

- Zimt-Ahorn *Acer griseum*
- Feuer-Ahorn *Acer tataricum* subsp. *ginnala*
- Kupfer-Felsenbirne *Amelanchier lamarckii* (in Schirmform gezogen, → S. 35)
- Aralie *Aralia elata*
- Sieben-Söhne-des-Himmels-Strauch *Heptacodium miconioides*
- Higan-Kirsche *Prunus × subhirtella* 'Fukubana')
- Kleeulme *Ptelea trifoliata*
- Klappernuss *Staphylea pinnata, S. colchica*
- Bogen-Flieder *Syringa reflexa*

Alternative zu oft zu breit wachsenden Strauchrosen sind Kletterrosen an schlanken Gerüsten, die zudem Höhenakzente setzen (Europa-Rosarium Sangerhausen, D).

Viele der als Höhenakzente und Partner für Blütenstauden gern verwendeten Strauchrosen wachsen zu breit. Aber wer will auf sie verzichten? Es lohnt sich, sie bei Bedarf aufzuschneiden, d. h. überhängende Zweige bis auf höher ansetzende „Auslagen“ (Zugäste, Ableitungen) zu entfernen.

Platz sparen Kletterrosen an Stabpyramiden oder anspruchsvolleren, aber stets schlanken Gerüsten, am schönsten in Gemeinschaft mit farblich passenden *Clematis*.

Strauchrosen und Blütenstauden werden gern benachbart, um die Farbbeziehungen zu nutzen. Dazu ist es erforderlich, die Rosen so zu schneiden, dass ihre Zweige die Stauden nicht unter sich begraben.

Praxistipp

Wenn Kletterer am Boden bleiben

Was tun Klettergehölze, die weder Baumstämme noch Sträucher, Spaliere, Pergolen oder Gebäudewände zur Verfügung haben? Sie wachsen dennoch. Folgerichtig spricht nichts dagegen, auch Klettergehölze als Bodendecker zu verwenden, wie das mit Efeu schon lange geschieht. Aber es gibt noch mehr, wenngleich Wüchsigkeit, wünschenswerte Winterwirkung und ästhetischer Zugewinn begrenzende Auswahlkriterien sein können. So überziehen die heimische Waldrebe *Clematis vitalba* und die Jungfernrebe *Parthenocissus inserta* die Schotterböschungen der Bahnlinien oder Brachflächen mit meterlangen Jahrestrieben in großem Stil. Mindestens in kleineren Gärten bliebe kein Platz für anderes und die Artenvielfalt auf der Strecke. Im Folgenden werden einige über Efeu hinausgehende Vorschläge unterbreitet. Umfassendere Informationen zu den Arten werden in der Tabelle (→ S.378) gegeben.

- Waldrebe *Clematis alpina, C. × jackmanii*
- Immergrüner Spindelstrauch *Euonymus fortunei* in Sorten
- Kletter-Hortensie *Hydrangea anomala* supsp. *petiolaris*
- Winter-Jasmin *Jasminum nudiflorum*
- Geißblatt *Lonicera caprifolium, L. periclymenum;* Japanisches Geißblatt *Lonicera japonica;* Immergrünes Geißblatt *Lonicera acuminata*)

Es gibt weit mehr Klettergehölze als Efeu, die sich auch als Bodendecker eignen (hier Wilder Wein *Parthenocissus inserta*).

15.2 Pflanzenbedarf für Flächenpflanzungen

Nicht nur die Bodenbedingungen, sondern auch die Liefergrößen der Gehölze sind so verschieden wie die Ansprüche an die Pflanzung selbst. Deshalb kann der Pflanzenbedarf trotz gleicher Gehölzart und Flächengröße nicht immer gleich sein. In den Baumschulkatalogen werden die für den Flächenschluss benötigten Gehölzmengen in Stück je m² genannt und Von-bis-Spannen angegeben. Eine Entscheidung muss getroffen werden. Diese Kriterien sind maßgeblich:

1. Sind die Wuchsbedingungen – etwa auf nährstoffarmen, trockenen Böden – ungünstig, dann dichter pflanzen!

2. Größere Ausganspflanzen sparen Stückzahlen. Gesamtpreise vergleichen!

3. Breitwüchsige, langtriebige Pflanzen – wie die 'Rote-Max-Graf'-Rose – verlangen deutlich weniger Stückzahlen, bei der Feld-Rose *Rosa arvensis* ein Stück je m², was gewöhnlich ausreicht, um die Fläche innerhalb einer Vegetationsperiode zu schließen.

4. Die Wuchsleistungen verschiedener Sorten innerhalb der gleichen Art können sehr unterschiedlich sein. Das wird bei Efeu und Kleinstrauchrosen besonders deutlich.

5. Wieviel Zeit bleibt bis zum nötigen Flächenschluss? Im privaten Grün wird eine nicht sofort geschlossene Pflanzung meist eher akzeptiert, so dass weniger dicht gepflanzt und Geld gespart werden kann. Grabstätten und Ausstellungsflächen sollen möglichst rasch wirken. Die hier praktizierte Dichtpflanzung erfordert Stückzahlen, die weit über dem Normalmaß liegen können.

Praxistipp

„Verlorenes" Grün

Was ist gemeint? Ein passendes Beispiel ist die Pflanzung immergrüner, großblättriger und großblütiger *Rhododendron × catawbiense*. Dichtpflanzung würde ihnen Entwicklungsraum nehmen und die Ausgaben unnötig in die Höhe treiben. Es ist sinnvoller, ihnen mehr Abstand und Entwicklungsraum zuzugestehen und dafür schon etwas größere Pflanzen zu kaufen (Pflanzung auf Endabstand → S. 254). Nun ist eine Zwischenpflanzung „auf Zeit" nötig, die mit den Jahren von den breit wachsenden Rhododendren geschluckt wird. Die Zwischenpflanzung ist irgendwann verloren, weshalb hier gern kostengünstige Bodendecker verwendet werden, etwa Storchschnabel *Geranium*, Elfenblume *Epimedium*, Waldsteinien *Waldsteinia* u. a., in kalkarmen Böden *Rhododenron*, Rebhuhnbeere *Gaultheria procumbens* und der kriechende Kanadische Hartriegel *Cornus canadensis*.

Sommergrüne Gehölze wie Eichenblättrige Hortensie *Hydrangea quercifolia* oder Strauch-Pfingstrosen legen nach dem Laubfall den Blick auf den Boden darunter frei. Für die Zwischenpflanzung kann hier das Immergrün *Vinca minor* empfohlen werden. Es wird nur verdeckt, um im Winter als grüne Bodendecke wieder sichtbar zu werden, toleriert es doch die Verschattung im Sommer. Gute Sorten sind 'Anna' (blau) und 'Elise' (weiß). Wenngleich ohne Blütenschmuck, sind auch kleinblättrige Efeu-Sorten gut geeignet, so *Hedera helix* 'Gnom', 'Wichtel' u. a.

„Verlorenes Grün": Bodendecker (hier Frauenmantel *Alchemilla erythropoda*) kaschieren die Zwischenflächen, bis die gepflanzten Hortensien *Hydrangea quercifolia* sich geschlossen haben. Immergrün *Vinca minor* wäre noch im Winter und blühend präsent ('Anna' blau, 'Elisa' weiß). Im Sommer toleriert es den Schatten unter den Sträuchern gut.

15.3 Kleinstrauchrosen

Bodendeckerrosen – das ist ein gern verwendeter Begriff für die pflegeleichten, vielseitig verwendbaren und vergleichsweise niedrig bleibenden Rosen, die nicht alle bodendeckend wachsen und deshalb besser „Kleinstrauchrosen" heißen. Darum ist es ratsam, Kleinstrauchrosen nicht allein nach Blütenfarbe, Duft oder Bienentauglichkeit auszuwählen und die nachfolgend beschriebenen Wuchstypen zu berücksichtigen.

Wuchstypen von Kleinstrauchrosen

1. niederliegend, schwachwüchsig (5 Stück je m^2)
   - 'Gärtnerfreude' (0,4 m, dunkelrosa), 'Heideröslein Nozomi' (0,3 m, rosa) u. a.
2. straff aufrecht (3 bis 4 Stück je m^2)
   - 'Dagmar Hastrup' (0,6 m, hellrosa), 'Moje Hammerberg' (1 m, karminrot) u. a.
3. locker, aufrecht, ausgebreitet, etwa tischhoch (4 bis 5 Stück je m^2)
   - 'Heidetraum' (0,8 m, karminrosa), 'Sommerwind' (0,7 m, reinrosa), 'Snow Ballet' (0,6 m, weiß, duftend) u. a.
4. aufrecht, leicht überhängend, etwa hüfthoch (3 bis 4 je m^2)
   - 'Candy Rose' (1 m, lachsrosa mit weißer Mitte), 'Pink Spray' (1 m, pink) u. a.
5. ausgebreitet wie 1., aber stark wachsend (2 bis 3 Stück je m^2)
   - 'Rote Max Graf' (0,8 m, leuchtend rot mit weißer Mitte) u. a.

Wenngleich es Übergänge zwischen den Wuchstypen gibt und nicht alle Baumschulen sie ausweisen, ist es aufgrund der unterschiedlichen Wuchshöhen und -breiten mit unterschiedlichen Pflanzabständen unumgänglich, sich näher damit zu befassen. Für eine überzeugende Flächenwirkung müssen schwachwüchsige und mehr aufrecht wachsende Sorten enger gepflanzt werden.

Nicht nur als Nahrungsquelle für Insekten verdienen die halb gefüllt blühenden Sorten besondere Aufmerksamkeit. Bei ihnen haben sich nicht alle Staubgefäße in Blütenblätter verwandelt, so dass Bienen und andere blütenbesuchende Insekten noch ein einträgliches Pollenangebot vorfinden. Im Gegensatz zu den nicht gefüllten (einfachen) Rosenblüten gibt es dennoch etliche Blütenblätter mehr, was den Flor verlängert und das Anwendungsspektrum dieser Sorten erweitert. Ein schönes Beispiel ist 'Innocencia': reinweiß, lange blühend und duftend.

Nicht alle der jährlich in den Handel gebrachten neuen Sorten bewähren sich dauerhaft (Sichtungsergebnisse → www.adr-rose.de).

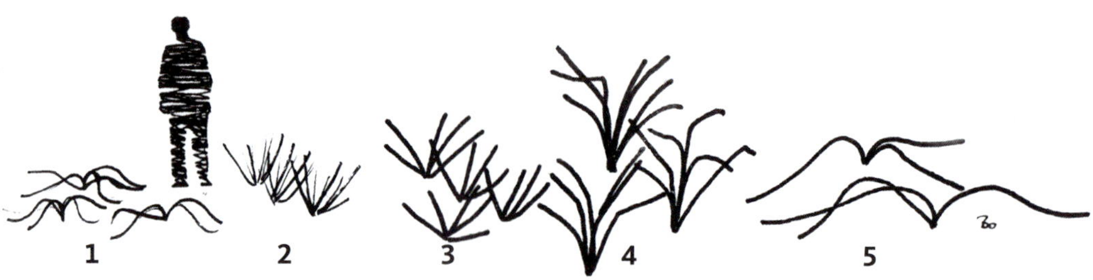

Kleinstrauchrosen sind attraktive Flächendecker. Aber zu welchem Wuchstyp gehört die gerade begeisternde Sorte, um sie flächenadäquat verwenden zu können? **1** niederliegend, schwachwüchsig, **2** straff aufrecht bis 1 m, **3** locker aufrecht, ausgebreitet bis 0,7 m, **4** aufrecht, leicht überhängend bis 1 m, **5** ausgebreitet, starkwüchsig/langtriebig bis 0,7 m.

Kleinstrauchrosen sind attraktive Partner für Staudengräser und Blütenstauden, die gruppiert besser wirken als einzeln zwischen die Rosen geklemmt.

Große Flächen erfordern plakative Farbwirkungen. Die werden durch Mischungen verschiedener Rosensorten oder von Rosen mit Blütenstauden nicht erreicht. Zudem ist der zwischen den Pflanzen einsetzende Wettbewerb schwer zu kontrollieren. Sowohl Flächengliederungen als auch Höhenakzente tun der Gestaltung gut. Bienennährgehölze (neben anderen der Sieben-Söhne-des-Himmels-Strauch *Heptacodium*) können das Pollenangebot der Rosen ergänzen. Eingestreute Gräser sind gestalterisch bedeutsam. Weißstreifige Gräser (Chinaschilf *Miscanthus sinensis* 'Morning Light', 'Little Zebra' u. a.). unterstreichen die Farbigkeit der Rosen ebenso wie die der eingruppierten Blütenstauden. Diese sind auch nach dem Abblühen der Rosen wichtig. Herbstastern können mit attraktiven Hagebutten-Rosen in Beziehung treten. Herausragend schön ist *Rosa pendulina* 'Bourgogne' mit lackglänzenden, roten Hagebutten.

Praxistipp

Nimm die Echten

Rosen werden gewöhnlich veredelt. Die so in großen Stückzahlen effizient vermehrten Sorten stehen nicht auf eigenen Wurzeln, sondern auf einer „Unterlage“, mit der sie verbunden werden. Bei den Unterlagen handelt es sich um erprobte Sämlinge verschiedener Wildrosen mit Eigenschaften, die die Sorte beeinflussen (Wüchsigkeit, Salztoleranz, ...). Die hinzugewonnenen Vorzüge werden mit höherem Pflegeaufwand bezahlt. Hierzu gehört insbesondere die regelmäßige Entfernung der Unterlagentriebe (Wildern). Ist die oben aufgepfropfte Sorte der Unterlage zu langsam, entwickelt sie eigene Triebe und die Sorte gerät ins Hintertreffen. Die Wildtriebe sind leicht zu erkennen und müssen dort dauerhaft entfernt werden, wo sie entspringen – direkt am Holz der Unterlage. Wo Auftausalze im Winter nicht angewendet werden, sind wurzelechte Kleinstrauchrosen häufig die bessere Wahl. Es gibt keine Wildtriebe, die entfernt werden müssen, und in Abständen ist ein ganzflächiger Rückschnitt vor dem Austrieb im März/April empfehlenswert, um die Rosenpflanzung zu kräftigem Neutrieb anzuregen. Das kann auch maschinell erledigt werden.

Viele Sorten werden sowohl veredelt als auch wurzelecht aus Stecklingsvermehrung angeboten. Wurzelecht sind unter anderem „Cityflor-Rosen", die 'Aspirin'-Rose (Wuchstyp 3, weiß), sowie 'White Roadrunner' (Wuchstyp 3, weiß, halb gefüllt, duftend, gesund).

Weitere Informationen bietet die Tabelle auf → Seite 378.

Sollen Flächen in bestimmten Formen gegliedert werden, verwendet man besser Bodendecker, die keine Ausläufer bilden. Sonst verwachsen die Flächenfiguren schnell und es entsteht zusätzlicher Pflegeaufwand. Die gestochene und beschnittene Kante ist hier gut zu erkennen.

16 Gehölze und Stauden in guter Gemeinschaft

Stauden sind Pflanzen, die nicht verholzen und dennoch Jahrzehnte ausdauern können. Viele sterben vor Winterbeginn oberirdisch ab, um sich im Frühling aus bodennahen Knospen zu erneuern. Andere sind auch im Winter grün oder selbst trocken dekorativ und strukturbildend (Gräser, Farne, ...).

Dass es ausgeprägte Stauden- oder Gehölzliebhaber gibt, verwundert insofern, als in der Landschaft meist beide Lebensformen zusammen vorkommen. Nur wenige Pflanzengesellschaften werden ausschließlich von Stauden oder Gehölzen bestimmt. Auf besonderen, meist extremen Standorten kann es vorkommen, dass wir nur eine einzige Gehölz- oder Staudenart antreffen – etwa Efeuteppiche im trockenen Schatten oder die Brennnessel als Stickstoffzeiger auf überdüngten Flächen. Die Vergemeinschaftung von Gehölzen und Stauden auf gestalteten Grünflächen bedeutet mehr Artenvielfalt und Erlebnisqualität, können sie doch gegenseitig ihre Wirkung steigern und vorhandene Standortpotenziale umfassender und nachhaltiger ausschöpfen.

16.1 Stauden mitdenken

Häufig werden Stauden gebraucht, weil sie Merkmale mitbringen, die wir bei Gehölzen nicht finden. Umgekehrt benötigt eine Staudenpflanzung Gehölze – allein schon wegen der räumlichen Akzentsetzung. Sowohl ästhetische Gründe als auch standörtliche Bedingungen können für den Blick ins andere Lager maßgebend sein.

Gut ausgewählte Stauden steigern die Eigenwirkung des Einzelgehölzes durch Gegensätze, etwa Eisenholz *Parrotia persica* mit orangeroter Herbstfärbung über blauen Kissen-Astern *Aster dumosus* 'Blaue Lagune'. Wenngleich weniger augenfällig, wirken erkennbare Wiederholungen ähnlich, müssen aber im Gegensatz zu unübersehbaren starken Kontrasten entdeckt werden. Der Reiz liegt im Entdeckererlebnis, wenn sich die weißrandigen Blätter des Pagoden-Hartriegels *Cornus controversa* 'Variegata' in der Unterpflanzung mit weißrandigen Funkien (z. B. *Hosta* 'Francee') wiederfinden. Durch solche bewussten Zuordnungen lässt sich die Wirkung des Lieblingsgehölzes deutlich steigern. Für dieses gestalterische Anliegen stehen wesentlich mehr Stauden als Gehölze zur Verfügung.

Sind die Wuchsbedingungen schlecht, etwa tief schattig und extrem trocken (so unter großen Bäumen), extrem nass oder nährstoffarm, kommen viele Gehölzarten nicht mehr mit. Aber soll hier nichts wachsen? Die Zahl der für solche Extremstandorte geeigneten Stauden ist größer als die der verwendungsfähigen Gehölze.

Im Waldstaudengarten (Woodland Garden) kann ein mehrschichtiger und artenreicher Pflanzenbestand etabliert werden, in dem Gehölze für Schatten und Raumstrukturen sorgen (Lehr-, Schau- und Sichtungsgarten Hermannshof Weinheim, D).

Die besondere Faszination der Stauden geht von ihrer jahreszeitlichen Dynamik aus. Auch die höchsten, etwa 3 m oder 4 m Höhe erreichenden Arten sterben zum Herbst hin oberirdisch ab und müssen in jedem Frühjahr aus bodennahen Erneuerungsknospen neu beginnen.

Je mehr Großstauden in einer Pflanzung vertreten sind, desto stärker verändert sich auch das Raumgefüge dieser Pflanzung mit den Jahreszeiten. Insofern stellen Stauden in ihrer Farbigkeit, Wandlungsfähigkeit und Raumwirkung einen wichtigen Gegensatz zu den meist ruhiger agierenden Gehölzen dar, die – ganzjährig präsent – in zunehmender Größe Räume und Kulissen schaffen.

Staudenliebhaber kommen selten ganz um Gehölze herum. Nur sie liefern ein ganzjähriges Raumgerüst, etwa durch Einzelgehölze (Solitäre), die rhythmische Akzente setzen. Die grüne Schnitthecke steigert die Wirkung der Blütenstauden davor, denen sie zugleich Windschutz gibt. Konturenscharf und formprägnant geschnittene Heckenriegel, -quader und -kugeln können in vielen Situationen räumlich gliedern, wilden Staudenpflanzungen ausgleichender Gegensatz und Ordnungsstifter sein – je nach Situation dunkelgrün (Eibe *Taxus*), mittelgrün (Buchs *Buxus*) oder hellgrün (Hainbuche *Carpinus*). Der regelmäßige Schnitt sorgt dafür, dass Proportionen erhalten bleiben.

Einige Gehölze lassen sich wie Stauden behandeln und im Nachwinter zurückschneiden. Der jährlich neu zu erlebende Aufwuchs erfreut mit attraktiver Belaubung, Blüten am Ende der diesjährigen Triebe (Blauraute *Perovskia*, Rispen-Hortensie *Hydrangea paniculata* in Sorten,

Bartblume *Caryopteris*, Perückenstrauch *Cotinus coggygria* 'Young Lady', ...), Herbstfärbung oder farbigen Wintertrieben (verschiedene Weiden *Salix*, Roter Hartriegel *Cornus sanguinea* 'Orange Flame' u. a.).

16.2 Woodland Garden

Beginnend etwa 1970 haben insbesondere Richard Hansen, Josef Sieber und Friedrich Stahl den zahlreichen Stauden „Lebensbereiche" zugeordnet, die den jeweiligen Standortansprüchen der Arten Rechnung tragen. Sie spiegeln die Ausprägung der begrenzenden Wachstumsfaktoren Licht, Boden und Wasser wider und stellen eine wichtige Orientierungshilfe für die Staudenverwendung dar. Denn nur standortgerechte Pflanzungen können erfolgreich sein. Aber Gestaltung ist mehr! Da müssen neue Ideen, Zu- und Rangordnung, Farben, Differenzierung, Wiederholung, Gruppierung und Gegensätze hinzukommen. So kann eine Waldstaudenpflanzung mit Arten des Lebensbereiches „Gehölz" völlig verschieden gestaltet sein, unter anderem nach Farbaspekten, der Ausgrenzung bestimmter Farben und der Hervorhebung von Gestaltgegensätzen. Auch naturnahe Pflanzungen und Gärten, die sich an Vegetationsvorbildern orientieren, sind gestaltete Gärten, solange nicht die Absicht besteht, sie völlig der Natur zurückzugeben.

Was liegt näher, als in Gehölzpflanzungen Stauden mit einzuplanen? Am Boden entsteht ein zusätzlicher Pflanzraum, der den nackten Boden bedeckt und schützt, die Zahl der grünen Stockwerke, Biodiversität und Erlebnisvielfalt vermehrt und darüber hinaus Einblicke in das Kronendach ermöglicht. Geeignete ältere Gehölzbestände für Waldstaudenpflanzungen finden sich insbesondere in reifen Gärten, die nach Jahrzehnten des Baumwachstums zunehmend verschatten und damit reizvolle neue Gestaltungsmöglichkeiten eröffnen.

Ausgangspunkt für den künftigen „Woodland Garden" ist die Beurteilung des vorhandenen Gehölzbestandes. Möglicherweise ist der Wald vor lauter Bäumen nicht zu sehen. Alle Gehölz-Stockwerke – obere und untere Baumschicht, Strauchschicht einschließlich Baumaufwuchs (Unterholz) – sind vertreten und inzwischen so dicht, dass Bäume und Sträucher sich weder entwickeln, noch wirken können. Jetzt heißt es Ausräumen und Störendes entfernen.

Der landschaftsgärtnernde Fürst Pückler sprach gern von der „Goldenen Axt". So erhalten nicht nur Gehölze mit Zukunftspotenzial die besseren Entwicklungschancen, sondern es entsteht ein von Ästen befreiter Stammraum, der sowohl Staudenpflanzungen als auch Betrachtern mehr Platz und bessere Lichtverhältnisse bietet. Tiefschatten tolerierende Pflanzen gibt es nur wenige (Efeu *Hedera*, Eibe *Taxus*, Haselwurz *Asarum europaeum*, ...). Es gibt kaum Schöneres, als einen reifen Garten zu entkernen. Das, was bleibt, schafft einen unverwechselbaren Rahmen für die sich entwickelnden Neupflanzungen.

Ist die Gehölzfläche ausreichend groß, kann Platz für eine Lichtung mit gegensätzlichem Reiz geschaffen werden. Ist die Lichtung nicht groß genug, wird sich das Kronendach der Bäume ringsum rasch darüber schließen. Es unter-

Oben: In einem mehrschichtig organisierten Waldgarten sind Erlebnisqualität und Artenvielfalt hoch. Der Stammraum muss offen genug sein, um Platz für Pflanzungen und Gartenbesucher zu haben. Unten: Ein vorhandener dichter Gehölzbestand ist für diese Waldstaudenpflanzung entkernt worden.

streicht die Gegensätzlichkeit der Situation, wenn eine helle Lichtung auch „licht“ gestaltet wird. Weißstämmige Himalaja-Birken *Betula utilis* var. *jaquemontii* oder – Platz sparende – weiße Stangen und eine Staudenpflanzung in aufhellenden Farben können dazu beitragen. Der Zugewinn an Gartenraum, Erlebnisqualität und Biodiversität unter dem vorhandenen Kronendach lohnt die Mühsal , denn gelegentlich müssen auch Wurzeln gerodet werden. Im Einzelfall können auch tote Stämme als beeindruckende Skulptur und Lebensraum für Vögel und Insekten noch nützlich sein. Geeignete Klettergehölze können den Stamm wieder zum Leben erwecken (Kletter-Hortensie *Hydrangea anomala* subsp. *petiolaris*, Efeu *Hedera*, ...).

Die verbliebenen Gehölze haben Auswirkungen auf die künftige Unterpflanzung. Wichtige Kriterien sind die folgenden:

+	-
– Tiefreichende Wurzeln (Kiefer u. a.) – Niederschläge und Licht erreichen den Boden (Eiche) – Falllaub leicht zersetzlich, bodenverbessernd (Esche, Ulme, Hainbuche, Lärche, u. a.)	– Oberflächennahe Wurzeln (Birke u. a.) – Intensive Durchwurzelung (Feld-Ahorn u. a.) – Ein Großteil der Niederschläge bleibt in den Kronen hängen und verdunstet dort (Nadelbäume!). – Dicht schattierende Nadelbäume – Falllaub schwer zersetzlich (Eiche, Buche, Platane u. a.)

Unterwuchsfreundlich, weil lichtkronig und tief wurzelnd, sind Eichen *Quercus*, Kiefern *Pinus* und Lärchen *Larix*. Was wirklich wächst, wird durch Niederschläge und Bodenqualität bestimmt, so wie die in nährstoffgünstigen Kiefernwäldern artenreiche Strauch- und Krautschicht auf nährstoffarmen Sandböden nur noch durch spärlichen Flechtenbewuchs vertreten ist.

Die gelbe Herbstfärbung der Lärche wird effektvoll mit spät blühenden Stauden (wie Lilientraube *Liriope muscari*, Herbst-Alpenveilchen *Cyclamen hederifolium*) oder Sträuchern mit herbstlichem Fruchtschmuck (wie Schönfrucht *Callicarpa*) in Szene gesetzt. Falllaub verrottet schneller, wenn ein Stickstoffdünger (etwa Harnstoff) nach Herstellerangaben darüber ausgestreut wird.

Das Wässern der Stauden am Boden kommt auch den Bäumen zugute. Die Kronen werden überraschend dichter. Das wird nicht von allen Stauden toleriert und ggf. ist es nötig, das Staudeninventar oder das Bewässerungsmanagement anzupassen.

Jedes Mehr oder Weniger an Wasser und Licht verändert die Wettbewerbsbedingungen in der Staudenpflanzung am Boden. Jeder Pflegeeingriff hinterlässt Gewinner und Verlierer. Durch Hacken entstandene Offenflächen sind Einfallstore für möglicherweise unerwünschte Sämlinge, während die willkommenen meist nicht erkannt und versehentlich entfernt werden. Es gilt, die Balance zwischen gewünschtem und unerwünschtem Pflanzenwachstum zu sichern, ohne das gestalterische Anliegen aus den Augen zu verlieren. Auch hier wird deutlich, wie anspruchsvoll und vielseitig der Gärtnerberuf ist, wenn er achtsam, engagiert und mit komplexem Fachwissen ausgeübt wird. Fehler bei der Auswahl und Anordnung langlebiger Gehölze werden oft erst nach Jahren sichtbar. Der Schaden ist entsprechend groß.

Der nächste Schritt ist das „Aufladen“: Entfernte Gehölze werden durch neue Pflanzungen ersetzt, die ein Gestaltungsthema vielfältig präsentieren. Der Waldstaudengarten orientiert sich an heimischen Vegetationsvorbildern, ohne diese zu kopieren. Während in heimischen Laubwäldern das Frühjahr einen Blühschwerpunkt darstellt, sind die darauffolgenden Jahreszeiten ruhiger. „Aufladen“ bedeutet hier, auch im Sommer, Herbst und Winter für farbige Aspekte zu sorgen. Im gestalteten Woodland Garden sind deshalb standortgerechte Waldstauden aus vergleichbaren Klimazonen Nordamerikas und Ostasiens gut geeignet. Gestalten heißt auch, im Ansatz Vorhandenes zu steigern: mehr Artenvielfalt, definierte Farbanwendungen, gliedernde Pflanzmuster, jahreszeitliche Höhepunkte, Immergrüne und Gerüstbildner für den Winter. Neben Gräsern und Kleingehölzen gehören oft auch formgeschnittene Gehölze dazu. Für den Winterausgang und Vorfrühling sollten Frühjahrsgeophyten (Zwiebel- und Knollenstauden) geplant werden. Sorten können gesünder und standfester sein als Ausgangsarten, in Farben, Wuchshöhen und Blühzeiten mehr Auswahl bieten. Die regelmäßig stattfindenden und durch Fachleute durchgeführten Staudensichtungen geben erprobte Sortenempfehlungen (www.staudensichtung.de).

16.3 Gehölzränder

Möglicherweise ist ein geschlossener Gehölzrand mit klarem Abschluss zu einer angrenzenden Rasen- oder Wiesenfläche erwünscht. Dann sind hier dichtbuschige oder bis zum Boden aufschließende Randsträucher oder Bäume mit tiefreichender Astschleppe erste Wahl. Soll der Gehölzrand für einen lebendigen Staudensaum Platz bieten, muss er geöffnet werden.

- Aufasten randständiger Bäume und Sträucher (Einblick und Licht nehmende Äste im künftigen Pflanzbereich werden an der Basis entfernt)
- Verwendung kahlfüßig aufragender Sträucher am Gehölzrand (Hasel *Corylus avellana*, Klappernuss *Staphylea* u. a.)
- kompakte, immergrüne Kleinsträucher (wie Mahonie *Mahonia aquifolium* 'Apollo', Strauch-Efeu *Hedera helix* 'Arborescens', Buchsbaum *Buxus sempervirens*) unter den Randbäumen rücken den Staudensaum aus dem schattierenden Kronenbereich näher an Licht und Regen

Gehölzränder sind auch in der Landschaft artenreich. Die Exposition macht den Unterschied für die Staudenauswahl: Sonnig-warm (links) oder absonnig-kühl?

Der offene Gehölzrand bietet die beste Voraussetzung, um einen Staudensaum zu etablieren. Das bedeutet, hochstämmige Bäume und kahlfüßige Sträucher zu verwenden, die der Vor- und Unterpflanzung Raum lassen.

Waldstauden können außerhalb des Gehölzdaches bis an den absonnig-kühlen Gehölzrand im Norden und Osten gepflanzt werden, jedoch nicht am sonnig-warmen Gehölzrand nach Süden und Westen. Hier herrschen die Wuchsbedingungen der „sonnig-trockenen Freifläche", für die ein überwiegend anderes Staudensortiment standortgeeigneter ist.

Praxistipp

Jahrhundertstauden am Gehölzrand

Besonders erfreulich, weil jenseits aller Misserfolge, sind langlebige Stauden, die noch niemand hat eingehen sehen. Hier folgen einige Beispiele für Stauden, die sich sowohl am sonnigen als auch absonnigen Gehölzrand durchsetzen und dauerhaft etablieren können. Sie eignen sich besonders für die pflegearme Wildnisgärtnerei, für die sich Gehölzränder anbieten. Nur in der Anfangszeit ist es nötig, die aus der Umgebung herandrängenden Nachbarn fernzuhalten und in Trockenzeiten bedarfsweise zu wässern. Diese attraktiven Überlebenskünstler wachsen hüft- bis brusthoch und lassen sich auch von Giersch nicht verdrängen, mit dessen weißen Blütendolden sie ästhetisch reizvolle Nachbarschaften eingehen.

Die Zackenblatt-Rodgersie *Rodgersia podophylla* verfügt über ein dekoratives Blatt (absonnig, auch rotblättrige Sorten).

- Herbst-Anemone *Anemone × hupehensis* 'Honorine Jobert': Eine der durchsetzungsfähigsten Anemonen. Blüten reinweiß, einfach (ungefüllt)
- Johanniswedel (Waldgeißbart) *Aruncus dioicus*: Im Frühsommer erscheinen die weißen Blüten-„Wedel" über gefiedertem Laub. Standfest bis in den Winter
- Großblättrige Wucherblume *Tanacetum macrophyllum* (*Chrysanthemum macrophyllum*): Weiße Blütenschirme im Sommer über feingliedrigem, aromatischem Blattwerk
- Armenischer Storchschnabel *Geranium psilostemon* und Sorten wie 'Sumela', 'Patricia': Leuchtend helle, magentafarbige (pink) Blüten mit dunklem Auge
- Taglilie *Hemerocallis fulva*: Diese Taglilie wird in Europa seit 1561 kultiviert. Sie ist sehr durchsetzungsfähig und bildet gegen die Pflanzung am Gehölzrand vordringende Rasengräser ein dichtes Bollwerk. In hundertjährigen Gärten und Vorgärten ist sie immer noch weit verbreitet.
- Telekie *Telekia speciosa*: Auffällig große, gelbe Korbblüten im Sommer, die von Faltern, Bienen und Hummeln beflogen werden. Große, herzförmige Blätter

Großblättrige Straußmargerite *Tanacetum macrophyllum* und Telekie *Telekia speciosa* sind Hochstauden aus dem Kaukasus, die gut zueinander passen (absonnig und sonnig bei frischem Boden). Die weiß blühende Herbst-Anemone 'Honorine Jobert' und das Plattährengras *Chasmanthium latifolium* sind weitere langlebige Kandidaten für den absonnigen Gehölzrand, um deren Bestand man sich kaum mühen muss.

Der Johanniswedel oder Waldgeißbart *Aruncus dioicus* kann auf frischen Böden auch sonnig verwendet werden. Mittlerweile gibt es einige Sorten, die sich in Blütenfarbe und Gestalt unterscheiden.

16.4 Mehr schöne Schattenstauden

Schön, wenn weiß blühende Stauden den Schatten aufhellen. Hinzu kommen weißrandige Blätter, etwa bei der Funkie *Hosta* 'Francee', oder solche mit weißer Fleckung (Sorten von Lungenkraut *Pulmonaria* und Kaukasus-Vergissmeinnicht , *Brunnera* u. a.). Weiß ist auch in der Dämmerung noch gut wahrnehmbar. Daneben sind die ebenfalls in Wäldern häufigen Gelbtöne gute Aufheller, nicht nur in den Blüten, sondern auch in gelben oder gelbgrünen Blättern (Funkie *Hosta* 'Fortunei Aurea', Purpurglöckchen *Heuchera* 'Citronelle' u. a.). Die Blattfarben haben den Vorzug, weit länger als Blüten präsent zu sein.

Die Herbstanemone *Anemone × hybrida* gedeiht am sonnigen und absonnigen Gehölzrand. Es gibt verschiedene Farbsorten.

Die Lenzrose *Helleborus orientalis* gehört zu den ersten Frühlingsboten. Meist sind Farbmischungen zu sehen , denn ausgewählte Liebhaber-Sorten sind vergleichsweise teuer. Bei zusagenden Standortbedingungen breiten sich die Bestände durch Selbstsaat aus.

Praxistipp

Gerüstbildner in Hauptrollen

Je kleiner die Pflanzen bleiben, desto größere Stückzahlen sind nötig, um ihnen ausreichend Geltung zu verschaffen. Hochwüchsige und standfeste Stauden setzen wichtige, Fläche und Raum gliedernde Akzente. In spannungsvoll ungleichen Abständen gepflanzt, geben diese Gerüststauden der Pflanzung Struktur und Rhythmus. Von besonderer Prägnanz sind die vertikal aufragenden Wuchs- oder Blütenstandsformen (in der Tabelle mit ↑ gekennzeichnet). Alle hier genannten Arten wirken bis in den Winter hinein.

Das Diamantgras *Calamagrostis brachytricha* ist ein guter Gerüstbildner in Sonne und Schatten.

Ausgewählte attraktive, langlebige Gerüststauden

↑: Vertikal aufragende Wuchs- oder Blütenstandsformen (Gerüstbildner) ○: weiß blühende Art/Sorten oder weiß gefleckte/gerandete Blätter (Schattenaufheller)	
Aruncus dioicus in Sorten, z. B. 'Glasnevin'	○ Johanniswedel (weiße Blütenstände)
Astilbe thunbergii 'Prof. van der Wielen'	○ Astilbe (weiße, überhängende Blütenstände)
Astilboides tabularis	○ Tafelblatt (große, schirmförmige Blätter)
Calamagrostis brachytricha	↑ Diamantgras
Calamagrostis varia	↑ Berg-Reitgras
Carex pendula	Hänge-Segge (bogig ausschwingend)
Chasmanthium latifolium	↑ Plattährengras (dekoratibe Fruchtstände)
Cimicifuga racemosa var. *cordifolia* (*C. rubifolia*)	↑○ Lanzen-Silberkerze
Cimicifuga simplex 'Brunette' (Blätter schwarzrot)	↑○ September-Silberkerze
Deschampsia cespitosa 'Tauträger', 'Bronzeschleier'	↑ Rasen-Schmiele (hohe Sorten)
Dryopteris filix-mas	Wurmfarn (dekorative Wedel)
Gillenia trifoliata	○ Dreiblattspiere (dekoratives Blatt)
Hakonechloe macra	Japan-Waldgras (dicht überneigende Blätter)
Helleborus argutifolius	Korsische Nieswurz (dekorative Blätter)
H. foetidus	Palmblatt-Nieswurz (dekorative Blätter)
Hosta 'Guacamole', 'Sum and Substance' u. a.	○ Funkie (auffallend große Blätter)
Rodgersia podophylla 'Pagode'	○ Zackenblatt-Rodgersie (dekorative Blätter)

Für die ganzjährige Raumgliederung können einige Klein- und Mittelsträucher verwendet werden, etwa Hortensien *Hydrangea quercifolia, H. arborescens*, Seidelbast *Daphne mezereum* (giftig!), März-Kirsche *Prunus incisa* 'Kojo-no-mai' und die winterblühende Mahonie *Mahonia* × *media* 'Winter Sun'. Die Virginische Zaubernuss *Hamamelis virginiana* wächst schräg aufrecht bis zu 5 m hoch, blüht im Oktober und kommt im Schatten besser zurecht als ihre Verwandten.

Die Beschränkung auf wenige Pflanzen in nur ein oder zwei Arten sorgt dafür, dass Orientierung und Blickfreiheit erhalten bleiben. Große Bedeutung können geschnittene, noch gut überschaubare Gehölzhecken haben, ob in geraden, versetzten Abschnitten oder bogig geschwungen. Sie bringen Ordnung in jede wilde, vielleicht auch mit den Jahren vernachlässigte Pflanzung. Eibenhecken sind immergrün und tolerieren auch tiefen Schatten. Wo das dunkle Grün nicht passt, ist die Sorte 'Renkes Kleiner Grüner' mit helleren, glänzenden Nadeln eine Alternative.

Gruppenstauden sind deutlich niedriger als die Gerüstbildner. In Einzelstücken sind sie nicht wirkungsvoll genug. Einige sind allein nicht standfest und bedürfen der stützenden Nachbarschaft.

Ausgewählte Gruppenstauden

○: weiß blühende Art/Sorten oder weiß gefleckte/gerandete Blätter (Schattenaufheller)	
Anemone × *hybrida* 'Ouvertüre' u. a. Sorten	○ Herbst-Anemone
Aquilegia vulgaris	○ Akelei (Selbstsaat)
Astilbe × *arendsii* in vielen Sorten, auch rotlaubige	○ Astilbe
Astrantia major 'Elmblut' (rot) u. a. Sorten	○ Sterndolde
Athyrium niponicum 'Metallicum'	○ Brokatfarn (zinkgraue Wedel)
Bergenia 'Winterglut' (Blätter im Winter rot) u. a. Sorten	○ Bergenie
Brunnera macrophylla 'Jack Frost' (Blätter silbrig und grün)	○ Kaukasus-Vergissmeinnicht
Campanula latifolia var. *macrantha* 'Alba'	○ Breitblättrige Glockenblume
C. trachelium 'Alba'	○ Nesselblättrige Glockenblume
Carex oshimensis 'J. S. Greenwell' u. a.	Honshu-Segge (auch gelbstreifige Sorten)
Deschampsia cespitosa 'Goldschleier'	Rasen-Schmiele (feingliedrige Blütenstände)
Euphorbia amygdaloides 'Purpurea' (rote Blätter)	Mandelblättrige Wolfsmilch
Helleborus foetidus	Palmblatt-Nieswurz (dekorative Blätter)
Heuchera villosa	○ Purpurglöckchen
Hosta 'Devon Green' (sehr dunkles Grün)	Funkie
Hosta 'Francee', 'Patriot' u. a.	○ Weißrand-Funkien
Hosta 'Fortunei Aurea' u. a.	Gold-Funkie (Blätter gelb)

○: weiß blühende Art/Sorten oder weiß gefleckte/gerandete Blätter (Schattenaufheller)	
Lamium orvala	Nesselkönig (große Lippenblüten)
Lathyrus aureus	Gelbe Platterbse (mit Ausbreitungsdrang)
Lathyrus vernus	Frühlings-Platterbse (ab Sommer unsichtbar)
Polystichum aculeatum	Lanzen-Schildfarn (ganzjährig dunkelgrüne Wedel)
Tellima grandiflora	Falsche Alraunwurzel (Blüten hell gelbgrün)

Um die Bodenfläche zu schließen, werden niedrige Teppichstauden in Dichtpflanzung oder bodendeckende Gehölze mit ober- oder unterirdischen Ausläufern gebraucht. Immergrüne oder bis in den Winter grüne Bodendecker trösten durch schneelose Winter und sollten deshalb nicht zu knapp gepflanzt und vor allem für größere Flächen verwendet werden.

Beispiele für Bodendecker

○: weiß blühende Art/Sorten oder weiß gefleckte/gerandete Blätter (Schattenaufheller) ig.: Immergrüne oder bis in den Winter grüne Bodendecker	
Asarum europaeum (ig.)	Haselwurz
Aster divaricatus	○ Wald-Aster
Carex morrowii subsp. *foliosissima* 'Irish Green' (ig.)	Japan-Segge
Euphorbia amygdaloides var. *robbiae* (*E. robbiae*) (ig.)	Balkan-Wolfsmilch
Epimedium × *cantabrigiense*, *E. pinnatum* 'Black Sea' (im Winter schwarzviolett), *E.* × *rubrum* 'Galadriel' (alle ig.)	Elfenblumen
Geranium macrorrhizum in Sorten (fast ig.)	○ Balkan-Storchschnabel
Geranium nodosum 'Silverwood' u. a. Sorten	Knotiger Storchschnabel
Helleborus orientalis in vielen Farben	Lenzrose
Heuchera micrantha 'Palace Purple' (Blätter ganzjährig rot)	Purpurglöckchen
Hypericum calycinum (ig.)	Teppich-Johanniskraut
Liriope muscari (ig.)	○ Lilientraube
Luzula nivea	○ Schnee-Marbel
L. sylvatica 'Tatra', 'Tauernpass' u. a. Sorten (ig.)	Wald-Marbel
Omphalodes verna	○ Frühlings-Gedenkemein
Pachyphragma macrophylla	○ Scheinschaumkraut
Pachysandra terminalis (ig.)	○ Ysander
Pulmonaria saccharata 'Opal' u. a. (mit silbrig gefleckten Blättern, ig.)	○ Lungenkraut
Sesleria autumnalis (im Schatten ig. Teppiche)	Herbst-Kopfgras
Symphytum grandiflorum (fast ig.)	Beinwell
Tiarella cordifolia 'Moorgrün' (ig.)	○ Schaumkerze

o: weiß blühende Art/Sorten oder weiß gefleckte/gerandete Blätter (Schattenaufheller) ig.: Immergrüne oder bis in den Winter grüne Bodendecker	
Vinca minor 'Marie', 'Anna' (blau), 'Alba', 'Elisa' (weiß) (ig.)	o Immergrün
Viola odorata 'Königin Charlotte' u. a. Sorten (ig.)	o Duft-Veilchen
Waldsteinia geoides (ohne Ausläufer, fast ig. Tepppiche durch Dichtpflanzung)	Waldsteinie
Waldsteinia ternata (dichte ig. Teppiche, wenig blühend)	Waldsteinie

Praxistipp

Frühjahrsgeophyten

Frühjahrsgeophyten sind als Farbenspender noch vor dem Wiederaustrieb der zurückgeschnittenen Stauden unverzichtbar. „Geophyten" sind Stauden, die den Großteil des Jahres mit Speicherorganen im Boden ausharren und für uns unsichtbar bleiben. Diese Überlebensstrategie hat sich an ihren Heimatstandorten bewährt, um lange Trocken- oder Schattenperioden zu überdauern. Speicherorgane sind schalige Zwiebeln (Schneeglöckchen u. a.), feste Knollen (Wild-Alpenveilchen, Krokus u. a.) oder knollig verdickte Wurzeln (Winterling *Eranthis*, Stern-Anemone *Anemone blanda* u. a.). Die hier genannten kleineren Arten haben wenig Chancen, sich durch dicke, immergrüne Efeuteppiche oder die deutlich höhere Balkan-Wolfsmilch hindurchzuarbeiten. Besser geeignet sind die „verträglichen" unter den immergrünen Bodendeckern, wie Duft-Veilchen *Viola odorata* oder Immergrün *Vinca minor*, oder die später treibende Wald-Aster *Aster divaricatus*.

Beispiele für Frühjahrsgeophyten

Anemone blanda 'White Splendour'	Frühlings-Anemone
A. nemorosa	Busch-Windröschen
A. ranunculoides (auf Kalkböden)	Gelbes Windröschen
Chionodoxa forbesii	Schneestolz
Corydalis cava	Hohler Lerchensporn
Cyclamen coum (blüht im Nachwinter)	Wild-Alpenveilchen
C. hederifolium (Herbstblüher)	Wild-Alpenveilchen
Eranthis hyemalis	Winterling
Galanthus nivalis in vielen Sorten	Schneeglöckchen
Hyacinthoides hispanica	Spanisches Hasenglöckchen
Scilla bifolia, S siberica	Blaustern

Die im Vergleich zu anderen Tulpen besonders früh blühende und früh grünende Fosteriana-Tulpe *Tulipa fosteriana* lässt sich im Waldstaudengarten gut verwenden, weil sie das vor dem Austrieb der Bäume noch reichlich vorhandene Licht nutzen kann. Bewährt haben sich unter anderem 'Purissima' (weiß) und 'Orange Emperor'.

Winterlinge *Eranthis hiemalis* sind bekannt und beliebt, stehen sie doch zusammen mit Schneeglöckchen für den nahenden Frühling.

16.5 Linien und Flächen

Gerade in schattigen, insbesondere bodenfrischen Bereichen brillieren Stauden mit großen, oft dekorativ geschnittenen Blättern – ganz im Gegensatz zu sonnig-trockenen Offenflächen, wo bis zur Linie verkleinerte Blätter überwiegen, um Wasser zu sparen. Es liegt nahe, den Waldstaudengarten gezielt mit solchen Blattschmuckstauden zu gestalten. Über die kurzlebigen Blütenfarben hinaus wirken die Blattformen über viele Wochen, bei Immergrünen das ganze Jahr. Wer die Aufmerksamkeit auf das Blattwerk lenken möchte, verzichtet auf dominante Blütenfarben (gelb, rot, orange, ...), denn Farbe bricht Form.

Der wirkungsvolle Flächen-Linien-Kontrast zwischen großflächigen und linearen Blättern, von KARL FOERSTER liebevoll als „Harfe und Pauke" bezeichnet, kann im Gehölzschatten gut verwirklicht werden. In der Sonne fehlen die Großblattstauden.

So wie fast überall, gibt es auch im Schatten die grafisch-linearen Strukturen der Gräser. Aber nur dort, wo es die großflächigen Blätter gibt (im Wasser, am Ufer und im Schatten) können wir sie mit Gräsern vereinen. Ergebnis ist der anziehende und die Eigenwirkung der Beteiligten steigernde „Linien-Flächen-Kontrast", den schon der Gartenpoet und Staudenzüchter KARL FOERSTER (1874–1970) malerisch als Zusammenspiel von „Harfe und Pauke" würdigte.

16.6 Erfolgsmodell Mischpflanzung

Stauden-Mischpflanzungen sind vorab zusammengestellte Pflanzarrangements, die auch Garteninteressierten ohne umfassende Vorbildung erfolgreiche Staudenpflanzungen an verschiedenen, selbst schwierigen Wuchsorten ermöglichen. Auch wenn sie gemischt, also vermeintlich zufällig eingebracht werden, sind sie doch Ergebnis sorgfältiger Vorplanung und mehrjähriger Erprobung durch Fachleute (www.staudenmischungen.de). Ausgewählt werden standortgerechte Arten und Sorten, ihr Farbspektrum, Wuchscharaktere und Mengenanteile in der Gesamtzahl. Bezugsgröße sind gewöhnlich 10 m², weil die geplante Artenvielfalt auf einer kleineren Einzelfläche nicht untergebracht werden kann. Die Pflanzungen sind so konzipiert, dass sie auch im Winter viel Grün und auffällige Strukturen bieten.

Nach dem Rückschnitt Anfang März kommen die zahlreich geplanten Frühjahrsgeophyten zum Zuge. In der Pflanzung sind Gerüstbildner, Gruppenstauden und Bodendecker vertreten. Kurzlebige, sich aber gern versamende „Füller" schließen Lücken (z. B. Akelei). Je nach Standortbedingungen wird sich die Pflanzung anders entwickeln. Nie geht es darum, jede Pflanze zu erhalten. Wichtiger ist, dass die Pflanzung insgesamt überlebt. Der Pflegeaufwand ist gering. Aber die Pflanzung muss beobachtet und beurteilt werden, um die ab und an erforderlichen Korrekturen vornehmen zu können. Dazu sind Pflanzenkenntnisse sehr nützlich.

Die durch den Bund deutscher Staudengärtner (BdS) auf den Markt gebrachten und sowohl in öffentlichen als auch privaten Gärten vielfach bewährten Mischpflanzungen firmieren gewöhnlich unter einem Motto, das wesentliche Eigenschaften verdeutlicht. So ist „Schattengeflüster" – ganz im Gegensatz zu „Schattenzauber" – farblich zurückhaltend. Auch sind eher grazile, überneigende Wuchsformen mit nickenden Blüten typisch (wie Weißwurz *Polygonatum*, „Maiglöckchen unterm Dach" oder Salomonssiegel). „Schattenglanz", ebenfalls eine Schattenmischung, wartet mit überwiegend immergrünen, glänzenden Blättern in vielfältigen Formen und benachbarten Gräsern auf. Ein Rückschnitt ist hier kaum noch erforderlich.

Die beabsichtigte Zufallsverteilung der Pflanzen gelingt, indem diese auf die Fläche geworfen oder vorgemischt geliefert werden, um direkt aus der Kiste pflanzen zu können. Das ist für Jungpflanzen im Topf kein Problem. Lediglich die Gerüstbildner müssen in der Pflanzfläche sorgfältig verortet werden, damit sie nicht zu nah an die Beetkante geraten und die besten, spannungsvollsten Abstände bekommen. Nicht nur räumliche Akzente setzend, werden sie zugleich die gesamte Pflanzung ausbalancieren, insbesondere ihre Ecken einbeziehen. Mischpflanzungen können bei Staudenbetrieben geordert werden, die Mitglied des BdS sind.

16.7 Baumscheiben mit Potenzial

Immer noch bleiben Gehölzstandorte übrig, die am Boden zu trocken sind, um eine große Staudenvielfalt zuzulassen. Bäume verbrauchen Wasser und halten zugleich Niederschläge in den Laubkronen fest, von denen sie verdunsten, ohne den Boden zu erreichen (Interzeption). Hier dominieren gewöhnlich wenige stresstolerante Stauden und Gehölze in artgleichen Beständen, etwa Goldnessel *Lamiastrum galeobdolon* oder Efeu *Hedera*. Zu diesen Problemstandorten gehören häufig auch Baumscheiben in städtischen Bereichen. Die Stauden wachsen besser, wenn etwa 10 cm Boden aufgetragen werden können. Mehr hilft mehr, wenn die Baumwurzeln das tolerieren. Buchen und Magnolien sind empfindlich, während die Stämme von Weichhölzern wie Linden und Rosskastanien auch deutlich mehr als 10 cm angedeckt werden können. . Standortbedingt ist das Wachstum meist nicht üppig, so dass die Pflege nicht aufwändig ist. In längeren Trockenperioden sollte gewässert werden.

Wintergrün, robust und trockenfest ist diese Elfenblume *Epimedium pinnatum* subsp. *colchicum* ein verlässlicher Bodendecker für schwierige Standorte unter Gehölzen und auf Baumscheiben.

Augewählte Stauden für trockene Plätze im Schatten

Bergenia in vielen Sorten	Bergenien
Carex oshimensis	Honshu-Segge
Dryopteris filix-mas	Wurmfarn
Epimedium in Arten und Sorten	Elfenblume
Helleborus foetidus. H. orientalis	Palmblatt-Nieswurz, Lenzrose
Heuchera villosa	Purpurglöckchen
Liriope muscari 'Ingwersen'	Lilientraube
Polygonatum 'Weihenstephan'	Weißwurz, Salomonssiegel
Polystichum aculeatum	Schildfarn
Sesleria autumnalis	Herbst-Kopfgras
Vinca minor	Immergrün (kriechendes Gehölz, wird aber in Staudengärtnereien gehandelt)
Waldsteinia geoides, W. ternata	Waldsteinie

Oft schattig und trocken, sind Baumscheiben nicht einfach zu begrünen. Hier der Orkney-Storchschnabel *Geranium* 'Orkney Sherry', aufgelockert durch einige Gräserhorste.

Praxistipp

Haselhain

Wer seine Liebe zu Funkien entdeckt hat oder der Mystik des Schattens erlegen ist, möchte einen Waldstaudengarten haben. Leider sind im eigenen Garten meist weder ein Wald oder Wäldchen noch Platz dafür vorhanden. Aber ein Haselhain (engl. Nuttery) kann auch in kleineren Gärten unterkommen. Haselsträucher *Corylus avellana* wachsen rasch, dabei straff nach oben und lassen den Bodenbereich bei einem Pflanzabstand von 2 m bis 4 m für noch gut sichtbare Pflanzungen offen. Die erst ganz oben – das sind am Ende etwa 5 m – schirmförmig zusammenschließenden Äste sorgen für den gewünschten Schatten. Die frühen Blütenkätzchen verkünden den Vorfrühling. Das Blatt ist schön, meist gesund und im Herbst buttergelb – beginnend mit einzelnen Blättern, die ein gelbes Muster in das noch grüne Gehölz sticken. Steigerungen des Themas sind möglich, zum Beispiel durch die Pflanzung von Fruchtsorten ('Hallesche Riesen') oder der Bluthasel *Corylus maxima* 'Purpurea'. Insbesondere im Austrieb ein Farbknaller, wirkt das Sommerlaub eher düster. Am Boden ergänzt durch rot blühende und rotblättrige Stauden (Purpurglöckchen *Heuchera*-Sorten), entsteht ein Pflanzbild, das entweder als pessimistisch oder angenehm mystisch wahrgenommen werden kann. Das gegensätzlich und siegreich Aufhellende dürfte die meisten Liebhaber finden. Die frischen Farben hellgrüner Blätter und der gelben, weißen, hellblauen oder rosa Blüten zahlreicher Frühjahrsblüher unterstreichen die aufstrebende Leichtigkeit der ergrünenden Haselsträucher.

Hier das Landschaftsvorbild für einen kahlfüßig aufstrebenden Haselhain, der Platz für Schattenstauden und ihre Betrachter bietet, ohne die Höhe von Bäumen zu erreichen. Das ist auch eine Alternative für kleine Gärten. Dafür reichen 50 qm und sieben Haselsträucher.

Erschlossener, aber noch unbepflanzter Haselhain. Die Holzdecks sind Weg und interessantes, zugleich strukturierendes Gestaltungsmittel. Für besondere Gestaltungsvorhaben können auch Blut-Haseln *Corylus maxima* 'Purpurea' passen (Urbane Künste Ruhr, D).

Bepflanzter Haselhain, im Vordergrund Lenzrosen *Helleborus orientalis*.

Pink schlägt Brücken zum Hasel-Rot (Schwarzwerdende Platterbse *Lathyrus niger*, Lenzrose *Helleborus orientalis* 'Pink Lady', ...). Im Winter sind möglichst zahlreiche Immergrüne unverzichtbare Gegenspieler für die winterkahlen Haselsträucher. Dazu gehören einige Farne, Palmblatt-Nieswurz *Helleborus foetidus* oder wintergrüne Elfenblumen *Epimedium*. Noch vor dem Austrieb der Haselsträucher unterstützen Schneeglöckchen *Galanthus* , Winterlinge *Eranthis* und die einen weißen Teppich zaubernde Frühlings-Anemone *Anemone blanda* 'White Splendour' – alle in großen Stückzahlen – den frühlingstypischen Optimismus.

16.8 Sonnig und trocken

Die Staudenverwendung kennt neben anderen den Lebensbereich Sonnig-trockene Freifläche (Fr1) ohne schattierende Großgehölze. Während Licht hier ausreichend verfügbar ist und intensive Sonneneinstrahlung die Verdunstung und Temperatur in die Höhe treibt, stellt sich das Wasser aus Niederschlägen und im Boden als begrenzender Wachstumsfaktor dar. Die standortgeeigneten Pflanzen sind auf Trockenphasen gut vorbereitet. Verkleinerte Blattflächen verdunsten weniger als große und schützen sich durch reflektierende Oberflächen. Häufig tragen haarfilzige Blätter zur grauen Physiognomie dieser von Stauden

Mischpflanzung auf trockener, vollsonniger Freifläche mit Lauch *Allium sphaerocephalon*, Edeldisteln *Eryngium*, Bergfenchel *Selinum montanum* u. a. (Hochschule Weihenstephan-Triesdorf, D)

dominierten Pflanzengesellschaften bei. Tiefreichende oder intensiv verzweigte Wurzelsysteme mit deutlich größerer Ausdehnung, als das oberirdisch sichtbare Pflanzenvolumen vermuten lässt, nutzen auch die letzten Wasserreserven, die von einigen dieser Xerophyten in Blättern oder Sprossachsen gespeichert werden können (Sukkulente). Während jede gepflückte Waldstaude nach Minuten zu welken beginnt, tun „Trockenblumen" das nicht. Ihr zellulosereiches Festigungsgewebe (Sklerenchym) hält sie auch ohne Wasser längere Zeit aufrecht (Silberdistel *Carlina acaulis*, schon im Sommer blattlose „Rutensträucher" wie Binsenginster *Spartium junceum*).

Für Einsteiger gibt es die Mischpflanzung „Silbersommer", die als pflanzfertiges Paket in Mitgliedsbetrieben des Bundes deutscher Staudengärtner zu haben ist. Weitere Pflanzpakete finden sich unter *www.staudenmischungen.de.*

16.8.1 Sonnenschirme

Dank ihrer morphologischen Anpassung tolerieren die Stauden der offenen, gehölzfreien Flächen Hitze und Trockenheit allgemein gut. Dennoch geraten einige angesichts steigender Temperaturen und nachlassender Sommerniederschläge zunehmend unter Druck. Nicht nur deshalb erscheint es sinnvoll, offen daliegende Staudenflächen mit einigen schirmkronigen Gehölzen angemessener Größe locker zu überstellen. Neben der erwünscht leichten Schattierung ergeben sich zusätzliche ästhetische und ökologische Potentiale. Diese Aufstockung bedeutet mehr Erlebnisqualität, aber auch mehr Lebensraumvielfalt für Insekten und Kleinvögel.

Die am besten mehrstämmigen Gehölzschirme erzeugen das „halb Offene" und damit mehr Raumtiefe im Pflanzbild. Der Blick durch die Stämme der locker verteilten Schirmgehölze eröffnet mit jedem Standortwechsel neue Perspektiven, ohne die Staudenpflanzung ganz zu verstellen. Zwischen Staudenpflanzung und dem aufgelockerten Kronendach darüber ergeben

Schirmkronige Großsträucher oder Kleinbäume können auch in Pflanzungen der sonnig-trockenen Freifläche Hitzeperioden durch lichte Schattierung mildern und eine ästhetische Bereicherung darstellen (Blumen-Hartriegel *Cornus florida* im Lehr-, Schau- und Sichtungsgarten Hermannshof Weinheim, D).

sich immer ästhetische Wechselbeziehungen, die es lohnt, gezielt auszugestalten.

Blattformen und -farben können aufgegriffen oder gegensätzlich herausgestellt werden. Rot herbstfärbende Gehölze können mit blauen Herbstastern oder silbergraublättrigen Stauden korrespondieren. Der Menge an Schirmgehölzen sollte eine ausreichend große Zahl an Partnerstauden gegenhalten, ansonsten bleibt die Beziehung zwischen „oben" und „unten" unklar oder unbeachtet. Schwere Steine oder Pflanzen mit kugelig-kompaktem Habitus am Boden (wie Färberhülse *Baptisia* oder die formgeschnittene Heiligenblume *Santolina*) unterstreichen das Leichtgewicht der lockeren Kronen oben.

Die Auswahl und Anordnung der Schirmgehölze ist nicht nur eine ästhetische, sondern auch eine Konkurrenz- und Standortfrage. Bessere Böden können fehlende Niederschläge teilweise ausgleichen, zudem verfügen die Stauden der trockenen Freifläche über gestaltliche Anpassungsmechanismen. Geringe Niederschlagsmengen werden weitgehend in der Staudenschicht verbraucht und erreichen die Gehölzwurzeln nicht, die sich Wasser in größerer Tiefe suchen müssen. Umgekehrt leiden die Stauden im Bereich der Kronenschirme darunter, dass ein Teil der Niederschläge dort hängen bleibt und wieder verdunstet. Im Gegenzug reduziert auch ein leichter Gehölzschatten den Wasserbedarf der Stauden selbst. Diese Faktoren spielen komplex ineinander und sind eine gärtnerische Herausforderung, die der Balance bedarf!

16.8.2 Auswahlkriterien der Schirmgehölze

Breit wachsende, bis zum Boden aufschließende Gehölze bedrängen die Stauden ringsum, die sie schließlich überrollen. Das gilt auch für Strauchrosen, die so gut zu Stauden passen können. Wer diese Rosen nicht ständig mit der Schere bearbeiten möchte, steigt auf niedrige, bewährte Kleinstrauchrosen um, die in Gesundheit, Farbenvielfalt, Blütenform und -duft ihren großen Schwestern nicht nachstehen. Besonders hitzefeste und bienenfreundliche Sorten werden von Rosen-Baumschulen empfohlen (→ S. 35).

Wie sollte das „ideale" Schirmgehölz aussehen? Eine dachförmige und aufgelockerte Krone ist für eine hinreichende Flächenüberdeckung wichtig. Transparente Kronen lassen mehr Licht und mehr Niederschläge durch – davon profitieren die Stauden darunter. Schmale (Baumoleander × *Chitalpa*) oder schmalgliedrige Fiederblätter (Seidenakazie *Albizia julibrissin*), am besten hell- oder blaugrün wirken leicht und das Leichte gehört fast immer nach oben. Es ergibt sich ein savannenähnliches Pflanzbild mit besonderem Reiz. Um den Stauden ausreichend Raum zu geben, sollten die Kronen geeigneter Großsträucher und Kleinbäume nicht unter Schirmhöhe (etwa 2,5 m) ansetzen. Zudem wirkt ein höherer Stamm immer leichter als ein kurzer. Die Verwendung malerisch mehrstämmiger Gehölze – in der Baumschule als „mehrstämmige Solitäre" bezeichnet – trägt wesentlich zu einem lebendigen Pflanzbild bei. Große, dunkle, dichte Blätter in der oberen Etage machen die Pflanzung kopflastig und schattieren zu stark.

Die meisten der folgenden Beispielgehölze wachsen von Natur aus aufwärts und kahlfüßig, bevor sie eine Schirmkrone ausbilden. Bei Bedarf werden die unteren Äste schrittweise entfernt, um die nötige Bodenfreiheit zu bekommen und das Wachstum nach oben zu fördern. Durch einen Rückschnitt auf tiefer und seitwärts abgehende Zweige (Zugäste, Auslagen), lassen sich im Einzelfall zu groß wachsende Gehölze niedriger halten und zur Schirmform erziehen (→ S. 35).

Ausgewählte Schirmgehölze

- Feuer-Ahorn *Acer ginnala*, 5 m; kleine dreilappige und hellgrüne Blätter färben sich im September leuchtend rot
- Zimt-Ahorn *Acer griseum*, 5 m; auffällig zimtbraune Borke, orangerote Herbstfärbung
- Aralie *Aralia elata*, 4 m; vom fiederblättigen Schirm bleiben im Winter nur kahle Stangen übrig
- *Seidenakazie Albizia julibrissin*, 5 m; sehr feingliedrige Fiederblätter, auffällige Blüten-„Pinsel", frostharte Sorte: 'Ernest Wilson'
- Kupfer-Felsenbirne *Amelanchier lamarcki*, 5 m; weiße Blüten im Frühjahr, kontrastreich zu rötlich austreibenden Blättern, orangerote Herbstfärbung
- Kanadischer Judasbaum *Cercis canadensis* 'Forest Pansy', riger Schirmbaum bis 6 m; Blüten pink vor dem Blattaustrieb
- Baumoleander × *Chitalpa*, 5 m; schmalblättrig, auffällig große und zahlreiche rosaweiße Blüten
- Orientalischer Weißdorn *Crataegus laciniata*, 5 m; sehr anspruchslos, schöner Kontrast zwischen graufilzigen Blättern und orangeroten Früchten
- Sieben-Söhne-des-Himmels-Strauch *Heptacodium mikonioides*; 5 m; weiße Blüte erst im Oktober, Bienenmagnet
- Garten-Magnolie *Magnolia* × *soulangeana*, 5 m; Blütengehölz in vielen Sorten
- Blasenbaum *Koelreuteria paniculata*, 8 m; schöne Fiederblätter, gelbe Blütenstände im Sommer
- Higan-Kirsche *Prunus* × *subhirtella* 'Fukubana', 5 m; eine besonders schöne von vielen Zierkirschen
- Kleeulme *Ptelea trifoliata*, 5 m; hellgrüne und dreizählige Blätter, Blüten hellgrün, Herbstfärbung gelb
- Frühlings-Tamariske *Tamarix parviflora*, 4 m; winzige Schuppenblätter, leicht überneigende Triebe sind im Mai dicht mit rosa Blüten besetzt

Für Ungeduldige halten Baumschulen ein großes Sortiment mehrstämmiger, in Schirmform gezogener Gehölze bereit. Wer möchte, kann die Tanyosho-Kiefer *Pinus densiflora* 'Umbraculifera' mit hellgrüner Schirmkrone (3 m) verwenden oder die blaugrauen, dichtnadeligen Formen 'Glauca' oder 'Watereri' der heimischen Wald-Kiefer *Pinus sylvestris* in Schirmform schneiden. Das gilt auch für die Atlas-Zeder *Cedrus atlantica*, die mit Sommertrockenheit und Stadtklima sehr gut zurechtkommt (die Sorte 'Glauca' ist blaugrün). Immergrüne Nadelgehölze halten einen großen Teil der Niederschläge in der Krone fest, die den Stauden darunter fehlen. Deshalb ist es oft sinnvoll, in Verbindung mit dem regelmäßig vorzunehmenden Schirmschnitt auch die Zweige in der Krone auszulichten.

16.8.3 Anordnung der Schirmgehölze

Die locker und Abstand haltend gepflanzten Gehölze werden nur dann als zusammengehörig wahrgenommen, wenn sie einer Art angehören. Gemischt geht der Überblick verloren und die ästhetische Eigenart der einzelnen Gehölze im Gedränge unter. Verschiedene Gehölze sind aber gut erfassbar, wenn sie jeweils „unter sich" bleiben und mit Einzelpflanzen Brücken zu den benachbarten Artengruppen schlagen. Solche Kompositionen können mit den passenden Nachbarn gut gelingen, brauchen aber viel Platz. Stets ist es wichtig, die Ränder der Pflanzung mit „einzuspannen", indem einzelne der Gehölze bis dorthin reichen. Zu dicht gepflanzte, zu stark schattierende Schirmbäume würden nicht nur die Abkehr vom Lebensbereich „Sonnig-trockene Freifläche" mit ihrem charakteristischen und vielfältigen Arteninventar bedeuten. Es ginge auch der Reiz des „halb Offenen" verloren.

Die freie Gruppierung der Schirmgehölze ist voller Dynamik, stellt sich aber in der Praxis als anspruchsvoll dar. Hilfsmittel sind Stangen oder Stöcke, die die vorgesehenen Pflanzstellen markieren. So kann die Wirkung vorab kontrolliert werden. Die Schwierigkeit, ein aus allen gewünschten Blickrichtungen befriedigendes Pflanzbild zu erzeugen, wird beim Wechsel des Betrachterstandpunktes deutlich.

Einfacher ist es, die Gehölze auf frei, aber ausgewogen verteilte Schwerpunkte zu konzentrieren. Von dort aus streuen sie in die Fläche hinein und geben den Stauden ausreichend Wirkungsraum (Verlaufspflanzung). Das Pflanzbild profitiert vom Wechsel und Gegensatz zwischen „Fülle und Leere". Auf die Punkte dichter Gruppierung, an denen drei oder fünf Schirmgehölze enger beieinanderstehen, richtet sich der Blick zuerst. Damit ist für die wichtige Rangordnung gesorgt, die auch eine wilde Staudenpflanzung oder Blumenwiese diszipliniert.

Auf großen Flächen kann ein Raster abgesteckt werden, zum Beispiel 4 m × 4 m oder weiter. Nur ein Teil der Rasterpunkte wird bepflanzt. Es entsteht eine lockere Verteilung, das zugrunde liegende Raster ist so leicht nicht zu entdecken. Werden alle Rasterpunkte bepflanzt, gibt es noch mehr Disziplin und Ranghöhen Der naturnahe Charakter des Pflanzbildes geht jetzt verloren. Um so spannender stellt sich der Gegensatz zwischen der regelmäßigen Pflanzung der Schirmgehölze und der frei gegliederten Staudenpflanzung darunter dar.

16.8.4 Stauden als Trockenkünstler

Innerhalb der Staudenpflanzung ist es sinnvoll, in Planung und Pflanzung mit den Gerüstbildnern zu beginnen (→ S. 364). Ihre hochwüchsig, am besten straff aufragenden Gestalten setzen starke, orientierende Akzente. Diese Arten sind auch im Winter präsent und deshalb von besonderem Wert.

Das Brandkraut *Phlomis russeliana* macht sowohl blühend als auch im Winter eine gute Figur. Der Blattteppich ist auch im Winter grün. Sämlinge können lästig werden.

Diese „Fette Henne“ *Sedum* 'Matrona' wird wegen ihrer Rotfärbung gern verwendet und steht in schönem Gegensatz zur gelbgrünen Steppen-Wolfsmilch *Euphorbia seguieriana* (Pflanzplanung: PETRA PELZ).

Ausgewählte gerüstbildende Stauden

↑: Pflanzen mit hochwüchsiger, straff aufragender Gestalt (wichtige Gerüstbildner) *: auch im Winter präsent	
*Acanthus hungaricus**	↑ Akanthus
Allium 'Summer Drummer'*, 'Mount Everest', 'Forelock'	↑ Lauch
Andropogon gerardii * 'Präriesommer'	↑ Bartgras
Aster ericoides 'Schneetanne'	↑ Myrten-Aster
Calamagrostis × *acutiflora* 'Karl Foerster'*	↑ Garten-Reitgras
Cassia hebecarpa	Gewürzrinde
Echinops bannaticus 'Taplow Blue'*	Kugeldistel
Elsholtzia stauntonii (Halbstrauch)	Kammminze
Eryngium agavifolium	Edeldistel
Iris orientalis 'Frigia' u. a. Sorten	↑ Steppen-Iris
Miscanthus sinensis 'Gracillimus'*	↑ Feinhalm-Miscanthus (-Chinaschilf)
Panicum virgatum 'Northwind'*	↑ Rutenhirse
Perovskia atriplicifolia 'Filigran'* u. a. Sorten (Halbstrauch)	Blauraute
*Stipa gigantea**	↑ Federgras
Verbascum bombyciferum 'Polarsommer' (kurzlebig, Selbstsaat)	↑ Königskerze
*Vitex agnus-castus** (Halbstrauch)	Mönchspfeffer
Yucca filamentosa 'Elegantissima'*	↑ Palmlilie

Das Riesen-Federgras *Stipa gigantea* ist eine stattliche Erscheinung (ega-Park Erfurt, D).

Hier folgen einige Staudengräser mit bogig ausstrahlender Wuchsform, die ihre Wirkung bei Dichtpflanzung einbüßten, aber nicht genügend Wuchshöhe für eine die Fläche dominierende Einzelstellung mitbringen. Diese Bogengräser verlangen trotz wiederholter Verwendung Abstand, denn Bewegung braucht Raum.

Ausgewählte Bogengräser

*: auch im Winter präsent	
*Festuca marei**	Atlas-Schwingel
Helictotrichon sempervirens 'Saphirsprudel'	Blaustrahlhafer
Sesleria autumnalis	Herbst-Kopfgras
*Stipa calamagrostis (Achnatherum c.)**	Silberährengras
Stipa barbata (*S. pulcherrima* fo. *nudicostata*)	Reiher-Federgras

Bis etwa tischhohe Stauden stehen am besten in Gruppen, wenn nicht ein ausgeprägter Wuchscharakter größere Abstände verlangt (Gruppenstauden).

Ausgewählte Gruppenstauden

Anemone sylvestris	Windröschen
Artemisia ludoviciana 'Valerie Finnis' (silbergrau)	Silberraute
Aster dumosus 'Herbstgruß vom Bresserhof' u. a. Sorten	Kissen-Aster
Aster linosyris	Goldhaar-Aster
Aster sedifolius 'Nanus'	Aster
Buphthalmum salicifolium	Ochsenauge
Calamintha 'Triumphator' (Rückschnitt nach erster Blüte)	Bergminze
Carlina acaulis	Silberdistel
Caryopteris × clandonensis 'Kew Blue' (Kleinstrauch)	Bartblume
Echinacea pallida	Bleicher Sonnenhut
E. paradoxa	Gelber Sonnenhut
E. purpurea in Sorten	Purpur-Sonnenhut
Echinops spharocephalus 'Arctic Glow'	Kugeldistel
Eryngium planum 'Blaukappe'	Edeldistel
Euphorbia polychroma (*E. epithymoides*)	Gold-Wolfsmilch
E. seguieriana subsp. *niciciana*	Steppen-Wolfsmilch
Filipendula vulgaris	Mädesüß
Inula ensifolia	Alant
Lavandula angustifolia in vielen Sorten	Lavendel
Morina longifolia	Kardendistel
Nepeta × faassenii 'Walkers Low'	Katzenminze

Ononis spinosa	Dornige Hauhechel
Origanum 'Herrenhausen'	Dost
Hyssopus officinalis	Ysop
Papaver orientale in Sorten	Stauden-Mohn
Patrinia scabiosifolia	Goldbaldrian
Peucedanum cervaria	Hirschwurz
Salvia nemorosa in Sorten (Rückschnitt nach erster Blüte)	Steppen-Salbei
Sedum telephium 'Herbstfreude'	Sedum, „Fette Henne“
S. 'Matrona' (Blätter braunrot)	Sedum
Seseli montanum *Sphaeralcea ambigua, S. munroana*	Bergfenchel Wüstenmalve

Sowohl die dunkelweinrot blühende Purpur-Witwenblume *Knautia macedonica* als auch die zartgelbe Skabiose *Scabiosa ochroleuca* sind aufgrund ihrer aparten Farbigkeit und langen Blühdauer fast unentbehrlich. Wenngleich nicht langlebig, versamen sie sich doch reichlich. Feste Plätze sind ihnen nicht zuzuweisen und Sämlinge müssen dort entfernt werden, wo man sie nicht haben will. Das gilt auch für das Purpur-Leinkraut *Linaria purpurea*, das so schlank wächst, dass es kaum irgendwo stört.

Die durch Selbstsaat vagabundierenden Stauden geraten zwischen den standorttreuen in immer neue, meist angenehm überraschende Nachbarschaften. Gelegentlich stellen sich Einwanderer aus dem Umfeld ein, die gut in die Pflanzung passen (Rainfarn *Tanacetum vulgare*, Wilde Möhre *Daucus carota*, Anger-Storchschnabel *Geranium pyrenaicum*, ...).

Es folgen Beispiele für die durch Ausläufer Teppiche bildenden Bodendeckstauden, mit denen offene Flächen geschlossen werden können.

Ausgewählte Teppichstauden

Acaena argentea (graugrün)	Stachelnüsschen
A. buchananii (blaugrün)	Stachelnüsschen
A. inermis 'Purpurea' (rote Blätter)	Stachelnüsschen
Aster ageratifloius 'Adustus Nanus'	Aster
Campanula glomerata 'Acaulis'	Knäuel-Glockenblume
C. poscharskyana 'Templiner Teppich'	Teppich-Glockenblume
Cerastium tomentosum 'Silberteppich' (silbergrau)	Hornkraut
Dianthus knappii	Schwefel-Nelke
Euphorbia cyparissias 'Fens Ruby' (rote Blätter)	Zypressen-Wolfsmilch
Geranium cinereum in Sorten (Blätter graugrün)	Grauer Storchschnabel
G. *renardii* 'Terre Franche'	Kaukasus-Storchschnabel
G. sanguineum 'Max Frei' u. a. Sorten	Blut-Storchschnabel
Helianthemum, Sorten in vielen Farben	Sonnenröschen
Nepeta × fassenii 'Blauknirps'	Katzenminze

Oenothera macrocarpa (zwischen Steinen, Geröll)	Missouri-Nachtkerze
Phlomis russeliana	Brandkraut
Potentilla neumanniana	Frühlings-Fingerkraut
Sedum floriferum 'Weihenstephaner Gold'	Sedum
S. kamtschaticum	Sedum
S. spurium 'Purpurteppich' (rotlaubig)	Sedum
S. album 'Murale' (braunrot)	Sedum
Stachys byzantina 'Silver Carpet'	Woll-Ziest
Thymus pseudolanuginosus (graugrün)	Teppich-Thymian
T. serpyllum 'Magic Carpet'	Teppich-Thymian
Veronica liwanensis	Teppich-Ehrenpreis
V. surculosa (graufilzig)	Teppich-Ehrenpreis

Der nachwinterliche Rückschnitt hinterlässt eine überwiegend leere Fläche. Jetzt sollten möglichst schnell Frühjahrsgeophyten Farbe in das Pflanzbild bringen. Deshalb ist es sinnvoll, den Staudenrückschnitt so lange aufzuschieben, bis die Zwiebel- und Knollenstauden „spitzen“, also gerade aus dem Boden schauen.

Einmal am frühlingslichten Standort gepflanzt, nimmt der Schneestolz *Chionodoxa forbesii* immer größere Flächen ein. Dazu tragen auch Ameisen bei, die die Samen mit ihrem ölhaltigem Anhängsel breit tragen.

Die Wildtulpe *Tulipa bakeri* 'Lilac Wonder' ist nur ein apartes Beispiel aus dem großen Sortiment. Die meisten Tulpen sind Steppenstauden und damit perfekt für Trockengärten geeignet.

Die Sternanemone *Anemone blanda* kann überall verwendet werden, vor allem dort, wo später treibende Stauden stehen. Die Sorte 'White Splendour' blüht weiß.

Ausgewählte Frühjahrsgeophyten

Anemone blanda in Sorten (blau, rot oder weiß)	Frühjahrs-Anemone
Chionodoxa forbesii (blau-weiß)	Schneestolz
Crocus etruscus	Krokus
C. tommasinianus 'Ruby Giant'	Krokus
Narcissus poeticus 'Actaea'	Narzisse
N. pseudonarcissus 'Golden Harvest'	Narzisse
N. triandrus	Narzisse

Dass Wühlmäuse um Narzissen einen Bogen machen, ist eine erfreuliche und nützliche Erfahrung.

Wie langlebig Tulpen sind, wird wesentlich durch die Zugehörigkeit zu einer der verschiedenen Sortengruppen bestimmt. Übereinstimmend gute Erfahrungen gibt es mit lilienblütigen Tulpen, etwa den Sorten 'Ballerina' (orange/gelb), 'Spring Green' (weiß/grün) oder 'Westpoint' (gelb). Auch an den Darwin-Hybrid-Tulpen wird man lange Freude haben. 'Oxford' (tiefrot), 'Generaal De Wet' (orange), 'Dordogne' (orangegelb), 'Apeldoorn' (rot), 'Menton' (rosarot). Den Steppencharakter der Ausgangsarten verkörpern *Tulipa clusiana* (rot/weiß) und *T. kaufmanniana* ('Cynthia': gelb/rot, 'Ice Stick': weiß, schlank).

Kleinkronige, stadtklimataugliche Hausbäume für sonnigen Stand (Beispiele, grüne Füllung für Immergrüne)

*Säulenformen gern als „Baumtor" links und rechts des Hauszuganges, **Kugelformen ebenso am besten verwendet

Baum	**freie Form** Höhe/ Ø [m]	***Säule / Kegel** Höhe / Ø [m]	****Kugel** Höhe / Ø [m]	**Blütenschmuck**	**Blattschmuck**	**Frucht-schmuck**	**Herbst-färbung**	**Besonderheiten**
Säulen-Feld-Ahorn *Acer campestre* 'Green Pillar', 'Green Column'		10/4		gelbgrün			gelborange	bienenfreundlich
Kugel-Feld-Ahorn *Acer campestre* 'Nanum'			8/5	gelbgrün			gelb	bienenfreundlich, auf ausreichende Stamm-höhe achten
Zimt-Ahorn *Acer griseum*	6/5 mehr-stämmig am schönsten				dreizähliges Blatt		orangerot	bienenfreundlich, zimtbraune Borke sehr attraktiv
Seidenakazie *Albizia julibrissin*	6/5 Schirmkrone			Staubblätter lang gestielt, Stiele weiß und rosa; Blüte erinnert an Puderquaste oder weichen Pinsel	feingliedrig, doppelt gefiedert; rotbraun: 'Summer Chocolate'			wärmebedürftig, gut frosthart: 'Ernest Wilson'
Felsenbirne *Amelanchier arborea* 'Robin Hill'	10/5 Krone ei-förmig			weiß			gelb und orange	frosthart, stadtklima-fest, toleriert Hitze und Trockenheit
Hainbuche *Carpinus betulus* 'Fastigata Monument' ('Monumentalis')		5/2 sehr dicht, kompakt, langsam wachsend, eiförmig					gelb	passende Stammhöhe wählen

Baum	**freie Form** Höhe/ Ø [m]	***Säule / Kegel** Höhe / Ø [m]	****Kugel** Höhe / Ø [m]	**Blütenschmuck**	**Blattschmuck**	**Frucht-schmuck**	**Herbst-färbung**	**Besonderheiten**
Judasbaum *Cercis siliquastrum*	6/5 straff auf-recht, später gewölbt			magenta (purpurrosa)	große, runde Blätter	bis in den Winter ver-bleibende Hülsen in Büscheln		Blüten im Mai direkt aus dem alten Holz (Stammblütigkeit)
Baumoleander × *Chitalpa tashkentensis*	7/5 zunächst schmal, später aus-gebreitet			glockenförmige Blüten sehr attraktiv; dunkelrosa: 'Pink Dawn'				bienenfreundlich, wärmebedürftig
Rotdorn *Crataegus laevigata* 'Pauls Scarlet'	8/5 Äste bogig ausladend			karminrot, gefüllt, Fern-wirkung			gelb	„Jugendstilbaum“
Zweifarbiger Weiß-dorn *Crataegus mono-gyna* 'Bicolor'	8/5 Äste bogig ausladend			ungewöhnlich: weiß mit rosa Außenring, Fernwirkung rosa			gelb	bienenfreundlich
Säulen-Weißdorn *Crataegus monogyna* 'Stricta'		6/3		weiß		rot	gelb	bienenfreundlich
Orientalischer Weißdorn *Crataegus orientalis*	7/5			weiß	graufilzige, tief ein-geschnittene Blätter	orange, 1,5 cm dick	gelb	bienenfreundlich
Apfeldorn *Crataegus × lavallei* 'Carrieri'	7/5 kompakt eiförmig, später über-wölbend			weiß	satt dunkel-grün, lederig derb, glänzend	orange-rot, 1,5 cm dick, lange haftend	gelbbraun	bienenfreundlich; „überschießende“, aus dem kompakten Kronenumriss ragende Triebe ggf. entfernen

Baum	**freie Form** Höhe/ Ø [m]	***Säule / Kegel** Höhe / Ø [m]	****Kugel** Höhe / Ø [m]	**Blütenschmuck**	**Blattschmuck**	**Frucht-schmuck**	**Herbst-färbung**	**Besonderheiten**
Vielblütige Ölweide *Elaeagnus multiflora)*	5/4 leicht hängende Zweige				Blätter schmal, silbergrau			bienenfreundlich, als Hochstamm oder mehrstämmigen Solitär pflanzen; verlässlich frostharter Ölbaum-/ Olivenersatz
Säulen-Blumen-Esche *Fraxinus ornus* 'Obelisk'		8/4		weiß			gelblich	
Sieben-Söhne-des-Himmels-Strauch *Heptacodium miconioides*	4/3 kahlfüßig, oben breiter			weiß, erst im Spätsommer bis Herbst, duftend	auffällig lang, bogig herab-hängend			bienenfreundlich, als mehrstämmigen Solitär pflanzen
Stechpalme *Ilex* 'J. C. van Tol'		7/4			immergrün, glänzend, wenig bedornt	rot, zahl-reich, bei dieser Sorte ohne Fremd-be-stäubung		bienenfreundlich, frosthärter als die Art, keine andere Sorte als Pollenspender er-forderlich, gern auch im Halbschatten
Blasenbaum *Koelreuteria paniculata*	8/5 schirm-förmige Krone			gelb, über der Krone „schwe-bend“		ballon-förmig aufge-triebene Kapseln bis in den Winter	gelb-oran-ge-braun	bienenfreundlich, at-traktiver Frühsommer-blüher
Kobus-Magnolie *Magnolia kobus*	8/5 kompakt eiförmige Krone			weiß, spätfros-tempfindlich			gelblich	im Gegensatz zu ande-ren Magnolien trocken-fest und kalktolerant
Dreilappiger Apfel *Malus trilobata*		6/4		weiß	ahornähn-lich gelappte Blätter	gelbgrün	rot	bienenfreundlich

Baum	**freie Form** Höhe/ Ø [m]	***Säule / Kegel** Höhe / Ø [m]	****Kugel** Höhe / Ø [m]	**Blütenschmuck**	**Blattschmuck**	**Frucht-schmuck**	**Herbst-färbung**	**Besonderheiten**
Zierapfel *Malus* 'Evereste'	6/4			weiß/rosa		orangerot, sehr zahlreich		bienenfreundlich, viele weitere Zier-apfel-Sorten, Obst-sorten („Re"-Äpfel sind schorfresistent)
Säulen-Eisenholz-baum *Parrotia persica* 'Vanessa'		8/5 deutlich schmaler als die Art					gelb-rot-purpur, ab September	
Banks-Kiefer *Pinus banksiana*	8/6				immergrün	zahlreiche, am Baum verblei-bende Zapfen		bizarrer, eigenwilliger Wuchs mit ge-krümmten Zweigen
Säulen-Schwarz-Kiefer *Pinus nigra* 'Fastigiata'		15/5			immergrün, sehr dunkel			
Blut-Pflaume *Prunus cerasifera* 'Nigra'	6/4			rosa, früh	dunkel-purpurrot			bienenfreundlich
Higan-Kirsche *Prunus × subhirtella* 'Fukubana'	6/4 kahlfüßig auf-strebend, oben breiter			tiefrosa, halb gefüllt			gelb-orange	bienenfreundlich. Pflanzung als mehr-stämmiger Solitär
Weidenblättrige Birne *Pyrus salicifolia*	6/5 stark hängende Zweige			weiß	schmale, silbergraue Blätter			bienenfreundlich, wegen der stark hängenden Zweige als Hochstamm pflanzen

Baum	freie Form Höhe/Ø [m]	*Säule/Kegel Höhe/Ø [m]	**Kugel Höhe/Ø [m]	Blütenschmuck	Blattschmuck	Fruchtschmuck	Herbstfärbung	Besonderheiten
Säulen-Eberesche *Sorbus aucuparia* 'Fastigiata'		7/2		weiß	auffallend dunkelgrün	dunkelrot	gelb-rot	bienenfreundlich
Flieder *Syringa vulgaris*	5/4 kahlfüßig, gewölbte Krone			je nach Sorte weiß, lila, blau, purpurn, hellgelb; stark duftend				durch Bodenbearbeitung verletzte Wurzeln treiben Sprosse („Ausläufer"), Nektar nur für langrüsselige Insekten erreichbar
Japanischer Flieder *S. reticulata* 'Ivory Silk'	5/3 eiförmige Krone, im Alter breiter			cremeweiß				
Adlerschwingen-Eibe *Taxus baccata* 'Dovastoniana'	7/5				immergrün, sehr dunkel	rot, außer Samenmantel alle Pflanzenteile stark giftig		von waagerechten Ästen malerisch herabhängende Zweige, gern auch im Schatten
Säulen-Eibe *Taxus baccata* 'Fastigiata Robusta'		7/2			immergrün, sehr dunkel	rot, außer Samenmantel alle Pflanzenteile stark giftig		nur diese Sorte bleibt dauerhaft schlank, gern auch im Schatten
Winter-Linde *Tilia cordata* 'Rancho'		8/4 deutlich kompakter als die Art		gelblichweiß, duftend			gelb	bienenfreundlich

Baum	**freie Form** Höhe/ Ø [m]	***Säule / Kegel** Höhe / Ø [m]	****Kugel** Höhe / Ø [m]	**Blütenschmuck**	**Blattschmuck**	**Frucht-schmuck**	**Herbst-färbung**	**Besonderheiten**
Heinrich's Linde *Tilia henryana*	9/4 langsam wachsend			gelblichweiß, sehr zahlreich, erst im Spät-sommer	herzförmige, glänzende Blätter mit auffallend „grannen-spitzigem" Rand			bienenfreundlich, schon als kleiner Baum blühend, wärme-bedürftig

Gehölze für Schnitthecken

Gehölz	Einfassung, knie- bis hüfthoch	Schnitt-Hecke höher als Augenhöhe	Baumwand, Stelzenhecke, Fächer-Allee bis 10 m Höhe	Auch geschnitten auffällig blühend (B)/fruchtend (F)	Herbstfärbung	Verjüngungsschnitt bis in das alte Holz möglich	Immergrün	Hitze-/trockenfest	Hinweis
Französischer Ahorn *Acer monspessulanum*		●	●			●		●	feinere Textur als Feld-Ahorn *A. campestre*, toleriert lichten Schatten
Kupfer-Felsenbirne *Amelanchier lamarckii*		●		**B**	orange	●		●	wenngleich im Freistand am schönsten, auch geschnitten reich blühend
Thunberg's Berberitze Berberis thunbergii		●		F	rot			●	dornig; 'Atropururea' rotblättrig
Blut-Berberitze *Berberis thunbergii* 'Atropururea Nana'	●							●	rotblättrig
Buchsbaum *Buxus sempervirens*	●	●					●	●	auch im trockenen Schatten
Kleinblättriger Buchsbaum *Buxus microphylla* 'Brno', 'Emil', 'Neandertal', 'Kinsha', 'Rokoko' u. a.	●						●	●	einer der gesunden Einfassungs-Buchse (*Cylindrocladium*)
Hainbuche *Carpinus betulus*		●	●		gelb	●		●	toleriert Schatten
Judasbaum *Cercis siliquastrum*		●	●	B	gelb			●	blüht vor den Blättern
Zierquitte *Chaenomeles* 'Nivalis' (weiß); 'Andenken an Karl Ramcke' (rot)	●	●		B/F				●	dornig; viele Sorten: Wuchshöhe und Farben beachten

Gehölz	Einfassung, knie- bis hüfthoch	Schnitt-Hecke höher als Augenhöhe	Baumwand, Stelzenhecke, Fächer-Allee bis 10 m Höhe	Auch geschnitten auffällig blühend (B)/ fruchtend (F)	Herbstfärbung	Verjüngungsschnitt bis in das alte Holz möglich	Immergrün	Hitze-/ trockenfest	Hinweis
Kornelkirsche *Cornus mas*		•	•	B/F				•	blüht vor den Blättern, Fruchtsorte: 'Jolico'
Apfeldorn *Crataegus × lavallei*		•	•	B/F	gelb-orange		dunkelgrün bis Dezember	•	
Bastard-Zypresse × *Cuprocyparis leylandii*		•	•				•	•	feine, moosgrüne Textur; Sorten blau-/ gelbgrün
Farnblättrige Buche *Fagus sylvatica* 'Asplenifolia'		•	•		gold-braun				sehr feine Textur, toleriert lichten Schatten; *F. sylvatica* f. *purpurea* rotblättrig
Wintergrüner Liguster *Ligustrum vulgare* 'Atrovirens'	• ('Lodense')	•					(•) wintergrün	•	toleriert Schatten
Prunus laurocerasus 'Winterstar', 'Reynvanii'		•				•	•	•	auch im trockenen Schatten, sehr frosthart
Steinweichsel, Weichselkirsche *Prunus mahaleb*		•	•		gelb	•		•	kaum bekannt, aber sehr gut auf allen trockenen Böden
Feuerdorn *Pyracantha* 'Golden Charmer' (orangegelb)	• ('Red Cushion')	•		B/F			•	•	dornig; Fruchtfarbe, Wuchshöhe: Sorten beachten
Kreuzdorn *Rhamnus cathartica*		•			gelb	•		•	dornig; kaum bekannt, aber sehr gut auf allen trockenen Böden

Gehölz	Einfassung, knie- bis hüfthoch	Schnitt-Hecke höher als Augenhöhe	Baumwand, Stelzenhecke, Fächer-Allee bis 10 m Höhe	Auch geschnitten auffällig blühend (B)/ fruchtend (F)	Herbstfärbung	Verjüngungsschnitt bis in das alte Holz möglich	Immergrün	Hitze-/ trockenfest	Hinweis
Alpen-Johannisbeere *Ribes alpinum* 'Schmidt'	●				gelblich			●	treibt früh, toleriert Schatten
Eibe *Taxus baccata*		●	●			●	●	●	toleriert Schatten
Japanische Eibe *Taxus cuspidata* 'Lescov'	●					●	●	●	toleriert Schatten
Winter-Linde *Tilia cordata*		●	●		gelb	●		●	

Flächendeckende Teppichgehölze

*: im Winter bis zum Boden durchscheinende oder transparente Gehölze mit Immergrün *Vinca* oder Gemswurz *Doronicum pardalianches* unterpflanzen		Flächen deutlich < 10 m²	Flächen deutlich > 10 m²	sonnig	halbschattig	schattig	immergrün	Anmerkungen ✂ flächiger Rückschnitt wird gut vertragen
Waldreben	*Clematis tangutica**	x	x	□			x	gelbe Glockenblüten
	*Clematis × jackmanii**		x	□			x	blaue, offene Blüten
Zwergmispel	*Cotoneaster dammeri* 'Frieders Evergreen', 'Streib's Findling'	x					x	weiße Blüten (Bienen), roter Fruchtschmuck
	C. salicifolius 'Parkteppich'	x					x	weiße Blüten (Bienen), roter Fruchtschmuck
Kletterspindel	*Euonymus fortunei* var. *radicans*	x		□	□	■	x	grüne Blätter
	E. fortunei 'Minimus'	x		□	□	■	x	kleine Blättchen ✂
	E. fortunei 'Coloratus'		x	□	□	■	x	Blätter im Herbst z. T. rot ✂
	E. fortunei 'Emerald Gaiety'		x	□	□	■	x	Blätter weißrandig ✂
	E. fortunei 'Emerald'n Gold'		x	□	□	■	x	Blätter gelbfleckig ✂
Rebhuhnbeere	*Gaultheria procumbens*	x		(□)	□		x	größere Ausgabe der Preiselbeere, kein Kalk, sonnig nur auf frischen Böden, Zwischenpflanzung für *Rhododendron*

*: im Winter bis zum Boden durchscheinende oder transparente Gehölze mit Immergrün *Vinca* oder Gemswurz *Doronicum pardalianches* unterpflanzen		Flächen deutlich < 10 m²	Flächen deutlich > 10 m²	sonnig	halbschattig	schattig	immergrün	Anmerkungen ✂ flächiger Rückschnitt wird gut vertragen
Efeu (kleinblättrige)	*Hedera* 'Gnom', 'Wichtel', 'Walthamensis'	x		□	□	■	x	
Efeu (großblättrige)	*Hedera colchica*, *H. helix*		x	□	□	■	x	Blätter von *H. colchica* sind dreimal größer als bei heimischem Efeu
Kletter-Hortensie	*Hydrangea anomala* subsp. *petiolaris**		x	□	□			weiße Schirmblüten (Bienen), Herbstfärbung gelb
Immergrünes Johanniskraut	*Hypericum calycinum*		x		□	■	x	auffällig große, gelbe Blüten (Bienen) ✂
Winter-Jasmin	*Jasminum nudiflorum*		x	□	□		x	blüht gelb im Winter, grüne Wintertriebe
Kriech-Wacholder	*Juniperus communis* 'Repanda'		x	□			x	graugrün
	J. horizontalis 'Blue Chip'		x	□			x	silbergrau

*: im Winter bis zum Boden durchscheinende oder transparente Gehölze mit Immergrün *Vinca* oder Gemswurz *Doronicum pardalianches* unterpflanzen		Flächen deutlich < 10 m²	Flächen deutlich > 10 m²	sonnig	halb-schattig	schattig	immergrün	Anmerkungen ✂ flächiger Rückschnitt wird gut vertragen
Geißblatt	*Lonicera caprifolium**		x	□	□			duftende, gelblichweiße Blüten (Nachtfalter)
Immergrünes Geißblatt	*Lonicera acuminata*		x	□	□	■	x	Blüten (Bienen) gelblich bis kupferrot
Kriech-Mahonie	*Mahonia repens*		x	□	□		x	Blüten (Bienen) gelb, Fruchtschmuck blau
Zwerg-Lebensbaum	*Microbiota decussata*		x	□	□		x	Fächerförmig ausgebreitet, Winterfärbung kupferbraun
Ysander	*Pachysandra terminalis* 'Green Carpet'	x	x		□	■	x	blüht weiß
Duft-Sumach	*Rhus aromatica* 'Grow Low'		x	□				
Feld-Rose	*Rosa arvensis*		x	□	□			für extensive Flächen, Blüten (Bienen) weiß ✂
Kartoffel-Rose	*Rosa rugosa* 'White Roadrunner'		x	□				Blüten (Bienen) weiß, große Hagebutten, salztolerant ✂

*: im Winter bis zum Boden durchscheinende oder transparente Gehölze mit Immergrün *Vinca* oder Gemswurz *Doronicum pardalianches* unterpflanzen		Flächen deutlich < 10 m²	Flächen deutlich > 10 m²	sonnig	halbschattig	schattig	immergrün	Anmerkungen ✂ flächiger Rückschnitt wird gut vertragen
Kleinstrauchrosen	Typ 1	x		□				→ **S. 336** ✂, wenn wurzelecht → **S. 337**
	Typ 5		x	□				→ **S. 336** ✂, wenn wurzelecht → **S. 337**
Kratzbeere	*Rubus caesius*		x	□				für extensive Flächen, auch Schotter, Blätter im Herbst rot ✂
Tafel-Eibe	*Taxus baccata* 'Repandens'		x				x	flach ausgebreitet ✂
Adlerschwingen-Eibe	*T. baccata* 'Dovastoniana'		x				x	nur die ungestäbten Pflanzen „schleppen" sich malerisch über den Boden
Kleines Immergrün	*Vinca minor* 'Anna' blau, 'Elisa' weiß	x					x	auf frischen Böden auch sonnig
Großes Immergrün	*Vinca major*		x	□	□	■	x	größere Ausgabe des Kleinen Immergrüns: längere Triebe, gut schattierende ovale Blätter

Register

B

D

G

H

L

M